U0254116

高等职业教育土建类专业"互联网+"数字化创新教材

建筑工程经济（第二版）

应丹雷　主编

中国建筑工业出版社

图书在版编目（CIP）数据

建筑工程经济 / 应丹雷主编. -- 2 版. -- 北京：
中国建筑工业出版社，2025.3. --（高等职业教育土建
类专业"互联网＋"数字化创新教材）. -- ISBN 978-7
-112-30859-0

Ⅰ. F407.9

中国国家版本馆 CIP 数据核字第 2025PZ9085 号

　　本教材根据《高等职业学校建筑工程技术专业教学标准》《高等职业学校
建设工程管理专业教学标准》以及工程经济学相关课程标准内容和国家创新创
业的要求进行编写，强调如何把工程经济学用于项目实体，突出实践教学。

　　为便于信息化教学，教材中附有二维码教学资源链接，以项目化教学为基
础，配套学生工作页。本教材适合作为高等职业教育土木建筑大类工程经济学
课程教材，同时可作为工程技术人员参加建造师、造价师等考试辅助用书。

　　为了便于本课程教学，作者自制免费课件资源，索取方式为：1. 邮箱 jckj
@cabp. com. cn；2. 电话（010）58337285；3. QQ 服务群 451432552。

　　责任编辑：司　汉　李　阳
　　责任校对：赵　力

高等职业教育土建类专业"互联网＋"数字化创新教材
建筑工程经济 （第二版）
应丹雷　主编

*

中国建筑工业出版社出版、发行（北京海淀三里河路 9 号）
各地新华书店、建筑书店经销
北京鸿文瀚海文化传媒有限公司制版
北京市密东印刷有限公司印刷

*

开本：787 毫米×1092 毫米　1/16　印张：17¼　字数：426 千字
2025 年 3 月第二版　　2025 年 3 月第一次印刷
定价：**48. 00** 元（含学生工作页、赠教师课件）
ISBN 978-7-112-30859-0
（43989）

教材编审委员会

主　编：应丹雷　台州职业技术学院

副主编：章维娜　塔里木职业技术学院

　　　　李　静　北京工业职业技术学院

　　　　侯本华　新疆石河子职业技术学院

参　编：亓　爽　山东城市建设职业学院

　　　　尤　忆　台州职业技术学院

　　　　蒋艳芳　广州城市理工学院

　　　　黄丽萍　黎明职业大学

　　　　杨雅玲　黎明职业大学

　　　　李　娜　塔里木职业技术学院

　　　　徐剑虹　无锡商业职业技术学院

　　　　杨　露　新疆石河子职业技术学院

　　　　黎雪君　新疆石河子职业技术学院

　　　　黄　飞　重庆渝海控股（集团）有限责任公司

主　审：徐　峰　台州职业技术学院

第二版前言

依据 2022 年新版修订的《职业教育专业简介》，建筑工程经济是建筑工程技术、工程造价、建设工程管理等专业的专业基础课程，建筑工程经济学作为一门跨学科的研究领域，旨在探讨建筑行业在经济活动中的地位、作用和规律。它涉及多个学科，如经济学、社会学、管理学等，通过对建筑行业的分析和研究，为决策者提供有关建筑项目投资、建设、运营和管理等方面的理论指导和实践建议。

本教材是在第一版的基础上结合国家发展和改革委员会关于对于投资项目可行性研究的新要求进行了以下几方面修订：（1）根据《国家发展改革委关于印发投资项目可行性研究报告编写大纲及说明的通知》（发改投资规〔2023〕304 号），对"项目 7 建设项目可行性研究"进行了全面修订，采用了最新版本《政府投资项目可行性研究报告编写通用大纲（2023 年版）》《企业投资项目可行性研究报告编写参考大纲（2023 年版）》；（2）新添了许多实例，更好地满足了教学需求；（3）更新了所有的数字资源，更好地帮助学生进行自主学习并巩固学习成果；（4）依据规范和文件对学生工作页手册进行了全面的修订。

本教材由台州职业技术学院应丹雷任主编并统稿，台州职业技术学院徐峰任主审，塔里木职业技术学院章维娜、北京工业职业技术学院李静、新疆石河子职业技术学院侯本华任副主编。山东城市建设职业学院亓爽编写项目 1，新疆石河子职业技术学院杨露、黎雪君编写项目 2，台州职业技术学院尤忆编写项目 3，台州职业技术学院应丹雷编写项目 4、学生工作页手册，广州城市理工学院蒋艳芳编写项目 5，黎明职业大学黄丽萍、杨雅玲编写项目 6，塔里木职业技术学院章维娜、李娜、重庆渝海控股（集团）有限责任公司黄飞编写项目 7，无锡商业职业技术学院徐剑虹编写项目 8，新疆石河子职业技术学院侯本华编写项目 9，北京工业职业技术学院李静编写项目 10。

本教材在编写过程中参阅了大量的参考资料和案例，在此对各位同行以及资料的提供者表示衷心的感谢！本教材编著由于作者水平、时间、条件所限，难免存在不足和疏漏之处，敬请专家、读者批评指正，以利于今后补充修正。

前　言

　　本教材根据《高等职业学校建筑工程技术专业教学标准》《高等职业学校建设工程管理专业教学标准》以及工程经济学相关课程标准内容进行编写，参考了建造师、造价师等执业资格考试的相关内容，对工程经济学科的重要知识进行了较为详细的介绍。充分考虑学生的学情，采用教材搭配工作页的方式，以项目为中心，结合创新创业，更好地培养具有较高素质和实践能力的造价管理人员。本教材编者根据多年的教学和实践经验以及对社会需求的调查研究，以培养实践型人才为宗旨，编写了本教材。本教材具有如下特点：

　　（1）强调工程经济的系统性。本教材以创业项目可行性为主线，依托工程经济学科，全面系统地介绍了工程经济学的学科知识，全书分 10 个项目，包括：绪论、工程经济基本要素、现金流量与资金时间价值计算、建设项目评价指标与方案比选、投资方案的经济效果评价与选择、风险与不确定性分析、建设项目可行性研究、设备更新、建设项目的经济评价、价值工程等，体现了我国当前工程造价管理体制改革中的最新精神。

　　（2）突出理论运用的实践性。本教材以现行法律法规、规范、国家标准为依据，以学生项目化完成任务，以完成可行性研究报告为最终成果，充分运用理论知识，以完整的项目将断裂的章节整合在一起，并在课中练习题册中提供大量实际案例和习题，力求通过工程实例阐明相关概念、原理、方法和应用，实现理论教学与社会实践的有机结合。

　　（3）实现专创融合课程的改革性。本教材以学情为依托，兼顾大学生创新创业，内容广泛涉及工程经济学以及工程经济学在创业项目中的应用，在学生普遍"怵计算、怵理论、怵应用"的学情下，以创业为兴趣圆心，帮助学生合理评估创业项目，实现科学创业、理性创业、可行化创业模式，为以后创业之路奠定基础。

　　（4）注重教材运用的广泛性。教材涵盖可行性研究的投资估算、经济评价、造价咨询、工程承发包等各个行业的从业内容，本教材适合作为高职高专土木建筑大类工程经济学课程教材，同时可作为工程技术人员参加建造师、造价师等考试辅助用书。

　　（5）教材数字资源的丰富性。本教材线上线下资料丰富，除了常规的 PPT、题库、案例库等资源，所有的知识点和例题以及疑难点设置了视频讲解，建立近百个视频的视频资源库，扫描二维码，就可以查看难点解析、习题答案、历届学生完成的参考案例、工程项目实际案例等。

　　本教材编写分工如下：全书由台州职业技术学院应丹雷任主编并统稿，同济大学施骞主审，厦门技师学院苏建斌、北京工业职业技术学院李静、新疆石河子职业技术学院侯本华任副主编。山东城市建设职业学院亓爽编写项目 1，四川建筑职业技术学院刘薇编写项目 2，台州职业技术学院尤忆编写项目 3，台州职业技术学院应丹雷编写项目 4、学生工作册，广州城建职业技术学院蒋艳芳编写项目 5，黎明职业大学黄丽萍、杨雅玲编写项目 6，五洲项目管理有限公司王鑫、台州职业技术学院张军贤编写项目 7，无锡商业职业技术学院徐剑虹编写项目 8，新疆石河子职业技术学院侯本华编写项目 9，北京工业职业技术学院李静编写项目10。

　　本教材在编写过程中，五洲项目管理有限公司邹奕平、厦门技师学院苏建斌、青岛理工大学张卓如参与制订编写大纲并审稿。本书在编写过程中参阅了大量的参考资料和案例，在此对各位同行以及资料的提供者表示衷心的感谢！

　　由于编者水平有限，本书难免存在不足和疏漏之处，敬请专家、读者批评指正。

教材使用说明

致尊敬的各位老师、同学：

本教材依据多名老师近十年的教学改革，发现教学过程中学生存在着"怵计算、怵理论、怵应用"等问题，通过教学内容、教学方法和教学手段的不断改革，获得了较好的成效，将改革成果融入教材。

本教材把传统的章节课程教学转变成以学生完成创新创业的项目（可行性研究报告）为主线的教学过程，**把项目1～项目7整合成完成一个可行性研究报告的过程，配合学生工作页**，尝试着让学生科学地建立自己的创业项目。

教材秉承"以学生为中心"的教育理念，整体构思如下：

（1）项目2帮助学生明确项目涉及哪些经济要素，在完成项目2的学习后，学生可以自行设计创业项目。在实际教学过程中，对学生进行分组教学，由学生设计并绘制创业图，提高学生兴趣，学生参与度非常高。

（2）通过学习项目3，学生需要对自己的项目绘制现金流量图，完成项目的等值计算，并核算其他小组的等值计算，经过小组之间的活动和过程性考核，培养学生能够熟练应用现金流量图和六大公式的能力。

（3）项目4、项目5通过小组自评和互评的方式，评选出财务评价最优秀的项目。

（4）最后结合项目6风险分析和项目7可行性研究，学生能够完成一份完整的可行性研究报告。

教学全程以学生为主体、教师为主导，大大提高学生课堂积极性和创造性。为改变传统课堂讲授为主的方式，教材中设立了"做一做"环节，方便学生总结课堂内容。为提高课堂的互动性，教材中还添加了知识拓展并提供相关案例。

非常感谢您选用了本教材，期待与各位老师共同探讨、共同进步！

教材编写组

目　录

项目1

绪论

Chapter 01

课前导学

1. 知识目标

能够记忆工程经济学的基本概念。

2. 能力目标

能够明确工程经济学的研究内容和特点；

能够列举工程经济分析原则与程序。

3. 素养目标

培养学生具有经济管理、项目管理的能力；

促使学生树立正确的价值观、大局观。

4. 重点难点

重点：能够明确工程经济学的研究内容和特点。

难点：工程经济分析的程序步骤。

思维导图

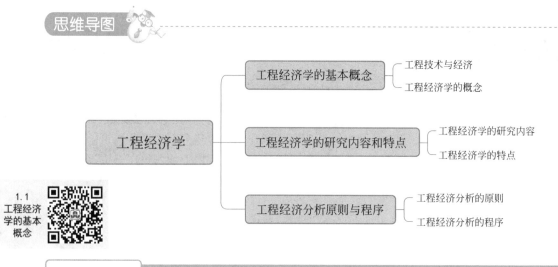

任务 1.1 工程经济学的基本概念

课前导学

知识目标	能够明确工程技术的概念
能力目标	能够分辨工程技术与经济的关系
素养目标	促使学生树立正确的工程经济价值观
重点难点	重点：明确工程技术与经济的关系 难点：能够合理处理工程技术与经济之间的矛盾

1.1.1 工程技术与经济

1. 工程技术的概念

工程技术又称工程科学或应用科学。它是以基础科学，特别是技术科学为指导，研究如何把科学理论应用于改造自然的实践中去，是直接解决工程技术任务的方法和手段。工程技术大致可分为两大类：一类是硬技术，指劳动工具、劳动对象等一切劳动的物质形态技术；另一类是软技术，体现为工艺、方法、程序、信息、经验、技巧和管理能力等非物质形态技术。

工程技术随着人类改造自然所采用的手段和方法以及目的不同，形成了工程技术的各种形态，包括物质形态技术、社会形态技术等。工程技术具有技术的应用特征和较强的经济目的性。任何一种技术，在一般情况下，经济效果都是必须考虑的因素。脱离经济效果作为标准的技术是无法进行评价好与坏、先进与落后的。

综上所述，工程技术是为实现投资目标系统的物质形态技术、社会形态技术和组织形态技术等，不仅包括对应的生产工具和物资设备，还包括生产工艺过程、作业程序和劳动生产方面的经验、技巧和管理能力。

2. 经济的概念

经济（Economy）包含很多方面的含义：

（1）指生产关系方面的含义。经济是人类社会发展到一定阶段的社会经济制度，是生产关系的总和，是政治和思想意识等上层建筑赖以建立起来的基础。

（2）指一个国家国民经济的总称。包括国家全部物质资料生产部门及其活动和部分非物质资料生产部门及其活动。

（3）指社会生产和再生产。即物质资料的生产、交换、分配、消费的现象和过程。

（4）指"节约""节省"。即用较少的人力、物力或时间获得较大的成果。

工程经济学中的"经济"主要是指（3）（4）两种含义，是指在工程建设寿命周期内为实现投资目标而对投入资源的节约。

3. 工程技术与经济的关系

在经济社会中，一个项目或产品能获得成功，必须具备两个条件：首先是技术上的先进、可行；其次是经济上的合理、可靠。任何一项新技术都要受到经济发展水平的制约和影响，而技术的进步又促进了经济的发展，是推动经济发展的强大动力。工程技术和经济是社会发展中一对相互促进、相互制约的既统一、又矛盾的统一体。两者之间存在着以下关系：

（1）技术进步是经济发展的手段和条件

人类社会经济发展离不开各种技术手段的应用和进步。技术进步改变了劳动手段和劳动工具，改善了劳动环境，让资源得到了更合理、有效的利用，提高劳动生产率的同时推动着社会经济发展。

（2）经济发展是技术进步的动力和方向

技术的进步离不开一定的社会经济基础。随着经济发展和人类生活水平的提高，社会经济发展需求不断增长，为新技术的产生和发展提供了方向和指引。工程技术按此方向进步和发展，并在一定的社会经济条件下得以推广和应用。

（3）工程技术与经济协调发展

工程技术与经济之间的关系存在着两种情况：两者协调一致；两者存在着矛盾。前者指工程技术的进步能促进社会经济的发展；后者指受自然、社会条件和人等因素的制约，先进的技术不能充分发挥作用，达不到最佳的经济效果。工程经济学的任务就是研究工程技术方案的经济性问题，在工程技术方案上先进、可行与经济上合理、有效之间建立桥梁，使两者能够协调发展。

1.1.2　工程经济学的概念

工程经济学也称为工程技术经济，是工程与经济的交叉学科，是研究工程技术实践活动经济效果的学科。工程经济学涉及两大领域，即工程学科与经济学科。工程经济学从经济角度出发解决工程技术方案选择问题，这是区别于其他经济学的显著标志。工程经济学是研究工程技术领域经济问题和经济规律的，即为实现一定投资目标和功能提出的、在技术上可行的各种技术方案，通过进行计算、分析、比较和评价，科学决策出最优方案的学科。

综上所述，工程经济学是以工程项目为主体，以技术、经济系统为核心，研究如何有效利用资源，提高经济效益的学科；通过研究各种工程技术方案的经济效益，使各种技术在使用过程中如何以最小的投入获得预期产出。

🔍 知识拓展

为什么要开设工程经济学这门课？

在科技和工程技术人员中，绝大多数不懂经济，而研究经济的人员又不懂技术。客观上导致技术、经济存在"两层皮"的现象，无法保证投资项目决策的科学化。

例一：据报道，美国麻省理工学院电机专业的早期毕业生到一家公司工作后，设计了一种电机，技术上够得上一流水平，但因成本太高，价格太贵，在市场上却卖不出去。美国的教育家得出的结论是学生不懂经济。后来就在这所著名的学校里成立了斯隆管理学院，对未来的工程师们进行经济知识教育，让他们懂得什么是市场，什么是竞争，什么是成本，以及如何使新产品做到既物美又价廉。

例二：美国贝尔电话研究所的工程技术人员曾在 20 世纪 60 年代成功研制一种电子电话交换机，经过联机试验，证明性能很好，优于当时世界广泛使用的纵横式电话交换机。但是，这种新产品并没有马上投入生产，其原因就在于成本太高，物美价不廉。为使这种产品具有经济竞争力，贝尔研究所和西方电器公司组织设计师和工艺师们以低于纵横式交换机的成本为努力目标，经过多年努力，终于把电子交换机的成本降低到了纵横式交换机的水平，至此，公司才决定停止纵横交换机的生产，转而生产电子交换机。

可见，如果要把工程设计付诸生产，实现其真正的价值，仅有技术上的先进性是不行的，经济与技术是相辅相成的关系，只有技术和经济结合，才能实现可持续发展。

做一做

请大家举例一些生活中实际的例子，讨论工程技术与经济之间的关系。

任务 1.2 工程经济学的研究内容和特点

课前导学

知识目标	能够明确工程经济学的研究内容
能力目标	能够说出工程经济学的特点
素养目标	培养学生具有经济管理、项目管理的能力 促使学生树立正确的价值观、大局观
重点难点	重点：能够说出工程经济学的特点 难点：常见工程经济学的特点

1.2.1 工程经济学的研究内容

工程经济学的研究对象十分广泛，大致可分为宏观、中观、微观三个层次。本教材主要以微观层次以及工程项目为研究对象，主要的研究内容有：

1. 可行性研究与项目规划

研究和分析方案的可行性。如可行性研究的内容与方法、项目规划与选址、项目建设方案设计等。

2. 项目的投资估算与融资分析

研究在市场经济体制下，建设项目资金来源多元化已成为必然，如何建立筹资主体和筹资机制，怎样分析各种筹资方式的成本和风险。具体包括建设项目投资估算、资金的筹措、融资结构与资本成本等。

3. 投资方案选择

投资项目往往具有多个方案，分析多个方案之间的关系，进行多方案的选择是工程经济学研究的重要内容。包括方案比较与优化方法、方案的相互关系与资金约束、投资方案的选择等。

4. 项目财务评价

研究项目对各投资主体的贡献，从企业财务角度分析项目的可行性。包括项目财务评价的内容与方法、项目财务效果评价指标等。

5. 项目的国民经济、社会与环境评价

研究项目对国民经济和社会的贡献，评价项目对环境的影响。从国民经济和社会角度分析项目的可行性，从环境的角度分析项目的可行性。

6. 风险和不确定性分析

任何一项经济活动，由于各种不确定性因素的影响，可能会使期望的目标与实际状况发生差异，并造成经济损失。为此，需要识别和估计风险，进行不确定性分析。具体包括不确定性分析、投资风险及控制和风险管理工具等。

7. 设备更新

由于设备的有形磨损和无形磨损，导致设备在使用过程中价值不断降低，用新的、效率更高的、更经济合理的设备，去更换技术上陈旧的、落后的或经济上不宜继续使用的设备，是保证社会再生产正常进行的必要条件。通过这种更新可以实现技术进步，提高企业生产的现代化水平，形成新的生产能力，增加经济效益。

8. 价值工程

价值工程从技术和经济两方面相结合的角度研究如何提高研究对象、系统或服务的价值，降低其成本以取得良好的技术经济效果，是一种符合客观实际的、谋求最佳技术经济效益的有效方法。

1.2.2 工程经济学的特点

1. 综合性

工程经济学包含工程技术和经济两部分内容。既从工程技术的角度考虑经济的问题，又从经济的角度考虑工程技术的问题。从工程经济学的性质看，它既不是自然科学，也不是社会科学，是一门技术科学与经济科学相互融合而成的交叉学科。

2. 实用性

工程经济学产生于实践，是一门应用学科。它不仅研究工程经济理论和原则，更重要的是研究经济效益的计算方法和评价方法，并具体应用这些方法，去优选技术上先进、经济上合理的最佳方案。

3. 系统性

工程经济学系统是跨越工程技术领域和经济领域的复杂系统，面临的问题涉及技术、经济、社会、环境、资源等多个方面，研究一个技术方案，不仅要从经济、技术方面进行综合研究，还要把它置于社会环境系统中进行分析与论证，并以综合效益选优。

4. 定量性

工程经济学的研究方法是定性分析和定量分析相结合，以定量分析为主。任何技术方案，首先要调查收集反映历史及现状的数据、资料，然后采用数学方法进行分析、计算，在计算过程中还要尽量将定性的指标定量化，以定量结果提供决策依据。

5. 选择性

多方案比较优选是现代科学化、民主化决策的要求，也是工程经济学最突出的特点。要对每个备选方案进行技术分析、经济分析、确定单个方案的可行性，再通过多方案比较、分析、评价，选取综合效益最优的方案。

6. 预测性与不确定性

工程经济学主要是对未来实施的工程项目、技术政策、技术措施和技术方案等进行事前分析论证。它是依据类似方案的历史统计资料及现状调查数据，通过各种预测方法，进行预测和估计。因此它是建立在预测基础上的一门科学，与之全程相伴的是不确定性和风险。

任务 1.3　工程经济分析原则与程序

1.3 工程经济分析原则与程序

课前导学

知识目标	能够举例说出工程经济分析的原则
能力目标	能够复述工程经济分析程序的六个步骤
素养目标	培养学生具有经济管理的能力 促使学生树立正确的价值观、大局观
重点难点	重点：工程经济分析的原则 难点：工程经济分析的流程

1.3.1　工程经济分析的原则

1. 资金的时间价值原则——今天的 1 元钱比未来的 1 元钱更值钱

工程经济学中一个最基本的概念是资金具有时间价值，即今天的 1 元钱比未来的 1 元钱更值钱。投资项目的目标是为了增加财富，财富是在未来的一段时间获得的，能不能将不同时期获得的财富价值直接汇总来表示方案的经济效果呢？显然不能。由于资金时间价值的存在，未来时期获得的财富价值没有现在那么高，需要打一个折扣，以反映其现在时刻的价值。如果不考虑资金的时间价值，就无法合理地评价项目的未来收益和成本。

2. 现金流量原则——投资收益不是会计账面数字，而是当期实际发生的现金流量

衡量投资收益用的是现金流量而不是会计利润。现金流量是项目发生的实际现金的净得，而利润是会计账面数字，按"权责发生制"核算，并非手头可用的现金。

3. 增量分析原则——从增量角度进行工程经济分析

增量分析符合人们对不同事物进行选择的思维逻辑。对不同方案进行选择和比较时，应从增量角度进行分析，即考察增加投资的方案是否值得，将两个方案的比较转化为单个方案的评价问题，使问题得到简化，并容易进行。

4. 机会成本原则——排除沉没成本，计入机会成本

机会成本又称经济成本或择一成本，它是指利用一定资源获取收益时所放弃的其他可能的最大收益。当一种有限的资源具有多种用途时，可能有多种投入这种资源获取相应收益的机会，如果将这种资源置于某种特定用途，必然要放弃其他投资机会，同时也放弃了相应的收益，在所放弃的机会中最佳的机会可能带来的收益就是将这种资源置于特定用途的机会成本。例如，一定量的资金用于项目投资，有甲、乙两个项目，若选择甲项目就只能放弃乙项目的投资机会，则乙项目的可能收益就是甲项目的机会成本。

机会成本不是通常意义上实际所需支付的成本，而是一种失去的收益。这种收益不是实际发生的，而是潜在的。机会成本总是针对具体方案的，离开被放弃的方案就无从计量确定。机会成本在决策中的意义在于它有助于全面考虑可能采取的各种方案，以便保证经济资源得到最佳利用。

5. 有无对比原则——有无对比而不是前后对比

"有无对比法"是将有这个项目和没有这个项目时的现金流量情况进行对比；"前后对比法"则是将某一项目实现以前和实现以后所出现的各种效益费用情况进行对比。

6. 可比性原则——方案之间必须可比

进行比较的方案在时间上、金额上必须可比。因此，项目的效益和费用必须有相同的货币单位，并在时间上匹配。

7. 风险收益的权衡原则——额外的风险需要额外的收益进行补偿

投资任何项目都是存在风险的，因此必须考虑方案的风险和不确定性。不同项目的风险和收益是不同的，对风险和收益的权衡取决于人们对待风险的态度。一般而言，高风险的项目伴随高收益，而低风险的项目收益较低。

8. 采用一贯的立脚点

备选方案的未来可能产生效果，无论是经济的还是其他方面，都应该一直从同一个确定的立脚点来预测。立脚点有个人、企业、政府、国家、社会公众等，一般采用决策者（通常是项目投资者）作为立脚点。对某个特定的决策所采用的立脚点一开始就应确定，在今后的描述、分析和备选方案的比较时也应一直采用。

9. 考虑所有相关的判据标准

选择一个较优的方案（做决策）需要使用一个或几个判据。在决策的过程中既应该考虑用货币单位度量的效果，也应该考虑用其他测量单位表示的效果或定性描述的效果。决策者通常会选择那些最有利于组织所有者长期利益的备选方案。在工程经济分析中，最主要的判据是与所有者的长期经济利益相关的。这基于假设：所有者的可用资本将被合理分配以提供最大的货币回报。同时，人们在做决策时往往还想达到其他的组织目标，这些目标也应该被考虑，而且在选择备选方案时应给以一定的重视。这些非货币属性和多目标就成为决策过程中附加判据的基础。

10. 重新审视决策

合适的程序有助于提高决策质量，为了使决策更有实践性，被选出的备选方案的初始预测效果应该与随后取得的实际效果进行比较分析。

一个好的决策也有可能产生一个不理想的结果，实际结果与最初预测结果差别很大。总结经验教训并适时调整，是一个优秀组织的标志。

1.3.2　工程经济分析的程序

在明确了工程经济学分析的原则后，工程经济学分析人员应该掌握相应的经济分析程序，才能优选最合适的方案，为项目决策提供科学依据。

工程经济分析的程序包括六个步骤：①明确目标；②寻找关键要素；③提出备选方案；④评价备选方案；⑤决策方案；⑥方案实施。如图 1-1 所示。

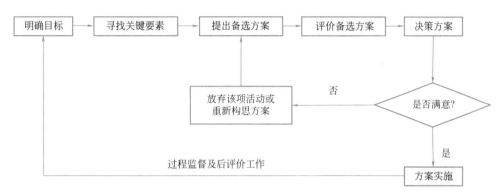

图 1-1　工程经济分析的程序

1. 明确目标

工程经济学分析的第一步就是通过调查研究寻找经济环境中显在和潜在的需求，明确工作目标。例如，判断某投资方案是否可行？选择把钱投入基金还是买房子？工程经济学的分析与我们工作、生活息息相关。工程项目成功与否取决于两个方面，一方面是系统本身效率的高低；另一方面是能否满足人类的需求。因此，只有通过市场调查、明确目标，才能评价方案是否满足技术上可行和经济上合理。

2. 寻找关键要素

寻找关键要素就是找到实现目标过程中的制约因素，这是工程经济学分析程序中重要的环节。确定关键要素，才能针对主要矛盾，对症下药，采取有效措施，为实现目标奠定基础。

寻找关键要素的前提是市场调查、资料收集的准确性，资料是分析的基础，因此资料的收集需满足目的性强、准确性高、时效性短、全面性广的要求。利用合理的资料，采用系统分析的方法，综合地运用各种相关学科的知识和技能，提高分析结果的准确性，提升分析质量。

3. 提出备选方案

在明确目标和寻找到关键要素之后，接下来就是提出各种潜在的备选方案，进行筛选，挑出其中可行的备选方案以供详细分析。工程经济分析过程就是多方案优选的过程，要提出潜在备选方案，包括什么都不做的方案，也就是维持现状的方案。

4. 评价备选方案

评价备选方案，首先将参与分析的各种因素定量化，一般将方案的投入和产出转化为货币表示的收益和费用，即确定各种对比方案的现金流量，并估计现金流量发生的时点，然后在对不同方案的指标再进行分析计算的基础上，对整个指标体系和相关因素进行定性和定量的综合比较，从中选出最优的方案。

5. 决策方案

决策即从若干行动方案中选择令人满意的实施方案，它对工程项目建设的效果有决定性的影响。决策时，工程技术人员、经济分析人员和决策人员应特别注重信息交流和沟通，减少由于信息的不对称所产生的分歧，确保各方人员充分了解各方案的工程经济特点和各方面的效果，提高决策的科学性和有效性。

6. 方案实施

首先，在实施过程中，做好执行过程的监督，尽可能提高目标的实现程度，减少预期目标的可变性；其次，要将实际取得的结果和预期结果进行比较，做好工程项目的后评估工作。

🔍 知识拓展

美国在 20 世纪 30 年代开发田纳西河流域时，就采用了系统分析的方法来确定项目的关键要素。田纳西河水位季节变化较大，易造成洪水泛滥，毁坏农田，卷走牲畜，毁坏家园，造成水土流失，瘟疫流行，人民生活苦不堪言。

1933 年政府成立了管理局对田纳西河进行开发，发现问题如下：如果仅建设治洪系统，那么被洪水冲下山的泥沙很快会堵塞系统；如果两岸人民收入低到连电都用不起，那么水力发电的效果就无法体现；如果生产不发展，没有货物可运，航运就无法发挥效益。因此，管理局决定对整个流域进行治理。他们经过论证确定了整个开发系统的六个关键要素：控制水患；改善通航条件；发展水电；通过绿化进行水土保持；改变沿岸的耕作方式；不断提高两岸人民生产和生活水平。经过多年的综合治理，田纳西河流域成为一个具有防洪、航运、发电、供水、养鱼、旅游等综合效益的水利网，从根本上改变了田纳西河流域落后的面貌。管理局对流域的开发和管理取得了辉煌的成就，成为一个独特和成功的范例而为世界所瞩目。

项目2

Chapter 02

工程经济基本要素

课前导学

1. 知识目标

能够明确工程项目总投资的构成。

2. 能力目标

能够列举经济学中常用的成本概念；

能够计算总成本费用。

3. 素养目标

引导学生建立经济新常态的思想；

能够判断社会主义市场经济体制的优势。

4. 重点难点

重点：能够明确资产的构成及投资的回收方式。

难点：能够计算项目融资资金成本。

思维导图

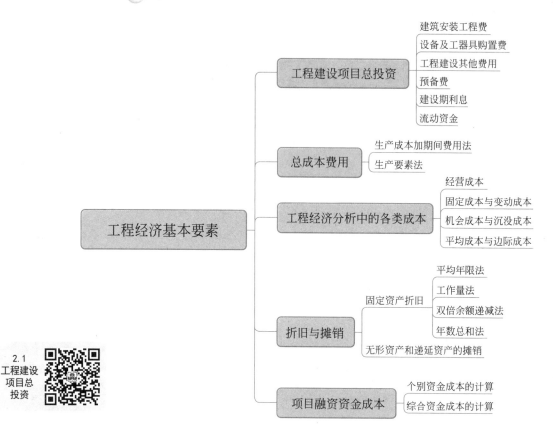

任务 2.1　工程建设项目总投资

课前导学

知识目标	能够列出工程项目总投资的内容
能力目标	能够区别工程项目总投资中的不同内容
素养目标	培养学生的经济分析的能力 促使学生建立创新创业意识
重点难点	重点：列出建筑安装工程费的内容 难点：计算建设期利息

做一做

　　某工程项目从工程筹建开始到项目全部竣工投产为止产生的全部资金投入中，部分数据如下：

　　1. 施工过程中耗费人工费、材料费、施工机械使用费 3200 万元；

　　2. 设备及工器具购置费 1.8 亿元；

　　3. 土地征用及拆迁补偿费 2000 万元；

　　4. 人工、设备、材料的价差 1000 万元；

　　5. 竣工投产前的银行利息 500 万元；

　　6. 投产时投资人为维持正常生产投入的周转资金 400 万元。

　　任务要求：请将相关数据填入表的对应项目中。

构成		费用内容	金额
工程项目总投资	建设投资	建筑安装工程费		
		设备及工器具购置费		
		工程建设其他费用		
		预备费		
		建设期利息		
	流动资金			

　　那么，表中数据汇总后是否就是工程项目的总投资呢？

　　【答】：

2.1.1　建设项目总投资的构成

　　建设项目总投资一般是指为完成工程项目建设并达到使用要求或生产条件，在建设期内预计或实际投入的总费用。工程项目总投资的内容繁多，通常涉及对人力、物资、设备、技术和其他资源等的大量投资，以确保项目能够顺利完成。其计算方式多样。如图 2-1 所示。

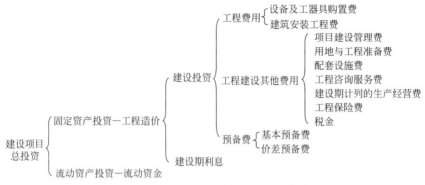

图 2-1　我国现行建设项目总投资构成

2.1.2　建设投资

建设投资包括工程费用、工程建设其他费用和预备费三部分。

1. 工程费用

工程费用是指建设期内直接用于工程建造、设备购置及其安装的建设投资，可以分为建筑安装工程费用和设备及工器具购置费。

（1）建筑安装工程费用是指为完成工程项目建造、生产性设备及配套工程安装所需的费用。

1）建筑工程费内容

① 各类房屋建筑工程和列入房屋建筑工程预算的供水、供暖、卫生、通风、煤气等设备费用及其安装、装饰工程的费用，列入建筑工程预算的各种管道、电力、电信和电缆导线敷设工程的费用。

② 设备基础、支柱、工作台、烟囱、水塔、水池、灰塔等建筑工程以及各种炉窑的砌筑工程和金属结构工程的费用。

③ 为施工而进行的场地平整、工程和水文地质勘察，原有建筑物和障碍物的拆除以及施工临时用水、电、暖、气、路、通信和完工后的场地清理，环境绿化、美化等工作的费用。

④ 矿井开凿、井巷延伸、露天矿剥离，石油、天然气钻井，修建铁路、公路、桥梁、水库、堤坝、灌渠及防洪等工程的费用。

2）安装工程费内容

① 生产、动力、起重、运输、传动和医疗、实验等各种需要安装的机械设备的装配费用，与设备相连的工作台、梯子、栏杆等设施的工程费用，附属于被安装设备的管线敷设工程费用，以及被安装设备的绝缘、防腐、保温、油漆等工作的材料费和安装费。

② 为测定安装工程质量，对单台设备进行单机试运转、对系统设备进行系统联动无负荷试运转工作的调试费。

（2）设备及工器具购置费是由设备购置费和工器具及生产家具购置费组成的。设备购置费是指为工程建设项目购置或自制的达到固定资产标准的设备、工器具及生产家具等所需的费用。它由设备原价和设备运杂费构成。工器具及生产家具购置费，是指新建或扩建项目初步设计规定的，保证初期正常生产必须购置的没有达到固定资产标准的设备、仪器、工卡模具、器具、生产家具和备品备件等购置费用。

2. 工程建设其他费用

工程建设其他费用是指建设期发生的与土地使用权取得、整个工程项目建设以及未来生产经营有关的，除工程费用、预备费、建设期融资费用、流动资金以外的所有费用。

工程建设其他费用主要包括项目建设管理费、用地与工程准备费、配套设施费、工程咨询服务费、建设期计列的生产经营费、工程保险费、税金。

3. 预备费

预备费是指在建设期内因各种不可预见因素的变化而预留的可能增加的费用，包括基本预备费和价差预备费。

（1）基本预备费是指在项目实施过程中发生难以预料的支出，又称为不可预见费，主要指设计变更及施工过程中可能增加工程量的费用。

（2）价差预备费是指工程项目在建设期内由于利率、汇率或价格等因素的变化而预留的可能增加的费用，亦称价格变动不可预见费。它是以建筑安装工程费、设备及工器具购置费之和为计算基数，按分年投资使用计划和价格上涨率复利计算。

2.1.3　建设期利息

建设期利息是指项目在建设期内因使用借贷资金而支付的利息，应计入建设投资。建设期利息根据不同资金来源及利率分别计算，通常按年度计算，为方便起见，一般假定借款分年均衡发放，借款发生的第一年按半年计息，其余各年份按全年计息。其计算公式为：

$$各年应计利息=\left(年初借款本息和+\frac{本年借款额}{2}\right)\times 年利率 \qquad (2-1)$$

【例 2-1】 某建设项目，建设期 3 年，第一年贷款 400 万元，第二年贷款 600 万元，第三年贷款 200 万元，年利率 5%。试计算建设期利息。

【解】：第一年建设利息为：（0+400/2）×5%＝10（万元）

第二年建设利息为：（410+600/2）×5%＝35.5（万元）

第三年建设利息为：（410+635.5+200/2）×5%＝57.275（万元）

因此，建设期利息总和为 102.775 万元。

2.1.4　流动资金

流动资金是指运营期内长期占用并周转使用的营运资金，它主要涵盖了企业日常经营活动所需的资金投入，不包括运营中需要的临时性营运资金。流动资金的估算方法有扩大指标估算法和分项详细估算法两种：

（1）扩大指标估算法是参照同类企业的流动资金占营业收入、经营成本的比例或者是单位产量占用营运资金的数额估算流动资金。

（2）分项详细估算法的公式较为复杂，可以简化为：

$$流动资金＝流动资产－流动负债 \qquad (2\text{-}2)$$

式中　流动资产——应收账款、预付账款、存货、库存现金；

　　　流动负债——应付账款、预收账款。

流动资金的本质是流动资产投资需求大于流动负债而形成的资金缺口，因此，流动资金投资的每一分钱都需要由工程项目投资人自行承担。流动资金投资发生在项目建成投产之时，计入建设项目总投资。

做一做

请你绘制总投资构成的思维导图。

任务 2.2　总成本费用

课前导学

知识目标	计算总成本费用
能力目标	能够区别总成本费用中的各类构成部分
素养目标	培养学生具有经济分析的能力
重点难点	重点:计算总成本费用 难点:各类成本的量化分析和经济意义

2.2.1　总成本费用的构成

工程项目建成投产后发生的费用不再计入总投资，而是计入生产成本或期间费用中，形成企业的总成本费用。

总成本费用是指企业在一定时期内为生产和销售产品所花费的全部支出。按经济用途的不同，总成本费用可分为生产成本和期间费用。

做一做

利用生产成本加期间费用法完成表中的空白部分，了解总成本费用的构成。

内容			举例
总成本费用	生产成本	直接费用	
		间接费用	
	期间费用	管理费用	
		财务费用	
		销售费用	

2.2.2 生产成本加期间费用法

1. 生产成本

生产成本是与生产直接相关的各项支出。对于工程项目来说，生产成本就是工程成本，包括从建造合同签订开始至合同完成为止所发生的、与执行合同有关的直接费用和间接费用。

直接费用是指为完成合同所发生的、可以直接计入合同成本核算对象的各项费用支出。直接费用包括：

（1）人工费

人工费包括直接从事建筑安装工程施工人员的工资、奖金、职工福利费、工作性质的津贴、劳动保护费等。

（2）材料费

材料费包括施工过程中耗费的构成工程实体的原材料、辅助材料、构配件、零件、半成品的费用和周转材料的摊销及租赁费用。

（3）机械使用费

机械使用费包括施工过程中使用自有施工机械所发生的机械使用费和租用外单位施工机械的租赁费，以及施工机械安装、拆卸和进出场费等。

（4）其他直接费用

其他直接费用包括施工过程中发生的材料二次搬运费、临时设施摊销费、生产工具用具使用费、检验试验费、工程定位复测费、工程点交费、场地清理费等。

间接费用是指为完成工程所发生的、不易直接归属于工程成本核算对象而应分配计入有关工程成本核算对象的各项费用支出。包括临时设施摊销费和施工单位管理人员工资、奖金、职工福利费、固定资产折旧费及修理费、办公费、差旅费、财产保险费、劳动保护费等。

2. 期间费用

期间费用是指当期发生的、与生产活动没有直接联系的、直接计入损益的各项费用。包括管理费用、财务费用和销售费用等。施工企业的期间费用就只包括管理费用和财务费用。

（1）管理费用

管理费用是指建筑企业行政管理部门为管理和组织经营活动而发生的各项费用。包括：管理人员工资、办公费、差旅交通费、固定资产使用费、工具用具使用费、劳动保险和职工福利费、劳动保护费、检验试验费、工会经费、职工教育经费、财产保险费、税金等。

（2）财务费用

财务费用是建筑企业筹集生产经营所需资金而发生的费用。包括：利息支出（减利息收入）、汇兑损失（减汇兑收益）、金融机构手续费以及其他费用等。

（3）销售费用

销售费用是企业在销售产品和提供劳务的过程中发生的各项费用以及专设销售机构的各项经费。包括运输费、装卸费、包装费、保险费、广告费、销售部门工作人员工资、职工福利费、差旅费、办公费、折旧费、修理费、低值易耗品摊销及其他经费等。

综合来看，总成本费用的构成表达式如下：

$$总成本费用＝生产成本＋期间费用$$
$$＝（人工费＋材料费＋机械使用费＋其他直接费用）$$
$$＋（管理费用＋财务费用＋销售费用） \quad (2-3)$$

2.2.3 生产要素法

从构成总成本费用的生产要素来看，总成本费用由外购原材料、燃料动力费、工资及福利费、修理费、其他费用等经营成本、折旧费、摊销费及利息支出构成。即：

$$总成本费用＝外购原材料、燃料动力费＋工资及福利费＋修理费$$
$$＋折旧费＋摊销费＋利息支出＋其他费用 \quad (2-4)$$

 做一做

建筑安装工程费中的企业管理费与总成本费用中的管理费用有什么异同？

2.3
工程经济
分析中的
各类成本

任务 2.3　工程经济分析中的各类成本

课前导学

知识目标	能够计算经营成本与其他成本的内容
能力目标	能够区别经营成本;固定成本和变动成本;机会成本和沉没成本;平均成本和边际成本
素养目标	培养学生一丝不苟的工匠精神 促使学生建立创新创业意识,判断创业经营成本
重点难点	重点:计算经营成本的内容 难点:明确各类成本的经济意义

　　上文介绍了发生在工程项目投产经营前后的投资和总成本费用的内容和构成,其相同之处在于都属于现金流出,只是发生的时间和次数不同。

 做一做

　　在一个生产经营周期内,比如一年以内,项目的盈利状况一般是有起伏的,有的月份会盈利,有的月份则会出现亏损。那么,企业应如何做出销售决策呢? 或者说,什么情况下可以承接订单,什么情况下必须拒绝呢?

　　例如,某企业目前面临经济低潮,生产能力利用严重不足,此时有客户来洽谈业务,报价是正常价格的 8 成。在决定是否应该接单之前,应该考虑哪些因素来做出最终的决策呢?

　　请写出你的看法:

经济学对于现金流出还有不同角度的认识，并给出了相应的概念。下面详细介绍几组经济学中的成本概念。

1. 经营成本

经营成本是工程项目经济评价中所使用的特定概念，作为项目运营期的主要现金流出，其构成和估算可采取下式表达：

经营成本＝外购原材料、燃料和动力费＋工资及福利费＋修理费＋其他费用

$$(2-5)$$

式中，经营成本是从总成本费用中扣除了折旧费、摊销费、债务利息支出等的其余部分。扣除折旧费和摊销费，是因为它们都属于非现金支出；扣除债务利息支出，是因为这项费用不属于项目本身的现金支出，而是因债务产生的由项目投资人向银行让渡转移的一部分投资收益。经营成本用于考量项目本身的经济性，工程经济评价是从项目自身出发，分析项目投资额与未来回报的关系，与投资人的债务大小无关。投资人的负债与投资决策的关系，是企业投资活动财务管理相关课程的研究范围。由此，得出经营成本的另一个计算式：

经营成本＝总成本费用－折旧费－摊销费－利息支出　　　　(2-6)

2. 固定成本与变动成本

（1）固定成本

固定成本是指在一定的产量范围内，不随产量变动而变动的成本。比如，固定资产折旧费、修理费、管理人员工资及职工福利费、办公费、差旅费等。在一定生产规模内，固定成本发生的总额是固定的，分摊到单位产品的固定成本则随着产量增加而减少。因此，在一定生产规模内，固定成本总额与产量无关，单位产品的固定成本与产量负相关。

（2）变动成本

变动成本是指随产量变动而成比例变动的那部分成本。比如，计件工资、材料费、燃料动力费等。变动成本总额＝单位产品变动成本×产量。由于单位产品消耗的费用（如计件工资、材料费、燃料动力费）基本保持不变，因此，单位产品变动成本与产量无关，而变动成本总额与产量正相关。

固定成本与变动成本之和就是总成本，在"项目6　风险与不确定性分析"中还会有详细的介绍。

3. 机会成本与沉没成本

（1）机会成本

机会成本是指把一种有限的资源投入到某一用途后所放弃的在其他用途中所能获得的最大利益。例如，某项目有三个互斥方案A、B、C，三个方案的收益关系为A＞B＞C，则方案B和方案C的机会成本皆为方案A，而方案A的机会成本仅为方案B。

机会成本不是实际发生的支出，只是理论上的成本或代价。在进行项目决策时，须将备选方案的最大收益作为拟选方案的机会成本进行分析判断，从而做出正确决策。由于机会成本不是实际发生的支出，因此在企业财务会计上不会产生这笔费用。

机会成本是经济学的一个特有的概念，是工程项目经济评价和方案决策中必须要考虑的要素。

（2）沉没成本

沉没成本是一种历史成本，是过去发生的现在已无法通过新的投资活动得到补偿或影响的费用。对现有决策而言，沉没成本是无关成本，不会也不应当影响当前行为或决策。因此，投资决策时应排除沉没成本的干扰。例如，某设备目前的账面价值是 5 万元，而市场价值仅为 2 万元，那么这台设备的沉没成本就是 3 万元。如果要对此设备的更新做决策，就需要排除 3 万元的沉没成本的干扰，只考虑 2 万元的目前市场价值，即把 2 万元作为该台旧设备在方案中的现值。

机会成本和沉没成本，一个是在投资决策时必须考虑的要素，而另一个是在投资决策时必须排除的要素。它们的金额都是无法在财务数据和报表中体现的，只能通过市场调研预测和分析获得参考数据。

4. 平均成本与边际成本

（1）平均成本

平均成本是项目在生产经营期中的每个单位产品的成本。平均成本＝总成本÷总产量。包括单位产品固定成本的单位产品变动成本。由于单位产品固定成本与产量负相关，而在一定生产规模内，单位产品变动成本与产量无关，因此可以认为平均成本与产量负相关，但不是线性相关。

（2）边际成本

边际成本也是经济学的特有概念，它是指每多生产一个单位的产品所需增加的成本。这个成本，包括了原材料的增加成本、人工的增加成本、机器设备的增加成本等，是企业在生产过程中无法避免的。例如，生产 10 件产品的总成本是 1000 元，生产 11 件产品的总成本是 1080 元，则此时增加的 1 件产品的边际成本就是 80 元。边际成本是经济分析中的一个重要概念，它的作用在于引出另一个概念，即边际贡献。边际收入（每多生产一个单位的产品所能增加的收入）－边际成本＝边际贡献。边际贡献是经营决策的一个重要因素，是企业弥补固定成本和形成利润的源头。

想一想

边际成本与单位产品变动成本有什么不同？

边际成本中体现的边际分析和决策思想来自英国经济学家阿尔弗雷德·马歇尔。边际分析是指导经济决策的一项非常有用的核心原则。边际思维是我们在决策时放弃沉没成本的根源。当没有更好的选择时，只要边际收入大于边际成本，即可以生产或提供服务。

单位产品变动成本是一个平均值，是变动成本总额与产量的比值。在一定生产规模和技术条件下，单位产品变动成本基本保持不变，可以将其视为常量。

任务 2.4 折旧与摊销

课前导学

知识目标	能够运用不同的方式计提折旧
能力目标	能够分辨不同固定资产的折旧方式
素养目标	培养学生一丝不苟的工匠精神 促使学生建立创新创业意识，树立正确的财务观
重点难点	重点：熟练计算固定资产折旧费用 难点：折旧计提方式的异同

2.4.1 资产的构成及投资的回收方式

1. 资产

投资是指经济主体为了获取预期的收益而进行的资金投放活动。建设项目总投资中的建设投资和流动资金投资在项目建成后形成资产，包括固定资产、无形资产、流动资产和其他资产。

（1）固定资产

固定资产是指使用期限较长、单位价值较高，且在使用过程中保持原有实物形态的资产，如房屋、建筑物、机器、机械、运输工具以及其他与生产经营有关的设备、器具、工具等。不属于生产经营工程建设其他费用、预备费和建设期利息形成固定资产。

（2）无形资产

无形资产是企业持有的可带来预期收益的、没有实物形态的非货币性长期资产。如专利权、著作权、商标权、土地使用权、非专利技术和商誉等。

（3）流动资产

流动资产是指可以在一年内或超过一年的一个营业周期内变现、耗用的资产。如现金、存款、应收账款、预付账款、存货、短期投资等。

（4）其他资产

其他资产是指除固定资产、无形资产、流动资产以外的其他资产。如开办费、长期待摊费用、银行冻结财产、诉讼中的财产等。

各类资产体现了项目资金的各种去向，其中固定资产、无形资产、流动资产通过提取折旧（或摊销）回收，流动资金通过提取经营成本回收。

2. 固定资产折旧

建设项目投入运营以后，固定资产在整个寿命期内会不断发生各种磨损，由此损耗的价值应逐步转移到产品或服务成本中，通过产品或服务实现的销售收入，以货币的形式回收到投资者手中。简而言之，实物资产随时间流逝，其使用价值逐步减少，这种伴随固定资产损耗发生的价值转移称为固定资产折旧。固定资产折旧可以理解为对过去发生的项目投资的回收，也可以理解为未来持续投资的基础。值得注意的是，折旧只是一种会计手段，折旧大小反映了固定资产价值在使用过程中每次平摊计入成本的多少以及固定资产回收的多少，固定资产折旧增加了产品的成本，但并没有发生相应的现金支出，固定资产折旧的计提直接影响项目运营期内的企业税负。一般来说，企业总希望多提和快提折旧费，以便少交所得税。接下来我们先来了解如何计算项目生产经营期的折旧额。

> ### 💡 想一想
>
> 为什么要学习折旧额的计算呢？
>
> 经营成本的本质是项目在生产运营期产生的真实的现金流出，我们可以用它来计算项目在生产运营过程中的真实的回报，结合建设期产生的投资额，对项目的经济性做出量化分析。项目投资决策需要计算经营成本，也就是要从总成本费用中扣除未发生现金支出的折旧、摊销和利息支出，见式（2-7）。因此，要先计算项目生产经营期的折旧额等费用才能做好项目的投资决策。

企业计算折旧额的方法一般有平均年限法、工作量法、双倍余额递减法和年数总和法。按照我国财税制度，大多数的普通项目使用平均年限法；企业中的专业车队、客运车、大型设备采用工作量法；在国民经济中有重要地位、技术发展迅速以及财政部批准的特殊行业，其设备可以采用双倍余额递减法或年数总和法，通过加快折旧速度，从而提高设备更新水平，进而加快技术发展速度。

（1）平均年限法

平均年限法又称为直线法，是按固定资产的使用年限平均计提折旧的一种方法。其计算公式如下：

$$\text{固定资产年折旧额} = \frac{\text{固定资产原值} - \text{预计净残值}}{\text{预计使用年限}} \tag{2-7}$$

预计使用年限的倒数为年折旧率。在平均年限法下，折旧总额与折旧率相乘即为年折旧额。

【例 2-2】施工企业某台设备购入价格 8 万元，预计使用 5 年，残余价值 1 万元，求该设备的年折旧率和年折旧额。

【解】：
$$\text{年折旧率} = 1/5 = 20\%$$
$$\text{年折旧额} = （80000 - 10000）/5 = 14000（元）$$

（2）工作量法

工作量法是指按实际工作量计提固定资产折旧额的一种方法。实际上，工作量法是平均年限法的一种演变，适用于一些大型机器设备、大型施工机械、客运、货运汽车等固定资产的折旧计算。其计算公式如下：

$$应提折旧总额 = 固定资产原值 - 预计净残值 \tag{2-8}$$
$$各期折旧率 = 各期工作量 / 总工作量 \tag{2-9}$$
$$各期折旧额 = 折旧总额 \times 各期折旧率 \tag{2-10}$$

【例2-3】某台重型机器购入的价格为59000元，残值9000元，预计可使用1000台班，第一年使用了130台班，第二年使用了210台班。求第一年、第二年计提折旧额。

【解】：

折旧总额 = 固定资产原值 - 预计净残值 = 59000 - 9000 = 50000（元）

第一年折旧率 = 130/1000 = 13%

第二年折旧率 = 210/1000 = 21%

2.4.1-
双倍余
递减法

第一年折旧额 = 50000 × 13% = 6500（元）

第二年折旧额 = 50000 × 21% = 10500（元）

（3）双倍余额递减法

双倍余额递减法是在不考虑固定资产预计净残值的情况下，按"双倍"的直线法折旧率计算固定资产折旧额的一种方法，属于加速折旧法。其特点为固定资产在使用初期折旧较多，后期较少，是固定资产在使用年限内尽早得到补偿的方法。其计算公式如下：

$$年折旧率 = \frac{2}{折旧年限} \times 100\% \tag{2-11}$$

$$年折旧额 = 年初固定资产账面余额 \times 年折旧率 \tag{2-12}$$

在计算年折旧额时，应在其折旧年限到期前2年内，将倒数第3年年末，也就是倒数第3年年初的固定资产账面余额扣除预计净残值后的余额，平分到最后2年中。因此，除最后2年之外：

$$第 m 年的期末账面余额 = 固定资产原值(1 - 折旧率)^m \tag{2-13}$$

最后2年中，每年的折旧额是一样的，计算式为：

$$年折旧额 = (第 n - 2 年的期末账面余额 - 净残值)/2 \tag{2-14}$$

式中，n——此项固定资产的折旧年限。

【例2-4】某台设备原始价值30万元，残值2万元，使用年限为5年。求各年计提折旧额。

【解】：

$$年折旧率 = \frac{2}{5} \times 100\% = 40\%$$

各年计提折旧额为：

第1年的折旧额为 30 × 40% = 12（万元），年末固定资产账面余额为18万元。

第2年的折旧额为 18 × 40% = 7.2（万元），年末固定资产账面余额为10.8万元。

第3年的折旧额为 10.8 × 40% = 4.32（万元），年末固定资产账面余额为6.48万元。

第4年、第5年的折旧额均为：(6.48 - 2)/2 = 2.24（万元）。

第 4 年年末固定资产账面余额为 4.24 万元，第 5 年年末固定资产账面余额为 2 万元，这 2 万元正好等于设备残值，即通过设备残值的收入最终将设备原值全部收回。

（4）年数总和法

年数总和法是将固定资产的原值减去净残值后的余额按一个逐年递减的分数计算年折旧额的一种方法，其特点是折旧基数不变，但是折旧率不断递减。其计算公式如下：

$$年折旧率 = \frac{预计使用年限 - 已使用年限}{预计使用年限 \times (预计使用年限 + 1) \div 2} \times 100\% \qquad (2\text{-}15)$$

或

$$年折旧率 = 尚可使用年限 / 预计使用年数总和 \times 100\% \qquad (2\text{-}16)$$

$$年折旧额 = (固定资产原值 - 预计净残值) \times 年折旧率 \qquad (2\text{-}17)$$

可以看出，年数总和法中的每年折旧率是逐年严格递减的，固定资产原值与预计净残值之差是应提折旧总额，这个数额是固定不变的，因此，每年折旧率与应提折旧总额相乘得到的每年折旧额也是逐年严格递减的。

【例 2-5】 某台机床原始价值为 185000 元，预计使用 5 年，预计净残值为 5000 元。计算各年折旧额，见表 2-1。

某机床折旧表　　　　　　　　　　　　　　表 2-1

年份	已使用年限	固定资产净值/元	年折旧率	年折旧额/元	累计折旧额/元
1	0	180000	5/15	60000	60000
2	1	180000	4/15	48000	108000
3	2	180000	3/15	36000	144000
4	3	180000	2/15	24000	168000
5	4	180000	1/15	12000	180000

做一做

完成表 2-2，对固定资产折旧计提方法进行对比。

固定资产折旧计提方法的对比　　　　　　表 2-2

折旧方法	计算式
年限平均法	
工作量法	
双倍余额递减法	
年数总和法	

续表

双倍余额递减法与年数总和法的主要区别：
预计使用年限与尚可使用年限的主要区别：

提示：

1. 在使用年限平均法、工作量法和年数总和法计算每期折旧额时，均需要考虑预计净残值；双倍余额递减法仅在计算最后 2 年的折旧额时考虑预计净残值。

2. 上述算式均假设固定资产未计提减值准备。已计提的，应当按照该项资产的账面价值（固定资产账面余额扣减累计折旧和累计减值准备后的金额）以及尚可使用年限重新计算确定折旧率和折旧额。

2.4.2 无形资产和递延资产的摊销

无形资产和递延资产的原始价值需要在规定的年限内转移到产品的成本中去。这种从成本费用中逐年提取部分资金补偿无形资产和递延资产价值损失的做法，称为摊销。

无形资产从开始使用之日起，应按照有关规定在有效期限内摊销，其摊销金额计入管理费用，并同时冲减无形资产的账面价值。没有规定年限的，按不少于 10 年分期摊销。无形资产摊销一般采用平均年限法，不计残值，其原理类似于固定资产折旧。

递延资产中的开办费应自企业开始生产经营之日起分期摊销，摊销期不得短于 5 年。租入固定资产改良及大修理支出应当在租赁期内分期摊销。

🔍 知识拓展

施工成本中的摊销费

工程经济分析中的摊销费：指投资不能形成固定资产的部分。如专家的咨询费用、设计费用、项目实施过程中申请专利的专利费、引入新技术的项目的许可证费等，发生在项目建设期和筹建期间的开办费。

施工成本中的摊销费：模板的摊销费用，比如可以周转使用 10~18 次，按次将模板购置费用分摊到施工成本中。

2.4.3 工程项目的现金流入

工程项目的全寿命周期分为两个阶段，即建设期和生产经营期。两个阶段之间的节点是投产（投入使用）的时间点。从项目本身来说，建设期中通过投资建设形成大量现金流出，形成具有生产经营能力的各类资产。投产（投入使用）后通过提供产品和服务形成收入，并通过若干生产经营期的现金净流入才能收回当初的投资，并形成项目的净收益。因此，对工程项目的现金流入，分成两个阶段来观察。

1. 建设期的现金流入

工程项目在建设期的现金流入主要通过筹资活动来获得。

工程项目资金来源也就是项目的资本，主要包括权益资金和债务资金，这两种资本之间应保持合理的比例关系，这种比例关系被视为资本结构。之前所学习的资产是指项目资金的不同去向，不同资产之间的比例关系被视为资产结构。由此可以看出资本结构和资产结构是完全不同的两个概念。

（1）权益资金

权益资金又称自有资金，是企业最基本的资金来源，它包括所有者投入企业的资本金及企业在生产经营过程中形成的积累。比如，实收资本、盈余公积、资本公积和未分配利润等。权益资金的所有权归属于企业的所有者，所有者凭其所有权参与企业的经营管理和利润分配，并对企业的经营状况承担有限责任。权益资金没有到期日，无须还本付息，在企业存续期内，投资者除依法转让外，不得以任何方式抽回其投入的资金。权益资金的筹集主要通过吸收直接投资、发行股票等方式进行。

（2）债务资金

债务资金是企业依法筹措并依约使用、按期偿还的资金。债务资金体现了企业与债权人的债权债务关系，企业的债权人有权按期索取本息，但无权参与企业的经营管理，对企业的经营状况不承担责任。债务资金一般有固定到期日，须到期还本付息，因此，企业会面临一定的财务风险，但也可能会为企业带来财务杠杆利益。债务资金的筹集方式主要有银行借款、债券筹资、融资租赁、商业信用等。

2. 生产经营期的现金流入

工程项目在建成投成交付使用之后，就进入了生产经营期，通过向社会提供产品或服务来获得收入，形成了新的现金流入渠道。要注意的是，建设期中发生的筹资活动并没有停止，在投产后的生产经营期，企业作为投资人的资产管理主体，会继续进行各种投资活动，形成可持续的生产经营能力。

生产经营期的项目现金流入体现为营业收入，营业收入是指企业在销售商品、提供劳务及让渡资产使用权等日常活动中所形成的经济利益的总流入，包括主营业务收入和其他业务收入。

（1）主营业务收入

主营业务收入也称为基本业务收入，是指企业从事主要营业活动所取得的收入，可以根据企业营业执照上注明的主营业务范围来确定。例如，制造业企业产品销售收入、建筑业企业工程结算收入、高科技企业的技术服务收入等。

（2）其他业务收入

其他业务收入是指企业主营业务收入以外的所有通过销售商品、提供劳务及让渡资产使用权等日常活动所形成的经济利益的总流入。其他业务收入不经常发生，每笔业务金额较小，占企业收入的比重较低。例如，材料销售收入、无形资产转让、固定资产出租等。

对于生产类项目，营业收入即产品销售收入，其计算公式为：

$$营业收入＝产品销量×产品价格 \tag{2-18}$$

估算营业收入时首先要假定当期产品全部售出，产品价格一般采用当前市场价格。

🔍 拓展阅读

资本与资产是企业资金运动的来源和去向。资本是资金的本源，包括债务资本和自有资本；资产是资金运动的去向，包括固定资产、无形资产、流动资产和其他资产。

企业通过筹融资活动获得资本，并会为之付出一定的代价，即资本是有成本的，企业在进行投资之前要明确资本的成本，只有投资的回报高于资本的成本时，才应该组织资本的筹集并开展投资活动。

任务 2.5 项目融资资金成本

2.5
项目融资
资金成本

课前导学

知识目标	能够计算融资资金成本
能力目标	能够熟练应用融资资金成本的计算方式
素养目标	培养学生一丝不苟的工匠精神 促使学生建立创新创业意识，树立正确的财务观
重点难点	重点：资金成本的计算方式 难点：资金成本计算方式的异同

资金成本是企业为筹措资金和使用资金而支付的费用，具体包括筹资费用和用资费用两部分。

（1）筹资费用

筹资费用是指企业在资金筹集过程中发生的各种费用，如股票、债券的发行费、银行借款手续费、资产评估费、律师费、代办费等。该类费用是在筹资时一次性发生的，在用资过程中不再发生，属于固定性的资金成本。

（2）用资费用

用资费用是企业在投资、生产经营过程中因使用资金而发生的费用，如向股东支付的股利、向债权人支付的利息等，这部分费用随使用资金的多少和使用期限长短而变化，属变动性资金成本。

计算资金成本，可以帮助企业明确工程建设项目投资的机会成本，进而明确拟投资项目的收益率的底线，有利于企业对投资方案做出合理取舍。

1. 个别资金成本的计算

个别资金成本指使用各种长期资金的成本，包括长期借款成本、债券成本、优先股成本、普通股成本等。

$$长期借款资金成本率 = \frac{利息 \times (1-所得税税率)}{筹资总额-筹资费用} \times 100\% \qquad (2\text{-}19)$$

【例2-6】某建筑企业从银行取得长期借款 400 万元，借款利率 5%，期限为 3 年，每年付息一次，到期还本，筹资费用率为 0.5%，所得税税率 25%。试问：长期借款资金成本率是多少？

【解】：经过分析，可以看出本题中的长期借款本金 400 万元、借款期限 3 年等，在计算资金成本率时可视为无关信息。利息为税前列支，有避税效应。

$$该笔长期借款资金成本率 = \frac{5\% \times (1-25\%)}{1-0.5\%} = 3.77\%$$

$$债券资金成本率 = \frac{债券利息 \times 1-所得税税率}{债券发行价格-债券发行费用} \times 100\% \qquad (2\text{-}20)$$

【例2-7】某公司发行债券面值为 2000 元，票面利率 8% 的 3 年期债券，每年支付利息，到期偿还本金。发行费用率为 0.2%，所得税率为 25%，债券按面值等价发行。试问：该债券资金成本率是多少？

【解】：经过分析，可以看出本题中的债券面值、3 年期限等，在计算债券资金成本率时可视为无关信息。利息为税前列支，有避税效应。

$$该债券资金成本率 = \frac{8\% \times (1-25\%)}{1-0.2\%} = 6.01\%$$

$$优先股资金成本率 = \frac{优先股股利}{优先股发行价格-优先股发行费用} \times 100\% \qquad (2\text{-}21)$$

【例2-8】某公司拟按面值发行优先股，面值总额为 8000 万元，固定股息率为 3%，筹资费用率预计为 0.5%。试问：该优先股资金成本率是多少？

【解】：经过分析，可以看出本题中的优先股面额，在计算优先股资金成本率时可视为无关信息。固定股息为税后列支，无避税效应。

$$优先股资金成本率 = \frac{3\%}{1-0.5\%} = 3.02\%$$

$$普通股资金成本率 = \frac{第一年股利}{1-筹资费用率} + 预期年增长率 \qquad (2\text{-}22)$$

【例2-9】某公司拟发行普通股股票 4000 万元，筹资费用率为 0.4%，第一年年末支付 6% 的股利，以后每年股利增长 5%。试问：普通股资金成本率为多少？

【解】：经过分析，可以看出本题中的普通股面额，在计算普通股资金成本率时可视为无关信息。普通股息为税后列支，无避税效应。

$$该普通股资金成本率 = \frac{6\%}{(1-0.4\%)} + 5\% = 11.02\%$$

2. 综合资金成本的计算

综合资金成本又称为加权平均资金成本，它是利用各种资金成本占全部资金成本的比重计算的加权算术平均数。其计算公式为：

$$综合资金成本 = \sum (某种资金成本 \times 该种资金占全部资金的比重) \tag{2-23}$$

【例 2-10】某公司拟为某项目募资 2 亿元，其中：向银行借入 5000 万元，资金成本率为 5%；发行债券 3000 万元，资金成本率 6%；其余通过增发普通股筹得，资金成本率 12%，试问：该公司本次募资的综合资金成本率为多少？

【解】：该公司本次募资的综合资金成本率为：

$$\frac{(5000 \times 5\% + 3000 \times 6\% + 12000 \times 12\%)}{20000} = 9.35\%$$

项目3

现金流量与资金时间价值计算

 课前导学

1. 知识目标

能够明确现金流量的概念及构成。

2. 能力目标

能够计算资金的时间价值。

3. 素养目标

引导学生正确认识金钱本质;

树立正确金钱价值观和消费观。

4. 重点难点

重点:能够绘制现金流量图。

难点:能够运用等值公式进行等值计算。

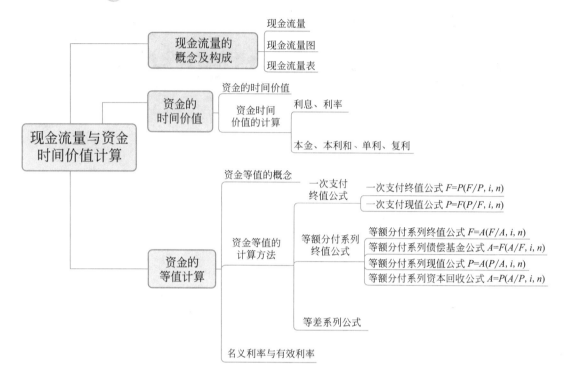

任务 3.1 现金流量

课前导学

知识目标	能够叙述现金流量图绘制的四大要点 明确现金流量的构成
能力目标	能够正确计算现金流量 能够正确绘制现金流量图
素养目标	培养学生一丝不苟的工匠精神 能融入小组进行团队讨论、培养学生团结协作能力
重点难点	重点：现金流量图及现金流量表的正确绘制与编制 难点：编制现金流量表

3.1.1　现金流量

1. 现金流量的概念

工程经济分析时，把所考察的技术方案视为一个系统，投入的资金、花费的成本和获取的收益，均可以看成是以资金形式体现的该系统的资金流出或资金流入。这种在考察技术方案整个期间各时点 t 上实际发生的资金流出或资金流入称为现金流量，其中流出系统的资金称为现金流出，用符号 $(CO)_t$ 表示；流入系统的资金称为现金流入，用符号 $(CI)_t$ 表示；现金流入与现金流出之差称为净现金流量，用符号 $(CI-CO)_t$ 表示。

2. 现金流量的价值影响

现金流量决定企业的价值创造能力，企业只有拥有足够的现金才能从市场上获取各种生产要素，为价值创造提供必要的前提，而衡量企业的价值创造能力正是进行价值投资的基础。研究发现，现金流量决定企业的价值创造，反映企业的盈利质量，决定企业的市场价值和企业的生存能力。

（1）决定企业的价值创造

首先，现金流量是企业生产经营活动的第一要素。企业只有持有足够的现金，才能从市场上取得生产资料和劳动力，为价值创造提供必要条件。市场经济中，企业一旦创立并开始经营，就必须拥有足够的现金购买原材料、辅助材料、机器设备，支付劳动力工资及其他费用。全部预付资本价值，即资本的一切由商品构成的部分——劳动力、劳动资料和生产资料，都必须用货币购买。因此获得充足的现金，是企业组织生产经营活动的基本前提。

其次，只有通过销售收回现金才能实现价值的创造。虽然价值创造的过程发生在生产过程中，但生产过程中创造的价值能否实现还要看生产的产品能否满足社会的需要、是否得到社会的承认，从而实现销售并收回现金。

（2）反映企业的盈利质量

现金流量比利润更能说明企业的收益质量。在现实生活中经常会遇到"有利润却无钱"的企业，不少企业因此而出现了"借钱缴纳所得税"的情况。根据权责发生制确定的利润指标在反映企业的收益方面确实容易导致一定的"水分"，而现金流量指标，恰恰弥补了权责发生制在这方面的不足，关注现金流量指标，甩干利润指标的"水分"，剔除了企业可能发生坏账的因素，使投资者、债权人等更能充分地、全面地认识企业的财务状况。因此，考察企业经营活动现金流量的情况可以较好地评判企业的盈利质量，确定企业真实的价值创造。

（3）决定企业的生存能力

企业生存乃价值创造之基础。据悉，破产倒闭的企业中有 85% 是曾经盈利情况非常好的企业，现实中的案例以及 20 世纪末令世人难忘的金融危机，使人对"现金为王"的道理有了更深的感悟。传统反映偿债能力的指标通常有资产负债率、流动比率、速动比率等，而这些指标都是以总资产、流动资产或者速动资产为基础来衡量其与应偿还债务的匹配情况，这些指标或多或少会掩盖企业经营中的一些问题。其实，企业的偿债能力取决于它的现金流量，比如，经营活动的净现金流量与全部债务的比率，就比资产负债率更能反映企业偿付全部债务的能力，现金性流动资产与筹资性流动负债的比率，就比流动比率更能反映企业短期偿债能力。

3.1.2 现金流量的表示方法

1. 现金流量图

现金流量图是工程项目在寿命周期内现金流入和现金流出状况的图解。现金流量图有三要素：现金流量的大小（现金流量数额）、方向（现金流入或现金流出）和作用点（现金流量发生的时点）。

现金流量图的作图方法和规则：

（1）以横轴为时间轴，向右延伸表示时间的延续。轴上每一刻度表示一个时间单位，可取年、半年、季或月等；时间轴上的点称为时点，通常表示该时间单位末的时点；0表示时间序列的起点。整个横轴又可看成是所考察的"技术方案"。

（2）相对于时间坐标的垂直箭线代表不同时点的现金流量情况。对投资人而言，在横轴上方的箭线表示现金流入，即表示收益；在横轴下方的箭线表示现金流出，即表示费用。

（3）在现金流量图中，箭线长短与现金流量数值大小应成比例。在实际中，为方便现金流量图的绘制，箭线长短只要能适当体现各时点现金流量数值的差异，并在各箭线上方（或下方）注明其现金流量的数值即可。

（4）箭线与时间轴的交点即为现金流量发生的时点。每一时间点代表这一期的期末，下一期的期初。通常假设投资发生在年初，销售收入、经营成本及残值回收等发生在年末。如图3-1所示。

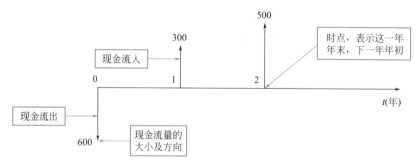

图3-1　现金流量图

现金流量图的几种简略画法，如图3-2所示。

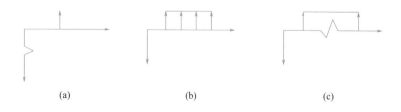

（a）　　　　　　　　　　（b）　　　　　　　　　　（c）

图3-2　现金流量图的几种简略画法

（a）支出金额较大时，可用折线表示；（b）金额一样时，无须逐一标注；（c）年份过多时，可用折线表示

2. 现金流量表

现金流量表是用表格的形式描述不同时点上发生的各种现金流量的大小和方向，其具体内容随工程经济分析的范围和经济评价方法不同而不同，一般分为：财务现金流量表、国民经济效益费用流量表。财务现金流量表按其评价的角度不同分为：①项目投资现金流量表；②项目资本金现金流量表；③投资各方现金流量表；④财务计划现金流量表。以项目投资现金流量表为例，见表3-1。

项目投资现金流量表 表 3-1

序号	项目	计算期				
		建设期	投产期	正常运营期		
1	现金流入					
1.1	产品销售收入					
1.2	回收固定资产余值					
1.3	流动资金投资回收					
1.4	……					
2	现金流出					
2.1	固定资产投资					
2.2	流动资金投资					
2.3	经营成本					
2.4	……					
3	净现金流量					

【例 3-1】某项投资项目，第1年固定资产投资为50万元；第2年流动资金投资为20万元，全部为贷款，利率8%。项目于第2年投产，产品销售收入第2年为50万元，第3~8年为80万元；经营成本第2年为30万元，第3~8年为45万元；第八年末处理固定资产可得收入8万元。根据以上条件画出现金流量图并作出项目投资现金流量表。

【解】： 项目现金流量图 （单位：万元）

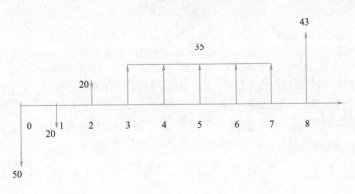

项目投资现金流量表（单位：万元）　　　表 3-2

序号	项目	计算期								
		建设期		投产期	正常运营期					
		0	1	2	3	4	5	6	7	8
1	现金流入			50	80	80	80	80	80	88
1.1	产品销售收入			50	80	80	80	80	80	80
1.2	回收固定资产余值									8
1.3	流动资金投资回收									
2	现金流出	50	20	30	45	45	45	45	45	45
2.1	固定资产投资	50								
2.2	流动资金投资		20							
2.3	经营成本			30	45	45	45	45	45	45
3	净现金流量	50	20	20	35	35	35	35	35	43

🔍 拓展阅读

1. 企业要投资项目，前期就需要资金投入（固定资产的投入等），这个资金可以是银行借贷或者自有资金，这在现金流量图（表）上的表示是不同的。借贷会产生利息，在建设期期间产生的利息并入成本。项目建成后投入生产称为生产期，生产期包含投产期、稳产期、减产及回收期。一个企业的生存和现金的流入、流出息息相关，如果没有现金的流入和流出，企业将面临停产直至破产。

2. 如何计算项目（或方案）计算期呢？

项目计算期也称方案的经济寿命期，是指对拟建方案进行现金流量分析时应确定的项目服务年限。

📑 做一做

1. 某工程项目期初投资 120 万元，第二年销售收入为 90 万元，销售税金 5 万元，第 3～8 年的年销售收入为 130 万元，销售税金 10 万元，折旧费为 18 万元，年经营成本均为 50 万元，不考虑固定资产残值。根据以上条件画出现金流量图并作出项目投资现金流量表。

【解】：　　　　　　　项目现金流量图　　　　　　　（单位：万元）

序号	项目	计算期								
		建设期		投产期	正常运营期					
		0	1	2	3	4	5	6	7	8
1	现金流入									
1.1	产品销售收入									
1.2	固定资产残值									
1.3	流动资金投资回收									
2	现金流出									
2.1	固定资产投资									
2.2	税金									
2.3	经营成本									
3	净现金流量									

项目投资现金流量表　　　　　　　　（单位：万元）

2. 某人四年前存入 1000 元，前 3 年未取出当年利息，最后一年利息和本金一次性取出。年利率 10%，根据以上条件画出现金流量图。

对个人：

对银行：

任务 3.2　资金的时间价值

课前导学

知识目标	能够进行单利、复利的计算 知道名义利率和实际利率、间断利率和连续利率的概念
能力目标	会具体项目单利、复利的计算
素养目标	培养学生一丝不苟的工匠精神 培养学生财经素养
重点难点	重点：区分名义利率和实际利率及其相互关系 难点：名义利率和实际利率转化

3.2.1 资金的时间价值概念及表现形式

将资金投入使用后经过一段时间，资金便产生了增值，即由于资金在生产和流通环节中的作用，使投资者得到了收益或盈利。不同时间发生的等额资金在价值上的差别，就是资金的时间价值。同样的道理，如果把资金存入银行，经过一段时间后也会产生增值，这就是我们通常所说的利息。客户按期得到的利息是银行将吸纳的款项投资于工程项目之中所获得的盈利的一部分，盈利的另一部分则是银行承担风险运作资金的收益。

盈利和利息是资金的时间价值的两种表现形式，都是资金时间因素的体现，是衡量资金时间价值的绝对尺度。在工程技术经济分析中，对资金时间价值的计算方法与银行利息的计算方法是相同的，银行利息就是一种资金时间价值的表现形式。

在商品经济条件下，资金在投入生产与交换过程中产生了增值，给投资者带来利润，其实质是由于劳动者在生产与流通过程中创造了价值。从投资者的角度看，资金的时间价值表现为资金具有增值特性；从消费者的角度看，资金的时间价值是对放弃现时消费带来的损失所做的必要补偿，这是由于资金用于投资后则不能再用于现时消费。

3.2.2 影响资金时间价值的因素

1. 资金的使用时间

在单位时间的资金增值率一定的条件下，资金使用时间越长，资金的时间价值越大；使用时间越短，则资金的时间价值越小。

2. 资金数量的大小

在其他条件不变的情况下，资金数量越大，资金的时间价值就越大；反之，资金数量越小，资金的时间价值越小。

3. 资金投入和回收的特点

在总资金一定的情况下，前期投入的资金越多，资金的负效益越大；反之，后期投入的资金越多，资金的负效益越小。在资金回收额一定的情况下，离现在的时间越近，回收的资金越多，资金的时间价值就越大；反之，离现在的时间越远，回收的资金越多，资金的时间价值就越小。

4. 资金周转的速度

资金周转越快，在一定的时间内等量资金的时间价值越大；反之，资金的时间价值越小。

3.2.3 利息与利率

1. 利息和利率

（1）利息

例如：将一笔资金存入银行，相当于银行占用了这笔资金，经过了一段时间以后，资金所有者就能在该笔资金之外再得到一些报酬，称为利息。利息是指占用资金所付出的代价（或放弃资金使用后所得到的补偿），利息通常由本金和利率计算得出。

（2）利率

利率是指在一个计息周期内所应付出的利息额与本金之比，通常以百分比表示：

$$i = \frac{I_n}{p} \times 100\%$$ （3-1）

式中　i——利率；

　　　I_n——单位时间内的利息；

　　　p——本金。

2. 本金与本利和

（1）本金

存入银行的资金（或被银行占用的资金）就叫本金。

（2）本利和

$$F_n = p + I_n \cdot n$$ （3-2）

3.2.3-2
本金与
本利和

式中　F_n——本利和；

　　　p——本金；

　　　I_n——单位时间内的利息；

　　　n——计息周期，通常用年、月、日表示，也可以用半年、季度来计算。

3. 单利

（1）单利

本金生息，利息不生息。单利仅从简单再生产的角度来计算经济效果。

（2）单利计息

3.2.3-3
单利与
复利

单利计息公式：利息与时间呈线性关系，不论计息期数为多大，只有本金计息，而利息本身不再计息。设 p 代表本金，n 代表计息期数，i 代表利率，I 代表所付或所收的总利息，F_n 代表本利和，则有：

$$I = pni$$ （3-3）

$$F_n = p(1 + ni)$$ （3-4）

【例 3-2】假设以年利率 10% 借入资金 1000 元，共借 4 年，单利计息，最后应偿还多少金额？

【解】：

单利计算分析表（单位：元）　　　　　　　　　　　　　表 3-3

年	年初欠款	年末应付利息	年末欠款	年末偿还
1	1000	100	1100	0
2	1100	100	1200	0
3	1200	100	1300	0
4	1300	100	1400	1400

4. 复利

（1）复利

本金生息，利息也生息，每期结尾不支付利息，而是将其作为下期本金的一部分继续产生利息，复利符合社会再生产的运动规律。在技术分析中一般采用复利来进行计算。

复利一般分为间断复利（计息周期为一定的时间区间）和连续复利（计息周期无限缩短）。严格来讲，资金是在不停地运动，每时每刻都在通过生产和流通在增值，采用连续复利更加符合现实，但实际中为了计算方便一般用简单的间断复利。

（2）复利计息

将本期的利息转为下期的本金，下期将按本利和的总额计息，这种计息方式称为复利（计息）。则有：

$$F_n = p(1+i)^n \tag{3-5}$$
$$I = p\left[(1+i)^n - 1\right] \tag{3-6}$$

【例 3-3】假设以年利率 10% 借入资金 1000 元，共借 4 年，复利计息，最后应偿还多少金额？

【解】：

复利计算分析表（单位：元） 表 3-4

年	年初欠款	年末应付利息	年末欠款	年末偿还
1	1000	100	1100	0
2	1100	110	1210	0
3	1210	121	1331	0
4	1331	133.1	1464.1	1464.1

拓展阅读

单利和复利在生活中非常常见，比如：通常在银行的存款是按单利计算，而向银行贷款则是按复利计算。

1. 关于复利的理论

如果从 20 岁开始，每个月拿 100 元去买基金，按每年 10% 的收益计算，持之以恒，到 60 岁的时候，就会有 637800 元；

如果从 30 岁开始那么做，到 60 岁的时候会有 22 万元；

如果从 40 岁开始投资，到 60 岁的时候就只有约 7 万元；

如果从 50 岁开始投资，到 60 岁只有约 2 万元。

所以说，钱是"长跑选手"，越到后来劲越足，跑得越快。

2. 假如印第安人会投资

1626 年，荷兰新阿姆斯特丹殖民总督 Peter Minuit 用 60 荷兰盾价值（约等值为 24 美元）的珠宝和饰物等从当地印第安人手中购买下了曼哈顿岛。到 2000 年 1 月 1 日，曼哈顿岛价值估计 2.5 万亿美元。

假如印第安人会投资，使 24 美元能够达到 7% 的年复利收益率，多少年后，他们能买回曼哈顿岛？

答：到 375 年后的 2000 年的 1 月 1 日，他们可买回曼哈顿岛。

$24 \times (1+7\%)^{(2000-1626+1)} = 2.5068$（万亿美元）

3.2.4 名义利率与实际利率

3.2.4
名义利率
与实际
利率

当利率的时间单位与计息期不一致时，就出现了名义利率和实际利率的概念。

1. 名义利率

名义利率是指计息周期的利率与一年的计息次数之乘积。例如按月计算利息，月利率为 1%，即"年利率为 12%，每月计息一次"，年利率 12% 称为名义利率。

2. 实际利率

实际利率是指在一个阶段内，按复利计息，实际所得到的利率。

名义利率和实际利率的关系：若设名义年利率为 r，一年中计息次数为 n，那么，一个计息周期的利率由式（3-7）可得：

$$i = \frac{r}{n} \tag{3-7}$$

则实际利率 i_{eff} 为：

$$i_{eff} = \left(1 + \frac{r}{n}\right)^n - 1 \tag{3-8}$$

式中，n 为计息期数；i_{eff} 为实际利率；r 为名义利率。

当 $n=1$ 时，$i=r$，即实际利率等于名义利率；当 $n>1$ 时，$i>r$，且 n 越大，即一年中计算复利的有限次数越多，则年实际利率相对于名义利率就越高。

【例 3-4】年利率 12%，每月计息一次。求年实际利率为多少？

【解】：$i_{eff} = \left(1 + \frac{r}{n}\right)^n - 1 = \left(1 + \frac{12\%}{12}\right)^{12} - 1 = 12.68\%$

🔍 拓展阅读

储蓄存储利率是由国家统一规定，中国人民银行挂牌公告。利率也称为利息率，是在一定日期内利息与本金的比率，一般分为年利率、月利率、日利率三种。年利率以百分比表示，月利率以千分比表示，日利率以万分比表示。

如年息九厘写为 0.9%，即每百元存款定期一年利息 0.9 元；月息六厘写为 6‰，即每千元存款一月利息 6 元；日息一厘五毫写为 1.5‰，即每万元存款每日利息 1 元 5 角。

为了计息方便，三种利率之间可以换算，其换算公式为：年利率÷12＝月利率；月利率÷30＝日利率；年利率÷360＝日利率。

做一做

1. 某公司持有一张带息商业汇票，面值 10000 元，票面利率 5%，期限 90 天，则到期利息与到期值分别为多少？

2. 请说出名义利率和实际利率的区别。

3. 设名义利率为 $i=10\%$，则半年、季度、月、日的年实际利率为多少？

任务 3.3 资金的等值计算

课前导学

知识目标	熟记资金等值计算的六个公式 复利系数表的查询
能力目标	资金等值计算公式的综合应用
素养目标	培养学生一丝不苟的工匠精神 能融入小组进行团队讨论、团结协作能力
重点难点	重点：推导资金等值计算的"六大公式" 难点：应用资金等值计算的"六大公式"解决实际项目问题

3.3.1   资金等值计算的概念

资金等值是指不同时间的资金外存在着一定的等价关系，这种等价关系称为资金等值。通过资金等值计算，可以将不同时间发生的资金量换算成某一相同时刻发生的资金量，然后即可进行加减运算。

3.3.2   等值计算公式

1. 资金等值计算中的相关概念及规定

1）现值（Present Value，记为 P）：发生在时间序列起点、年初或计息期初的资金。求现值的过程称为"折现"，规定在期初现值是指资金的现在瞬时价值，这是一个相对的概念，一般地将 $t+k$ 时点上发生的资金折现到第 t 个时点，所得的等值金额就是第 $t+k$ 个时点上资金金额的现值。

2）终值（Future Value，记为 F）：发生在时间序列终点、年末或计息期末的资金。规定在期末与现值等价的将来某时点的资金价值称为"终值"或"未来值"。即将第 t 个时点上发生的资金折算到第 $t+k$ 个时点，所得的等值金额就是第 t 个时点上资金金额的终值。

3）年值（Annual Value，记为 A）：指各年等额支出或等额收入的资金，规定在期末。

4）折现：把将来某一时点的资金金额换算成现在的等值金额的换算过程称为"折现"或"贴现"。

2. 资金等值计算的基本公式

如无特殊说明，均采用复利计算，如图 3-3 所示。

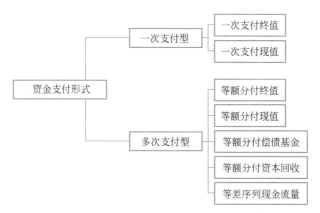

图 3-3   资金等值计算基本公式

1）一次支付终值（已知 P 求 F）

是计算现在时点发生的现金流的将来值。通常表达的经济含义是现在存入一笔钱 P，若干年后这笔钱 F 为多少，如图 3-4 所示。

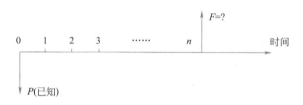

图 3-4　一次支付终值现金流量图

$$F = P(1+i)^n = P(F/P，i，n) \tag{3-9}$$

式中，$(F/P，i，n)$ 称为一次支付终值系数。

【例 3-5】某企业向银行借款 50000 元，借款时间为 10 年，借款年利率为 10%，问 10 年后该企业应还银行多少钱？

【解】：$F = P(1+i)^n = 50000 \times (1+10\%)^{10} = 129687.123$（元）

2）一次支付现值（已知 F 求 P）

是计算将来某一时点发生的现金流的现在值。通常表达的经济含义是如果想在未来几年后满足金额 F，现在需一次性存入的 P 值为多少，如图 3-5 所示。

3.3.2-2
一次支付
现值（已
知 F 求 P）

图 3-5　一次支付现值现金流量图

$$P = \frac{F}{(1+i)^n} = F(P/F，i，n) \tag{3-10}$$

式中，$(P/F，i，n)$ 称为一次支付现值系数。

【例 3-6】某人打算 5 年后从银行取出 50000 元，银行存款年利率为 3%，问此人现在应存入银行多少钱？（按复利计算）

【解】：$P = 50000/(1+3\%)^5 = 43130.44$（元）

3.3.2-3
等额分付
终值（已
知 A 求 F）

一次支付终值系数和一次支付现值系数互为倒数。

3）等额分付终值（已知 A 求 F）

等额分付终值计算是指从第一个计息周期的期末开始以后，各个计息周期末都向银行存入一笔相同金额的钱 A，在年利率 i 的情况下计算 n 年后的资金终值 F。如图 3-6 所示。

$$F = A + A(1+i) + A(1+i)^2 + A(1+i)^3 + \cdots + A(1+i)^{n-1}$$

$$F = A[1 + (1+i) + \cdots + (1+i)^{n-2} + (1+i)^{n-1}] \tag{3-11a}$$

算式两边都乘以 $(1+i)$，得：

$$F(1+i) = A[(1+i) + (1+i)^2 + \cdots + (1+i)^{n-1} + (1+i)^n] \tag{3-11b}$$

图 3-6　等额分付终值现金流量图

再用式（3-11b）减去式（3-11a），变换即可得：

$$F = A\frac{(1+i)^n - 1}{i} = A(F/A, i, n) \tag{3-11}$$

式中，$(F/A, i, n)$ 称为等额分付终值系数。注意：该公式是对应 A 在第 1 个计息期末发生而推导出来的。

【例 3-7】某人每年存入银行 30000 元，存 5 年准备买房用，存款年利率为 3%。问 5 年后此人能从银行取出多少钱？

【解】：$F = 30000 \times \dfrac{(1+3\%)^5 - 1}{3\%} = 159274.07$（元）

4）等额分付偿债基金（已知 F 求 A）

等额分付偿债基金是指在未来需一笔资金 F，在给定的利率和计息期下，每个计息周期需等额支付的金额，常见生活中银行中"零存整取"。如图 3-7 所示。

3.3.2-4
等额分付
偿债基金
（已知 F 求 A）

图 3-7　等额分付偿债基金现金流量图

$$A = F\frac{i}{(1+i)^n - 1} = F(A/F, i, n) \tag{3-12}$$

式中，$(A/F, i, n)$ 称为等额分付偿债基金系数。注意：该公式是等额分付终值公式的逆运算。

【例 3-8】某人想在 5 年后从银行提出 20 万元用于购买住房。若银行年存款利率为 5%，那么此人现在应每年存入银行多少钱？

【解】：$A = 200000 \times \dfrac{5\%}{(1+5\%)^5 - 1} = 36194.96$（元）

5）等额分付现值（已知 A 求 P）

假设从第一年年末开始，每年年末都有一笔相同金额的收入 A，在年利率 i 的情况下计算期初 0 点的资金现值 P。如图 3-8 所示。

3.3.2-5
等额分付
现值（已知 A 求 P）

$$F = A\frac{(1+i)^n - 1}{i}, \quad F = P(1+i)^n$$

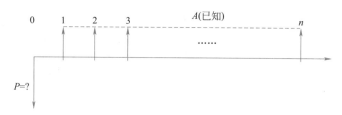

图 3-8 等额分付现值现金流量图

令两式相等，得：

$$P = A \frac{(1+i)^n - 1}{i(1+i)^n} = A(P/A, i, n) \tag{3-13}$$

式中，$(P/A, i, n)$ 称为等额分付现值系数。

【例 3-9】某人为子女上大学准备了一笔资金，并打算让子女在今后的 4 年中，每月从银行取出 500 元作为生活费的一部分。现在银行存款月利率为 0.3%，那么此人现在应存入银行多少钱？

【解】：计息期 $n = 4 \times 12 = 48$（月）

$$P = 500 \times \frac{(1+0.3\%)^{48} - 1}{0.3\% \times (1+0.3\%)^{48}} = 22320.93 （元）$$

6）等额分付资本回收（已知 P 求 A）

是等额分付现值公式的逆运算。等额分付资本回收是指已知现在初始资金 P，在给定的利率和计息期下，每个计息期期末需等额分付的金额，常见生活中银行贷款的发放，如图 3-9 所示。

3.3.2-6
等额分付
资本回收
（已知 P 求 A）

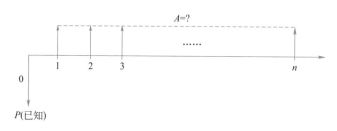

图 3-9 等额分付资本回收现金流量图

$$A = P \frac{i(1+i)^n}{(1+i)^n - 1} = P(A/P, i, n) \tag{3-14}$$

式中，$(A/P, i, n)$ 称为等额分付资本回收系数。

【例 3-10】某人为买房子，申请贷款 100 万，每年利息 5%，贷款 20 年，每年等本息还款。则每年应回收多少？

【解】：$A = P \dfrac{i(1+i)^n}{(1+i)^n - 1} = P(A/P, i, n) = 1000000 \times 0.0803 = 80300$（元）

其中的整付终值公式、整付现值公式、等额分付终值公式、等额分付偿债基金公式、等额分付现值公式、等额分付资本回收公式是 6 个常用的基本公式，是以一次支付公式为最基本的公式推导出来的。等额现金流量序列公式又是在 6 个常用的基本公式的基础上推导而来，见表 3-5。因此，在用公式计算时应注意下列问题：

资金时间价值计算的主要公式　　　　　　　　　　表 3-5

公式名称		已知	求解	公式	系数名称符号	现金流量图
整付	终值公式	现值 P	终值 F	$F=P(1+i)^n$	一次支付终值系数 $(F/P,i,n)$	
	现值公式	终值 F	现值 P	$P=F(1+i)^{-n}$	一次支付现值系数 $(P/F,i,n)$	
等额分付	终值公式	年值 A	终值 F	$F=A\dfrac{(1+i)^n-1}{i}$	年金终值系数 $(F/A,i,n)$	
	偿债基金公式	终值 F	年值 A	$A=F\dfrac{i}{(1+i)^n-1}$	偿债基金系数 $(A/F,i,n)$	
	现值公式	年值 A	现值 P	$P=A\dfrac{(1+i)^n-1}{i(1+i)^n}$	年金现值系数 $(P/A,i,n)$	
	资本回收公式	现值 P	年值 A	$A=P\dfrac{i(1+i)^n}{(1+i)^n-1}$	资金回收系数 $(A/P,i,n)$	

现值 P 是指发生在分析期初的现金流量，终值 F 是指发生在分析期末的现金流量，年值 A 是指发生在分析期内各年年末的等额现金流量。等差、等比的等值公式是这些定义推导出来的。因此，只有满足这样的条件，才能直接套用公式。否则，必须进行适当的变换计算。

公式之间存在内在联系，一些公式互为逆运算，其系数互为倒数。"六大公式"之间的相互关系如图 3-10 所示。用系数表示如下：

$$(P/F，i，n)=\frac{1}{(F/P，i，n)} \tag{3-15}$$

$$(F/A，i，n)=\frac{1}{(A/F，i，n)} \tag{3-16}$$

$$(P/A，i，n)=\frac{1}{(A/P，i，n)} \tag{3-17}$$

要注意的是，只有在 i，n 等条件相同且 P、F、A 满足假定条件的情况下，上述系数之间的关系才成立。抓住各系数之间的关系，就抓住了理解计算公式的关键。

公式进行资金的等值计算时，要充分利用现金流量图。现金流量图不仅可以清晰准确地反映方案的现金流量情况，而且有助于确定计算期数，避免计算错误。

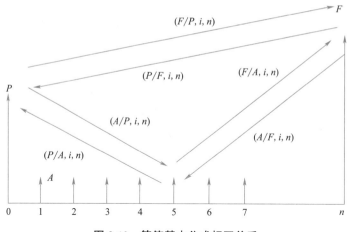

图 3-10　等值基本公式相互关系

【例 3-11】某企业前 2 年每年初借款 2000 万元，按年复利计息，年利率为 10%，第 6 年末还款 4000 万元，剩余本息在第 7 年末全部还清，则第 7 年末需还本付息多少万元？

【解】：第 7 年末需还本付息金额 F ＝［2000×（F/P，10%，6）＋2000×（F/P，10%，5）－4000］×（F/P，10%，1）＝（2000×1.7716＋2000×1.6105－4000）×1.1＝3040.62 万元。

【例 3-12】某人年初存入银行 1 万元，年利率 4%。要求计算：

（1）每年复利一次，5 年后账户余额是多少？

（2）每季复利一次，5 年后账户余额是多少？

（3）如果其分 5 年，每年末都存入相等金额，每年复利一次，则为达到本题第一问所得账户余额，每年末应存多少钱？

（4）如果其分 5 年，每年初都存入相等金额，每年复利一次，则为达到本题第一问所得账户余额，每年初应存多少钱？

【解】：

（1）$F = P（F/P，i，n）$

　　$= 10000（F/P，4\%，5）= 10000×1.217 = 12170$（元）

（2）$F = P（F/P，i，n）$

　　$= 10000（F/P，1\%，20）$

　　$= 10000×（1+0.01）^{20} = 10000×1.22 = 12200$（元）

（3）$A = \dfrac{F}{（F/A，i，n）} = \dfrac{12170}{5.416} = 2247.0458$（元）

（4）$F = A［（F/A，i，n+1）-1］$

　　$A = \dfrac{F}{［（F/A，i，n+1）-1］} = \dfrac{12170}{6.633-1} = 2160.4829$（元）

🔍 拓展阅读

运用以上 6 个公式计算时应注意以下几个问题：

（1）实施方案的初始投资，假定是发生在方案的寿命期初。

（2）方案实施过程中的经常性支出，假定是发生在计息期（年）末。

（3）i 为计息期的有效利率。

（4）终值与现值都是相对的概念，终值是相对于现值的终值，并非仅指最终的价值；同样，现值是相对于终值的现值，并非仅指现值的价值。

（5）当问题包括 F 和 A 时，系列的最后一个 A 是和 F 同时发生的。

（6）当问题包括 P 和 A 时，系列的第一个 A 是在 P 发生一年后的年末发生的。

💡 想一想

我们在本项目中提到的等值换算公式都是基于现金流动期等于计息期的情况，那么当现金流动期短于计息期或者现金流动期长于计息期时应如何计算？

项目 4

Chapter 04

建设项目评价指标与方案比选

课前导学

1. 知识目标

能够计算各种评价指标。

2. 能力目标

能够分辨各项指标的优缺点；

能够利用各项经济指标对不同方案进行比选。

3. 素养目标

培养学生的思辨能力；

培养学生团结互助和团队协作能力。

4. 重点难点

重点：能够明确各项经济指标的优缺点。

难点：选择不同的经济指标判断最佳方案。

思维导图

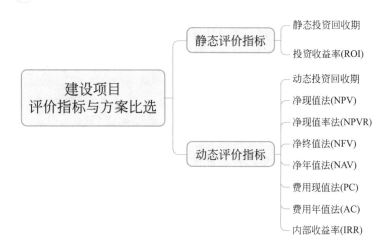

任务 4.1　经济评价指标

课前导学

知识目标	能够明确经济评价指标的概念
能力目标	能够对常用经济评价指标进行分类
素养目标	培养学生的基础经济素养 培养学生宏观的经济大局观
重点难点	重点:经济评价指标在实际工作中的应用 难点:常见经济评价指标的分类

4.1.1　建设经济评价指标的概念和应用范围

　　在工程经济的研究中，建设项目经济评价是在拟定的建设项目方案、投资估算和融资方案的基础上，对影响项目的收入以及产出的各项因素进行调查、分析和预测，对工程项目的经济合理性进行计算、分析、论证，并提出结论性意见的全过程。它是指在对影响项目的各项技术经济因素预测、分析和计算的基础上，评价投资项目的直接经济效益和间接经济效益，为投资决策提供依据的活动。

项目经济评价是工程经济分析的核心内容，通过科学分析，减少项目投资风险，最大限度提高项目投资的综合效益。主要应用成果为项目报建流程中的可行性研究报告，报告包含产品需求预测和工程技术研究，通过计算、分析、论证和多方案比较，总结出全面的评价报告，这是衡量项目经济效益依据，可为方案决策和编制设计任务书提供可靠的依据。

4.1.2 经济评价指标的分类

工程项目的经济评价指标很多，各种评价指标从不同的角度反映了项目的经济性。不同项目根据评价的深度要求、可获得资料的详细程度、业主考虑的角度以及项目本身所处的条件等多方面的因素，选用不同的经济指标得出侧重点不同的评价结果。如图 4-1 所示。

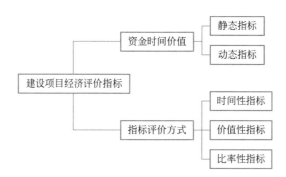

图 4-1　建设项目经济评价指标

1. 按是否考虑资金时间价值分类（表 4-1）

资金时间价值分类　　　　　　表 4-1

指标名称	评价指标	是否考虑资金时间价值
静态指标	静态投资回收期	不考虑资金时间价值
	投资收益率	
	借款偿还期	
	利息备付率	
	偿债备付率	
动态指标	动态投资回收期	考虑资金时间价值
	净现值（费用限值）	
	净年值（费用年值）	
	净现值率	
	内部收益率	

2. 按评价指标的评价方式分类（表 4-2）

评价指标评价方式分类

表 4-2

指标名称	评价指标	单位
时间性指标	静态投资回收期	单位为时间，例如年、月等
	动态投资回收期	
价值性指标	净现值（费用现值）	单位为金额，例如元、万元等
	净年值（费用年值）	
	净将来值	
比率性指标	净现值率	单位为指数型单位，例如％等
	内部收益率	

🔍 拓展阅读

常用的宏观经济指标有哪些？

1. 消费者物价指数（Consumer Price Index，英文缩写为 CPI），是反映与居民生活有关的产品及劳务价格统计出来的物价变动指标，通常作为观察通货膨胀水平的重要指标。

2. 生产者物价指数（Producer Price Index，英文缩写为 PPI），是衡量工业企业产品出厂价格变动趋势和变动程度的指数，是反映某一时期生产领域价格变动情况的重要经济指标，也是制定有关经济政策和国民经济核算的重要依据。

3. 国内生产总值（Gross Domestic Product，英文缩写为 GDP），是指一个国家或地区在一定时期内国民经济各部门增加值的总额。

4. 外汇储备（Foreign Exchange Reserve），狭义而言，外汇储备指一个国家的外汇积累；广义而言，外汇储备是指以外汇计价的资产，包括现钞、黄金、国外有价证券等。外汇储备是一个国家国际清偿力的重要组成部分，同时对于平衡国际收支、稳定汇率有重要的影响。

5. 投机性短期资本，又称游资（Refugee Capital）或热钱（Hot Money）或不明资金，只为追求最高报酬以最低风险而在国际金融市场上迅速流动的短期投机性资金。由于此种投机性资金常自有贬值倾向，货币转换成有升值倾向的货币，增加了外汇市场的不稳定性。1997 年亚洲金融危机、2001 年底和 2002 年初土耳其和阿根廷的金融危机，很大程度上就是国际短期资产投机的结果。

6. 贸易顺差（Favorable Balance of Trade）或逆差（Unfavorable Balance of Trade）。在一定的时间里（通常按年度计算），贸易的双方互相买卖各种货物，甲方的出口金额大过乙方的出口金额，或甲方的进口金额少于乙方的进口金额，其中的差额，对甲方来说，就叫作贸易顺差，对乙方来说，就叫作贸易逆差。

宏观经济指标对于宏观经济调控起着重要的分析和参考作用。宏观经济调控的主要目标是：促进经济增长、充分就业、稳定物价、保持国际收支平衡等。

任务 4.2 静态评价指标

课前导学

知识目标	能够计算静态评价的三个指标
能力目标	能够分辨静态评价指标的优缺点
素养目标	树立精益求精的工匠精神 培养学生的思辨能力
重点难点	重点:熟练运用静态评价指标计算 难点:通过静态评价指标计算对方案进行评判

💡 想一想

在创业公司成立后,就可以进行投资了,可是做生意不一定都会赚钱,就算赚钱也分赚得多和赚得少,怎么样才能知道自己的项目是否赚钱以及项目的回报情况呢?请大家学习以下五个常见的静态评价指标,并用静态评价指标计算自己项目的赚钱能力。

4.2.1 静态投资回收期

1. 概念

静态投资回收期是指不考虑资金时间价值,以项目的净收益包括利润和折旧抵偿全部投资所需要的时间,一般以年为计算单位。全部投资包括固定资产投资和流动资金投资,回收期一般从建设开始年算起,也可以从投产年算起,但应予以注明。投资回收期一般是越短越好,表示投入的资金能够快速回本,项目的风险较小。

2. 计算公式

$$\sum_{t=0}^{P_t}(CI-CO)_t=0 \tag{4-1}$$

式中　CI——现金流入量;

　　　CO——现金流出量;

$(CI-CO)$——第 t 年的净现金流量;

　　　P_t——静态投资回收期。

静态投资回收期的计算通常有以下两种方法:

（1）公式计算法

$$P_t = \frac{K}{R_t} + m \qquad (4-2)$$

式中　P_t——静态投资回收期；

　　　K——投资总额；

　　　R_t——每年的净收益；

　　　m——项目的建设期。

【例4-1】某炼油厂建设期投资1800万元，3年建成投产。投产后每年的净收益为600万元。该项目的静态投资回收期为几年？

【解】：$P_t = \dfrac{K}{R_t} + m = \dfrac{1800}{600} + 3 = 6$（年）

（2）列表计算法

当每年的收益不一样的时候，就不能直接用公式计算法，一般用现金流量表列表计算，但列表计算有时候不能得到精准解。为了精确计算投资回收期，还必须使用如下公式：

$$P_t = 累计净现金流量开始出现正值的年份数 - 1 + \frac{上年累计净现金流量绝对值}{当年净现金流量} \qquad (4-3)$$

【例4-2】某炼油厂从建设开始的现金流量的情况见表4-3，试计算静态投资回收期。

【解】：

炼油厂现金流量表（单位：万元）　　　　　　　　　　表4-3

年份	0	1	2	3	4	5	6	7
（1）总投资	1800							
（2）收入		400	400	600	600	600	600	600
（3）支出		100		100	200	200	200	−1600
（4）净现金流量 (4)=(2)−(3)	−1800	300	400	500	400	400	400	−1000
（5）累计净现金流量	−1800	−1500	−1100	−600	−200	200	600	−400

表4-2可知，该项目的静态投资回收期为4～5年。

$$静态投资回收期 = 5 - 1 + \frac{|-200|}{400} = 4.5 \ 年$$

3. 判断标准

用静态评价指标评价项目是否可行，需要与基准投资回收期 P_c 进行比较。基准投资回收期 P_c 是国家根据国民经济各部门及各地区的经济条件，依据行业和部门的特点，结合财务会计的有关制度颁布的。但不是所有的项目都有基准投资回收期，更多的时候需要与根据同类项目的历史数据和投资者意愿确定的基准投资回收期相比较。

设基准投资回收期为 P_c，判别准则为：

若 $P_t \leqslant P_c$，则项目可考虑接受；

若 $P_t > P_c$，则项目应予以拒绝。

当进行多个方案比较，每个方案都满足 $P_t \leqslant P_c$ 时，静态投资回收期越短越好。

 做一做

1. 例 4-1 与例 4-2，若 $P_c = 5$ 年，两个方案是否都可行？哪个方案更好？

2. 例 4-1 与例 4-2，若 $P_c = 7$ 年，两个方案是否都可行？哪个方案更好？

4. 静态投资回收期的优缺点

在分析优缺点之前，先来看以下两张现金流量表，见表 4-4 和表 4-5。

现金流量表 1（单位：万元）　　　　　　　　　　　　　　　　　表 4-4

年份	0	1	2	3	4	5	6	7
(1)总投资	1800							
(2)收入		400	400	600	600	600	600	600
(3)支出		100		100	200	200	200	200
(4)净现金流量 (4)=(2)-(3)	−1800	300	400	500	400	400	400	400
(5)累计净现金流量	−1800	−1500	−1100	−600	−200	200	600	1000

现金流量表 2（单位：万元）　　　　　　　　　　　　　　　　　表 4-5

年份	0	1	2	3	4	5	6	7
(1)总投资	1800							
(2)收入		400	400	600	600	600	200	600
(3)支出		100		100	200	200	800	800
(4)净现金流量 (4)=(2)-(3)	−1800	300	400	500	400	400	−600	−200
(5)累计净现金流量	−1800	−1500	−1100	−600	−200	200	−400	−600

做一做

用式（4-3）计算表 4-4 和表 4-5 的静态投资回收期，试用静态回收期判断方案的优劣。

静态投资回收期作为广泛使用的辅助评价指标，主要优缺点如下：
（1）优点
1）概念明确，计算简单方便，能够快速得出回收资金的时间。
2）该指标一定程度上反映项目的经济性，通常投资回收期越短，项目越经济。
3）该指标反映项目风险的大小。项目在实施过程中会遇到各种风险，为了减少风险损失，投资者希望能尽快让自己的投资回本，也就是投资回收期越短，风险越小。
（2）缺点
1）没有考虑资金时间价值。现实情况中项目的投资必然要考虑资金时间价值，不同利率的项目融资渠道往往会直接影响投资的可行性，因此静态回收期的这个经济评价指标并不太符合实际情况。
2）仅以投资的回收快慢作为决策依据，没有考虑回收期以后的情况，只是一个短期指标。例如，表 4-2 中，项目在 4～5 年时，已经收回成本，但在第 7 年出现了大幅度亏损，明显项目不合适，但采用公式计算的时候却无法体现。静态投资回收期没有全面考虑投资方案整个寿命期内的现金流量发生的大小和时间，舍去了投资回收期以后各年的收益和费用。

 做一做

请你来总结静态投资回收期优缺点。
1. 指标优点

2. 指标缺点

4.2.2　投资收益率

1. 概念

投资收益率（R）又称投资利润率或投资效果系数，是指投资方案在达到设计一定生产能力后一个正常年份的年净收益总额与方案投资总额的比率。它是评价投资方案盈利能力的静态指标，表明投资方案在正常生产年份中，单位投资每年所创造的年净收益额。

2. 分类

对运营期内各年的净收益额变化幅度较大的方案，可计算运营期年均净收益总额与方案投资总额的比率。

根据分析目的的不同，投资收益率的应用指标可分为总投资收益率（ROI）和资本金净利润率（ROE）。

3. 计算公式

（1）总投资收益率，又称投资报酬率（ROI），是指达产期正常年份的年息税前利润或运营期年均息税前利润占项目总投资的百分比。

$$ROI = \frac{EBIT}{TI} \times 100\% \tag{4-4}$$

式中　EBIT——技术方案正常年份的年息税前利润或运营期内年平均税前利润；

TI——技术方案总投资（包括建设投资、建设期贷款利息和全部流动资金）。

（2）资本金净利润率（ROE）就是利润总额占用资本金的百分比，这个比值反映了投资者投入企业资本金的获利能力，是一种获利能力的标准性指标。资本金净利润率的高低直接关系到企业投资者的权益，是投资人员最为关心的话题。

$$ROE = \frac{NP}{EC} \times 100\% \tag{4-5}$$

式中　NP——技术方案达到设计生产能力后，正常年份的税后净利润或运营期内税后年平均净利润，净利润＝利润总额－所得税；

EC——技术方案资本金。

4. 判断标准

（1）用总投资收益率指标评价方案的经济效果，以基准投资收益率为标准。当总投资收益率大于基准投资收益率，说明方案可行，可以接受；反之，则不可行，应予拒绝。总投资收益率指标越大越好。

（2）资本金净利润率与总投资收益率高于同行业的利润率或基准利润率参考值，表明用项目资本金净利润率表示项目盈利能力满足要求；反之，则不可行，项目资本金净利润率指标也是越大越好。

资本金净利润率＝项目达产年税后净利润或年税后平均利润/资本金×100%　（4-6）

5. 投资收益率的优缺点

（1）优点

指标的经济意义明确、直观、计算简便，在一定程度上反映了投资效果的优劣，可适用于各种投资规模。

（2）缺点

1）没有考虑资金时间价值因素，忽视了资金具有时间价值的重要性。

2）指标计算的主观随意性太强，有一定的不确定性和人为因素。

3）不能正确反映建设期长短及投资方式不同和回收额的有无对项目的影响，无法直接利用净现金流量信息。

只有投资收益率指标大于或等于无风险投资收益率的投资项目才具有财务可行性。因此，以投资收益率指标作为主要的决策依据不太可靠。

 做一做

请你来总结本任务：

指标	计算公式	评价指标优点	评价指标缺点
总投资收益率（ROI）			
资本金净利润率（ROE）			

4.2.3　借款偿还期

1. 概念

借款偿还期是指在有关财税规定及企业具体财务条件下，项目投产后可以用作还款的利润、折旧及其他收益偿还建设投资借款本金和利息所需要的时间，一般以年为单位表示。

2. 计算公式

$$借款偿还期 = （借款偿还开始出现盈余年份 - 1） + \left(\frac{盈余当年应偿还借款额}{盈余当年可用于还款的余额} \right)$$

3. 判断标准

这个指标主要是以项目为研究对象，通过借款偿还计划表推算得出，借款偿还期属于偿债能力指标，它反映了建设项目的偿还能力和经济效果的好坏。

4.2.4　利息备付率

1. 概念

利息备付率（Interest Coverage Ratio）也称已获利息倍数，是指项目在借款偿还期内各年可用于支付利息的息税前利润与当期应付利息费用的比值，这个指标反映了项目从付息资金来源的充裕性角度支付债务利息的保障程度。

2. 计算公式

$$利息备付率 = \frac{息税前利润（EBIT）}{当期应付利息（PI）} \times 100\%$$

其中，息税前利润（EBIT）是公司在支付利息和税费之前的利润，包括公司的营业收入减去营业成本和除了利息、税费之外的所有费用；当期应付利息则是指公司在当前会计期间需要支付的利息金额，通常包括短期和长期贷款的利息，但不包括资本化的利息。

3. 判断标准

利息备付率越高，表明利息偿付的保障程度越高。一般情况下，利息备付率应当大于1，并需结合债权人的要求确定。如果利息备付率小于1，可能意味着项目支付利息的能力不足，需要进一步分析项目的财务状况和经营效率。

4.2.5 偿债备付率

1. 概念

偿债备付率（Debt Service Coverage Ratio，英文缩写为 DSCR），又称偿债覆盖率，是指项目在借款偿还期内，各年可用于还本付息的资金与当期应还本付息金额的比值，反映了用还本付息资金偿还借款本息的保障程度。

2. 计算公式

$$偿债备付率 = \frac{可用于还本付息的资金}{当期应还本付息的金额} \times 100\%$$

$$可用于还本付息的资金 = 息税前利润加折旧和摊销 - 企业所得税$$

$$= 税前利润 + 折旧 + 摊销 - 企业所得税$$

3. 判断标准

偿债备付率至少应大于1，一般不宜低于1.3，表明还本付息的保障程度高，偿债备付率应结合债权人的要求确定分年计算；当小于1时，表示可用于计算还本付息的资金不足以偿付当年债务。

【例 4-3】 某项目与备付率指标有关的数据见表 4-6，试计算利息备付率和偿债备付率。

某项目与备付率指标有关的数据表（单位：万元）　　　　表 4-6

项目	年份				
	2	3	4	5	6
应还本付息额	97.8	97.8	97.8	97.8	97.8
应付利息额	24.7	20.3	15.7	10.8	5.5
息税前利润	43.0	219.9	219.9	219.9	219.9
折旧	172.4	172.4	172.4	172.4	172.4
所得税	6.0	65.9	67.4	69.0	70.8

【解】：计算的备付率指标见表 4-7。

计算结果分析：由于投产后第1年负荷低，同时利息负担大，所以利息备付率较低，但这种状况从投产后第2年起就得到了彻底的转变。

备付率指标计算表　　　　　　　　　表 4-7

项目	年份				
	2	3	4	5	6
利息备付率	1.7	10.8	14.0	20.4	40.0
偿债备付率	2.1	3.3	3.3	3.3	3.3

任务 4.3　动态评价指标

课前导学

知识目标	能够计算动态评价指标
能力目标	能够分辨多种动态评价指标优缺点
素养目标	培养学生的思辨能力 培养学生团结互助和团队协作能力
重点难点	重点:熟练运用动态评价指标计算 难点:能够分析并运用多种不同动态评价指标评价方案

4.3.1　动态投资回收期

4.3.1
动态投资
回收期

1. 概念

动态投资回收期是指在考虑资金时间价值的条件下,以项目净收益抵偿项目全部投资所需要的时间。具体来说,是在基准收益率或一定折现率下,投资项目用其投资后的净收益现值回收全部投资现值所需要的时间,一般以年为单位,用 P_t 表示。动态投资回收期是把项目各年的净现金流量按基准收益率折成现值之后,再来推算投资回收期,这是它与静态投资回收期的根本区别。动态投资回收期克服了静态投资回收期未考虑资金时间价值的缺陷,是反映项目财务上投资回收能力的主要指标。

2. 计算公式

动态投资回收期的计算有直接计算法和列表计算法。

使得式(4-7)成立的 P_t 即为项目或方案的动态投资回收期:

$$\sum_{t=0}^{P_t} (1+i_c)^{-t}(CI-CO)=0 \qquad (4\text{-}7)$$

式中 P_t——动态投资回收期；

       i_c——基准折现率。是投资者、决策者对项目资金时间价值的估值，取决于资金来源的构成、未来的投资机会、风险大小、通胀率等；

$(CI-CO)$——第 i 年的净现金流量。

（1）直接计算法

$$P_t = \frac{\lg\left(\dfrac{A}{A-Pi_c}\right)}{\lg(1+i_c)} \tag{4-8}$$

式中 P_t——动态投资回收期；

       P——总投资额；

       A——年净收益。

（2）列表计算法

当项目建成投产后各年的净收益均不同，也即更接近于实际情况的非等额年收益时，通过列表、计算累计提供的年净收益现值积累达到投资总额现值时所需的年限。具体计算公式如下：

$$P_t = T-1+\frac{\left|\sum_{t=0}^{T-1}(CI-CO)_t(1+i_c)^{-t}\right|}{(CI-CO)_T(P/F,\ i_c,\ T)} = 0$$

式中 $(CI-CO)_t$——第 t 年的净现金流量；

       T——项目各年累计净现金流量首次出现正值或零的年份。

即， $$P_t = T-1+\frac{\text{上年累计净现金流量绝对值}}{\text{当年净现金流量}} \tag{4-9}$$

【例 4-4】某项目有关数据见表 4-8。设基准收益率为 10%，基准回收期为 7 年，求该项目的动态投资回收期，并判断项目是否可行。

项目的现金流量表（单位：万元）　　　　　表 4-8

年份	0	1	2	3	4	5	6	7	8
现金流入			10	10	10	10	10	10	10
现金流出	−20	−20							

【解】：用列表法计算项目的投资回收期

投资回收期计算表（单位：万元）　　　　　表 4-9

年份	0	1	2	3	4	5	6	7	8
现金流入			10	10	10	10	10	10	10
现金流出	−20	−20							
净现金流量现值	−20	−18.18	8.264	7.513	6.83	6.209	5.645	5.132	4.665
累计净现金流量现值	−20	−38.18	−29.916	−22.403	−15.573	−9.364	−3.719	1.413	6.078

根据列表可见，项目动态投资回收期为 6～7 年，动态投资回收期 $=7-1+\left|\dfrac{-3.719}{5.132}\right|=6.7$ 年，因为基准回收期为 7 年，项目可行。

3. 判断标准

利用动态投资回收期来评价方案或项目时，是与国家或部门行业的基准投资回收期或投资者预设的基准投资回收期 P_c 相比较来判断。当 $P_t \leqslant P_c$ 时，说明方案比常规的投资回收时间短，有经济效益，方案可行；当 $P_t > P_c$ 时，说明方案比基准的投资回收时间要长，没有经济效益，方案不可行。动态投资回收期 P 越小，即表示在短时间内可以越快回收投资。

在实际应用中，动态回收期由于与其他动态盈利性指标相连，若给出的利率 i_c 恰好等于财务内部收益率 FIRR 时，此时的动态投资回收期就等于项目的计算期 n，即 $P_t = n$。一般情况下，$P_t < n$，则必有 $i_c <$ FIRR，故动态投资回收期指标与 FIRR 指标在方案评价方面是等价的。

做一做

1. 完善下列表格，基准收益率 10%，并计算动态投资回收期。

年份	0	1	2	3	4	5	6	7	8	9~N
现金流入				800	1200	2000	2000	2000	2000	2000
现金流出	−6000									
净现金流量现值										
累计净现金流量现值										

2. 请你来总结本任务。

动态投资回收期优点	
动态投资回收期缺点	

4.3.2 净现值

1. 概念

净现值（NPV）是按一定的折现率（基准收益率），将方案寿命期内各年的净现值流量折现到计算基准（通常是期初）的现值累加值。

2. 计算公式

$$NPV = \sum_{t=0}^{n} (CI - CO)_t (1 + i_c)^{-t} \qquad (4\text{-}10)$$

式中　i_c——基准收益率（基准折现率）；

　　　n——项目计算期；

　　NPV——项目净现值。

【例4-5】某项目有关数据见表4-10。设基准收益率为10％，基准回收期为7年，试计算该项目的净现值。

项目的现金流量表（单位：万元）　　　　　　　　　表4-10

年份	0	1	2	3	4	5	6	7	8
现金流入			10	10	10	10	10	10	10
现金流出	0	40							

【解】：$NPV = [-40 + 10(P/A，10％，7)](P/F，10％，1)$

$\qquad = (-40 + 10 \times 4.8684) \times 0.9091 = 7.89$（万元）

3. 评价准则

对单一方案而言，若$NPV \geqslant 0$，表示项目的收益率不小于基准收益率，方案予以接受；若$NPV < 0$，表示项目的收益率未达到基准收益率，方案应予拒收。

多方案比较时，以净现值大的方案为优。

 做一做

请你来判断，例4-4的项目是否可行？

4. 净现值函数

（1）概念

所谓净现值函数就是净现值NPV随折现率i变化的函数关系。由净现值计算公式可知，在方案的净现金流量确定的情况下，当折现率i变化时，净现值NPV将随i的增大而减小。若i连续变化时，可得出NPV随i变化的函数，此即净现值函数。

例如，某项目于第0年末投资1000万元并投产，在寿命期4年内每年净现金流入为400万元，该项目的净现金流量及其净现值随折现率变化的对应关系见表4-11和表4-12。

若纵坐标为净现值NPV，横坐标为折现率i，则可绘制出净现值函数曲线，如图4-2所示。

净现金流量（单位：万元）

表 4-11

年份	净现金流量
0	−1000
1	400
2	400
3	400
4	400

净现值随折现率的变化（单位：万元）

表 4-12

折现率/%	$NPV(i)=-1000+400(P/A,i,4)$
0	600
10	268
20	35
22	0
30	−133
40	−260
50	−358
∞	−1000

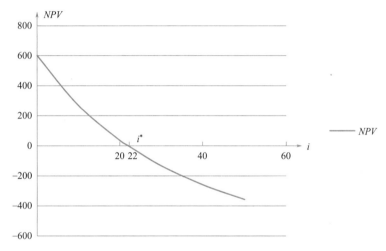

图 4-2　净现值函数曲线

从图 4-2 中，可以发现净现值函数一般有以下特点：

1）同一净现金流量的净现值随 i 的增大而减小，故当基准折现率 i_c 越大，净现值就越小，甚至为 0 或负值，因而可被接受的方案也就越少。

2）净现值随折现率的增大可从正值变为负值，因此，必然有当 i 为某一数值 i^* 时，使得净现值 $NPV=0$，如图 4-2 所示。当 $i<i^*$ 时，$NPV(i)>0$；当 $i>i^*$ 时，$NPV(i)<0$；只有当净现值函数曲线与横坐标相交时（即图中 $i^*=22\%$），$NPV(i)=0$。i^* 是一个具有重要经济意义的折现率临界值，是财务净现值评价准则的一个分水岭，i^* 就是财务内部收益率（$FIRR$）。

（2）净现值对 i 的敏感性问题

是指当 i 从某一值变为另一值时，若按净现值最大的原则优选项目方案，可能出现前后结论相悖的情况。表 4-13 中列出了两个互相排斥的方案 A 和方案 B 的净现金流量及其在折现率分别为 10% 和 20% 时的净现值。

方案 A、B 在基准折现率变动时的净现值（单位：万元）　　　　　　表 4-13

方案	年份						NPV/10%	NPV/20%
	0	1	2	3	4	5		
A	−230	100	100	90	60	50	83.91	24.81
B	100	30	40	50	60	60	75.40	33.58

由表 4-12 可知，当 i 为 10% 和 20% 时，两方案的净现值均大于 0，根据净现值越大越好的原则，当 $i=10\%$ 时，$NPV_A > NPV_B$，方案 A 优于方案 B；当 $i=20\%$ 时，$NPV_A < NPV_B$，方案 B 优于方案 A。

由此可见，只是单纯采用净现值评价方案。在不同的折现率情况下，就有可能出现相悖的答案。因此，基准折现率也是投资项目经济效果评价中一个十分重要的参数。

例如，假设在一定的基准折现率 i_0 和投资总限额 K_0 下，净现值大于 0 的项目有 5 个，其投资总额恰为 K_0，则上述项目均被接受。按净现值的大小，设其排列顺序为 A、B、C、D、E。但当投资总额压缩至 K_1 时，新选项目是否仍然会遵循 A、B、C、D、E 的原顺序直至达到投资总额为止呢？一般是不会的。随着投资限额的减少，为了减少被选取的方案数（准确地说，是减少被选取项目的投资总额），应当提高基准折现率，但基准折现率提高到某一数值时，由于各项目方案净现值对基准折现率的敏感性不同，原净现值小的项目，其净现值可能大于原先净现值大的项目。因此，当基准折现率随着投资总额变动的情况下，按净现值准则选择的项目不一定会遵循原有项目的排列顺序。

4.3.3　净现值率

4.3.3 净现值率

1. 概念

净现值用于多方案比较时，虽然能反映每个方案的盈利水平，但是由于没有考虑各方案投资额的多少，因而不能直接反映资金的利用效率。为了考察资金的利用效率，可采用净现值率（NPVR）作为净现值的补充指标。

净现值率和净现值均为反映建设项目在计算期内获利能力的动态评价指标。净现值率是按基准折现率求得的在方案计算期内的净现值与其全部投资现值的比率。

2. 计算公式

净现值率的计算公式为：

$$NPVR = \frac{NPV}{K_p} \tag{4-11}$$

式中　$NPVR$——净现值率；

　　　K_p——项目总投资现值。

净现值率的经济含义是，表示单位投资现值所取得的净现值额（超额净效益）。净现值率的最大化，即为用有限的投资取得净贡献的最大化。

3. 判别准则

当 $NPVR \geqslant 0$ 时，方案可行；当 $NPVR < 0$ 时，方案不可行。

当以净现值率进行方案比较时，净现值率较大的方案为优。净现值率一般作为净现值的辅助指标来使用。净现值率法主要适用于多方案的优劣排序。

【例 4-6】某服装行业有 A、B 两种方案均可行，现金流量见表 4-14，当基准折现率为 10% 时，试用净现值法和净现值率法比较评价择优。

A、B 方案现金流量表（单位：万元）　　　　　　　　表 4-14

年份		0	1	2	3	4	5
投资	A	2000	1000				
	B	3000					
现金流入	A		1200	1700	1700	1700	1700
	B		1700	2700	2700	2700	2700
现金流出	A		600	700	700	700	700
	B		1200	1200	1200	1200	1200

【解】：

按净现值判断：

$$NPV_A = -2000 - 1000(P/F, 10\%, 1) + (1200-600)(P/F, 10\%, 1) + (1700-700)(P/A, 10\%, 4)(P/F, 10\%, 1)$$

$$= -2000 - 1000 \times 0.9091 + 600 \times 0.9091 + 1000 \times 3.1699 \times 0.9091$$

$$= 517.9（万元）$$

$$NPV_B = -3000 - 1200(P/A, 10\%, 5) + 1700(P/F, 10\%, 1) + 2700(P/A, 10\%, 4)(P/F, 10\%, 1)$$

$$= -3000 - 1200 \times 3.7908 + 1700 \times 0.9091 + 2700 \times 3.1699 \times 0.9091$$

$$= 1777（万元）$$

由于 $NPV_A < NPV_B$，所以方案 B 为优化方案。

按净现值率判断：

$$NPVR_A = 517.9 / [2000 + 1000(P/F, 10\%, 1)]$$

$$= 517.9 / (2000 + 1000 \times 0.9091)$$

$$= 0.1966$$

$$NPVR_B = 1777/3000 = 0.5923$$

由于 $NPVR_A < NPVR_B$，所以方案 B 为优化方案。

判别准则：净现值率所表示是单位投资现值所取得的超额净效益，净现值率的最大化，将有利于实现有限投资取得净贡献的最大化。对于单一项目而言，净现值率的判别准则与净现值一样，对于多方案而言，净现值率越大越好。

本例中，方案 A 的净现值率为 0.1966，其含义是方案 A 除了有 10% 的基准收益率外，每万元现值投资尚可获得 0.1966 万元的现值收益。

4.3.4　净终值法

1. 概念

净终值也称将来值或未来值，是指项目计算期内各年净现金流量折算到计算期末的代数和，一般用 NFV 表示。

2. 计算公式

净终值计算公式为：

$$NFV = \sum_{t=0}^{n} (CI_t - CO_t)_t (1 + i_0)^t \tag{4-12}$$

式中　NFV——项目或方案的净终值；

$\quad\quad n$——项目寿命期（计算期）；

其他符号含义与前面相同。

根据含义和公式可分析得出，NFV 与 NPV 之间存在如下关系：

$$NFV = NPV(F/P, i_0, n)$$

由此可见，用两个指标来评价项目或方案的结论是一致的，只是二者计算的时间点不同而已。

3. 判别准则

净终值的评价标准与净现值的相同，当 $NFV \geqslant 0$ 时，方案或项目有收益，可行；当 $NFV < 0$ 时，方案或项目不可行，应予以放弃。

【例 4-7】 某项目期初投资 1000 万元，第一年获得收益 300 万元，第二年开始每年收益 500 万元，寿命期 8 年。如年折现率 10%，求净终值。

【解】： $NFV = -1000 (F/P, 10\%, 8) + 300 (F/P, 10\%, 7) + 500 (F/A,$
$\quad\quad\quad\quad 10\%, 6)$

$\quad\quad\quad = -1000 \times 2.1436 + 300 \times 1.9487 + 500 \times 7.7156$

$\quad\quad\quad = 2298.81 \text{（万元）}$

4.3.5　净年值

净年值（金）是每个方案在寿命期内不同时点发生的所有现金流量按基准收益率换算成与其等值的等额支付序列净年值（金）。由于换算后的年现金流量，在任何年份均相等，所以有了时间上的可比性，故可据此进行不同寿命期方案的评价、比较和选择。

1. 概念

净年值法是将方案各个不同时点的净现金流量，按基准收益率折算成与其等值的整个寿命期内的等额支付序列年值，再进行评价、比较和选择的方法。

2. 计算公式

净年值的计算公式为：

$$NAV = NPV(A/P, i_0, n)$$

$$= \left[\sum_{t=0}^{n} (CI - CO)_t (P/F, i_0, t) \right] (A/P, i_0, n) \tag{4-13}$$

$$NAV = NFV(A/F, i_0, n)$$

$$= \left[\sum_{t=0}^{n} (CI - CO)_t (F/P, i_0, t) \right] (A/F, i_0, n) \tag{4-14}$$

式中　NAV——净年值。

3. 判别准则

当对独立方案或单一方案评价时，$NAV \geqslant 0$，方案可行；$NAV < 0$，方案不可行。

当对多方案比较时，净年值大的方案为优选方案。

显而易见，净年值是方案在寿命期内每年除获得按基准收益率应得的收益外，所取得的等额超额收益。

【例 4-8】某投资方案的净现金流量如图 4-3 所示，设基准收益率为 10%，求该方案的净年值。

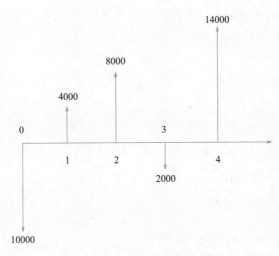

图 4-3　资方现金流量（单位：万元）

【解】：

用现值求年值：

$NAV = [-10000 + 4000 (P/F, 10\%, 1) + 8000 (P/F, 10\%, 2) - 2000 (P/F,$
$10\%, 3) + 14000 (P/F, 10\%, 4)] (A/P, 10\%, 4)$

$= (-10000 + 4000 \times 0.9091 + 8000 \times 0.8265 - 2000 \times 0.7513 + 14000 \times$
$0.6830) \times 0.3155 \approx 2621$（万元）

用终值求年值：

$NAV = [-10000 (F/P, 10\%, 4) + 4000 (F/P, 10\%, 3) + 8000 (F/P,$
$10\%, 2) - 2000 (F/P, 10\%, 1) + 14000] (A/F, 10\%, 4)$

$= (-10000 \times 1.4641 + 4000 \times 1.3310 + 8000 \times 1.2100 - 2000 \times 1.100 +$
$14000) \times 0.2155 \approx 2621$（万元）

由例 4-8 可知，净年值与净现值在项目评价的结论上是一致的。就项目的评价结论而言，净年值与净现值是等效评价指标。净现值给出的信息是项目在整个寿期内获取的超出最低期望盈利的超额收益现值，净年值给出的信息是寿命期内每年的等额超额收益。由于信息的含义不同，而且在某些决策结构形式下，采用净年值比净现值更为简便，故净年值指标在经济评价指标体系中占有相当重要的地位。

4.3.6 费用现值法

4.3.6
费用现值法

1. 概念

在对多个方案比较选优时，如果各方案产出价值均相同或者均能够满足同样需要，但其产出效益难以用价值形态（货币）计量（如环保、教育、社会公益、国防）时，可以通过对各方案费用现值或费用年值进行比较选择，也有一些产出相同的方案，在比较时为了简便起见，不考虑产出，仅用费用来比较方案，常见的有费用现值和费用年值。

费用现值（PC）是不同方案计算期内的各年成本按基准收益率换算为基准年的现值与方案的总投资现值的和。

2. 计算公式

费用现值公式为：

$$
\begin{aligned}
PC &= \sum_{t=0}^{n} CO_t(P/F, i_c, t) \\
&= \sum_{t=0}^{n} (K + C' - S_v - W)_t(P/F, i_c, t)
\end{aligned}
\tag{4-15}
$$

式中　PC——费用现值或现值成本；

　　　K——初始投资；

　　　C'——年经营成本；

　　　S_v——计算期末回收的固定资产余值；

　　　W——计算期末回收的流动资金。

【**例 4-9**】某项目有三个方案 A、B、C 均能满足同样的需要，其费用数据见表 4-15。在基准折现率 10% 的情况下，试用费用现值法确定最优方案。

【**解**】：$PC_A = 400 + 80 (P/A, 10\%, 10) = 400 + 80 \times 6.1446 = 891.57$（万元）

　　　　$PC_B = 600 + 50 (P/A, 10\%, 10) = 600 + 50 \times 6.1446 = 907.23$（万元）

　　　　$PC_C = 1100 + 20 (P/A, 10\%, 10) = 1100 + 20 \times 6.1446 = 1222.89$（万元）

三个方案的费用数据表达（单位：万元）　　　　　　　　　　　表 4-15

方案	总投资（第 0 年末）	年运营费用（第 1~10 年）
A	400	80
B	600	50
C	1100	20

根据费用最小的选优原则，方案 A 最优、方案 B 次之、方案 C 最差。

3. 判别准则

费用现值越小，其方案经济效益越好。在运用费用现值法进行多方案比较时，应注意以下两点：①各方案除费用指标外，其他指标和有关因素应基本相同，如产量、质量、收入等，在此基础上比较费用的大小；②被比较的各方案，特别是费用现值最小的方案，应是能够达到盈利目的的方案。因为费用现值只能反映费用的大小，而不能反映净收益情况，所以这种方法只能比较方案优劣，而不能用于判断方案是否可行。

4.3.7　费用年值法

1. 概念

费用年值（AC）是指通过资金等值换算，将项目的费用现值分摊到计算期内各年的等额年值。

4.3.7
费用年值法

2. 计算公式

费用年值的计算公式为：

$$AC = \sum_{t=0}^{n} CO_t (1+i_c)^{-1} (A/P, i_c, N) = PC(A/P, i_c, n) \tag{4-16}$$

式中　　　　AC——项目或方案的费用年值；

$(A/P, i_c, N)$——等额支付资本回收系数。

3. 判别准则

由于费用现值和费用年值成系数关系，因此，这两个指标是等价的。费用年值指标评价的准则也是费用年值最小的方案最优。但是，费用年值相当于一个年平均值，比费用现值更具有可比性，尤其当方案或项目的寿命不同时，采用费用年值更简便，更具有可比性。

【例 4-10】某项目有甲、乙两个可供选择的建设方案。甲方案期初的投资为 300 万元，年运营费用 50 万元，期末的残值为 10 万元；乙方案期初的投资为 380 万元，年运营费用 40 万元，期末残值为 7 万元。两个方案的寿命期均为 8 年，基准折现率为 10%。试分别计算两个方案的费用年值。

【解】：两个方案的费用年值分别为：

$$AC_{甲} = 300 (A/P, 10\%, 8) + 50 - 10 (A/F, 10\%, 8)$$
$$= 300 \times 0.1874 + 50 - 10 \times 0.0874$$
$$= 105.35 （万元）$$

$$AC_{乙} = 380 (A/P, 10\%, 8) + 40 - 7 (A/F, 10\%, 8)$$
$$= 380 \times 0.1874 + 40 - 7 \times 0.0874$$
$$= 110.60 （万元）$$

4.3.8　内部收益率

1. 概念

内部收益率是指方案寿命期内可以使净现金流量的净现值等于零的利率，反映了项目所占用的资金盈利率，一般用 IRR 来表示。

在介绍净现值含义时，曾经介绍过净现值函数，所谓净现值函数就是净现值 NPV 随折现率 i 变化的函数关系。如图 4-4 所示。

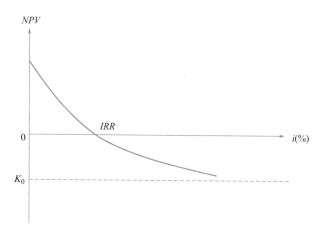

图 4-4　内部收益率与净现值函数关系图

根据其与净现值的关系可知，满足式（4-17）的折现率即为内部收益率：

$$NPV(IRR) = \sum_{t=0}^{n} (CI_t - CO_t)(1 + IRR)^{-t} \qquad (4\text{-}17)$$

式中　　IRR——内部收益率；

　　　　n——方案的寿命期；

其他符号含义与前面相同。

根据图 4-4 可得，随着折现率的增加，净现值逐渐减少，当折现率达到 IRR 值时，净现值等于零；当折现率继续增加，净现值变成负值。净现值函数曲线图与横轴的交点，就是内部收益率，因此 IRR 是 NPV 曲线与横轴交点处的折现率。

2. 计算方法

根据内部收益率的表达式可知，此等式是一个高次方程，直接求解比较复杂。因此，在实际应用中经常采用"试算内插法"（又称"线性内插法"）来求内部收益率的近似解。具体求解原理图如图 4-5 所示，方法如下：

（1）列出内部收益率的表达式，即净现值 $NPV=0$ 时的方程式。

（2）用人工试算法反复多次计算，求出一个折现率 i_1，使其对应的净现值 $NPV_1 > 0$，尽量接近于 0。

（3）再用人工试算法反复多次计算，求出一个折现率 i_2，使其对应的净现值 $NPV_2 < 0$，且尽量接近于 0，同时还需要满足 $i_2 - i_1 \leqslant 5\%$。

（4）如图 4-5 所示，在图上连接 NPV_1 和 NPV_2 在函数图像上对应的点，可以看出此线段与横轴有一个交点 IRR，此交点就是要求解的内部收益率的近似解 IRR。

（5）根据相似三角形对应边成比例的关系可得如下等式：

因为　　　　　　　　　　　　$\triangle ABE$ 相似于 $\triangle CDE$

所以　　　　　　　　　　　　$\dfrac{AB}{CD} = \dfrac{BE}{DE}$

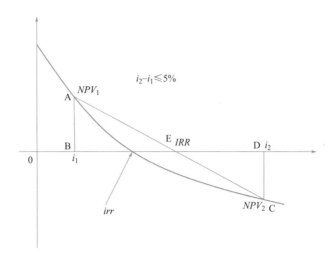

图 4-5　试算内插法图解

即
$$\frac{NPV_1}{|NPV_2|}=\frac{IRR-i_1}{i_2-IRR}$$

$$IRR \approx i = i_1 + \frac{NPV_1}{NPV_1+|NPV_2|}(i_2-i_1) \qquad (4\text{-}18)$$

求解出的 IRR 是内部收益率的近似解，而图 4-5 中的 irr 才是内部收益率的精确解。由图 4-5 容易分析得出 $IRR > irr$，并且当 i_1 和 i_2 越接近时，IRR 就越接近 irr。因此，在计算过程中要求 $i_2-i_1 \leqslant 5\%$，并且越小越好，目的就是为了减少试算内插法的误差，使得求出的 IRR 更精确。

因为净年值、净终值和净现值指标在评价单方案时是等效的，所以同样可用净年值和净终值指标来求内部收益率。用净年值和净终值计算内部收益率的公式和步骤与用净现值计算内部收益率相同。

3. 经济含义

某投资方案的净现金流量见表 4-16。其财务内部收益率计算得 $FIRR = 20\%$。

某投资方案净现金流量（单位：万元）　　　　　　表 4-16

第 t 期末	0	1	2	3	4	5	6
净现金流量 A_t	-1000	300	300	300	300	300	307

由于已提走的资金是不能再生息的，因此，设 F_t 为第 t 期末尚未回收的投资余额。特殊地，F_0 即是项目计算期初额 A_0。显然只要在本周期内取得复利利息 $i \times F_t - 1$，从而第 t 期末的未回收投资余额为：

$$F_t = F_{t-1}(1+i) + A_i \qquad (4\text{-}19)$$

将 $i = FIRR = 50\%$ 代入式（4-19），计算出表 4-14 所示项目的未收回投资在计算期内的恢复过程。与表 4-17 相应的现金流量图如图 4-6 所示。

未收回投资现金流量（单位：万元）   表 4-17

第 t 期末	0	1	2	3	4	5	6
净现金流量 A_t	−1000	300	300	300	300	300	307
第 t 期初未回收投资 F_{t-1}	—	−1000	−900	−780	−636	−463.2	−255.84
第 t 期末的利息 $i \times F_{t-1}$	—	−200	−180	−156	−127.2	−92.64	−51.168
第 t 期末未收回投资 F_t	−1000	−900	−780	−636	−463.2	−255.84	0

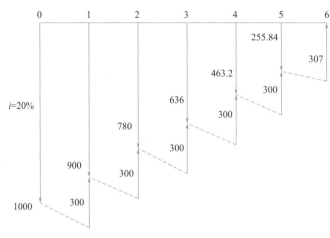

图 4-6　未收回投资现金流量示意图

由此可见，项目的财务内部收益率是项目在计算期末正好将未收回的资金全部收回来的折现率。

从上述项目现金流量在计算期内的演变过程可发现，在整个计算期内，项目始终处于"偿付"未被收回投资的状况，财务内部收益率指标正是项目占用的尚未收回资金的获利能力，能反映项目自身的盈利，其值越高，方案的经济性越好。因此，在工程经济分析中财务内部收益率是考察项目盈利能力的主要动态评价指标。

由于财务内部收益率不是初始投资在整个计算期内的盈利率，因而它不仅受项目初始投资规模的影响，而且受项目计算期内各年净收益大小的影响。

内部收益率的经济含义可以这样理解：在项目的整个寿命期内按利率 $i = IRR$ 计算，始终存在未能收回的投资，而在寿命期结束时，投资恰好被完全收回。也就是说，在项目寿命期内，项目始终处于"偿付"未被收回的投资的状况。因此，项目的"偿付"能力完全取决于项目内部，故有"内部收益率"的称谓，也可以理解为项目对贷款利率的最大承担能力。以下举例来进行验证。

【例 4-11】假定某项目期初投资 1000 元，各年的净现金流量情况见表 4-18，项目的寿命期为 4 年，试计算该项目的内部收益率，并验证内部收益率的经济含义。

项目净现金流量表（单位：元）   表 4-18

年份	0	1	2	3	4
净现金流量	−10000	4000	3700	2400	2200

【解】：$NPV=4000/(1+i)+3700/(1+i)^2+2400/(1+i)^3+2200/(1+i)^4-10000$

$\quad\quad i=8\%,\ NPV_1=398.12\ 元$

$\quad\quad i=12\%,\ NPV_2=-372.54\ 元$

$\quad\quad IRR=8\%+(12\%-8\%)\times398.12/(398.12+372.54)=10\%$

下面验证内部收益率的经济含义。按照 $i=IRR=10\%$，计算各年末的资金情况如下：

第 1 年年末的资金为：$-10000\times(1+10\%)+4000=-7000$（元），未能收回的投资为 7000 元。

第 2 年年末的资金为：$-10000\times(1+10\%)^2+4000\times(1+10\%)+3700=-4000$（元），未能收回的投资为 4000 元。

第 3 年年末的资金为：$-10000\times(1+10\%)^3+4000\times(1+10\%)^2+3700\times(1+10\%)+2400=-2000$（元），未能收回的投资为 2000 元。

第 4 年年末的资金为：$-10000\times(1+10\%)^4+4000\times(1+10\%)^3+3700\times(1+10\%)^2+2400\times(1+10\%)+2200=0$（元），投资刚好全部被收回。

可见，按照内部收益率计算，本项目在寿命期内的前三年始终处于"偿付"状态，资金未被完全收回。只有在第 4 年年末，寿命期结束时，投资才全部被收回。这就验证了内部收益率的经济含义。

如果第 4 年年末的现金流入不是 200 元，而是 600 元，那么按 10% 的利率，到期末除全部恢复占用的资金外，还有 400 元的富余。为了在期末时刚好使资金全部恢复，利率还可高于 10%，即内部收益率也随之升高。因此，内部收益率可以理解为工程项目对占用资金的一种恢复能力，其值越高，一般来说方案的经济性越好。

内部收益率是这项投资实际能达到的最大收益率，反映了项目所占用的资金盈利率，是考察项目盈利能力的一个主要的动态指标。

4. 判别准则

用内部收益率判断方案时，一般是将内部收益率与基准折现率比较来判断。设基准折现率为 i_c，当 $IRR\geq i_c$ 时，则项目可行，可以接受；当 $IRR<i_c$ 时，则项目不可行，应当予以拒绝。这一点从净现值函数图上也容易分析得出。因此，在通常情况下，内部收益率与净现值有相一致的评价准则：当内部收益率≥基准收益率时，投资方案是可取的，此时方案必有大于零的净现值。一般来说，$i=IRR$ 时（方案寿命期），计算期内方案的投资刚好回收。

【例 4-12】 某项目净现金流量见表 4-19。当基准折现率 $i_c=13\%$ 时，试用内部收益率指标判断该项目是否可以接受。

项目净现金流量（单位：万元）　　　　　　　　　　　表 4-19

年份	0	1	2	3	4	5
净现金流量	-1000	200	300	200	300	500

【解】：项目的净现值等于零时的方程式为：

$$NPV = -1000 + 200\ (P/F,\ i,\ 1) + 300\ (P/F,\ i,\ 2) + 200\ (P/F,\ i,\ 3) + 300\ (P/F,\ i,\ 4) + 500\ (P/F,\ i,\ 5) = 0$$

取 $i_1 = 10\%$，计算出其净现值为：

$$NPV_1 = -1000 + 200\ (P/F,\ 10\%,\ 1) + 300\ (P/F,\ 10\%,\ 2) + 200\ (P/F,\ 10\%,\ 3) + 300\ (P/F,\ 10\%,\ 4) + 500\ (P/F,\ 10\%,\ 5)$$
$$= -1000 + 200 \times 0.9091 + 300 \times 0.8264 + 200 \times 0.7513 + 300 \times 0.6830 + 500 \times 0.6209 = 95.35\ （万元）$$

取 $i_2 = 15\%$，计算出其净现值为：

$$NPV_2 = -1000 + 200\ (P/F,\ 15\%,\ 1) + 300\ (P/F,\ 15\%,\ 2) + 200\ (P/F,\ 15\%,\ 3) + 300\ (P/F,\ 15\%,\ 4) + 500\ (P/F,\ 15\%,\ 5)$$
$$= -1000 + 200 \times 0.8696 + 300 \times 0.7561 + 200 \times 0.6575 + 300 \times 0.5718 + 500 \times 0.4972 = -47.61\ （万元）$$

计算 IRR 得：$IRR = 10\% + (15\% - 10\%) \times 95.35 / (95.35 + 47.61) = 13.33\%$

由于 $IRR = 13.33\% > $ 基准折现率 i_c，所以项目可以接受。

Chapter 05

项目**5**
投资方案的经济效果评价与选择

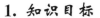 课前导学

1. 知识目标
能够利用评价指标进行多个方案的比较与选择。
2. 能力目标
能够熟练运用各种经济方案比选的方法。
3. 素养目标
加强学生的辩证思维能力；
培养学生多个方案优选决策能力。
4. 重点难点
重点：掌握各种经济方案比选的方法。
难点：能够运用比选方法解决实际案例。

思维导图

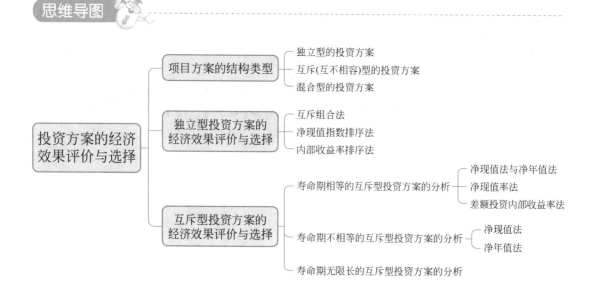

任务 5.1 独立型投资方案的经济效果评价与选择

课前导学

知识目标	能够进行独立型投资方案的经济效果评价与选择
能力目标	能够分辨互斥组合法、净现值指数排序法和内部收益率法的适应范围和优缺点
素养目标	培养学生分析方案和选择方案的能力
重点难点	重点：熟练运用互斥组合法、净现值指数排序法和内部收益率法进行独立型投资方案的经济效果评价与选择 难点：通过计算净现值和内部收益率并运用互斥组合法、净现值指数排序法和内部收益率法对独立型投资方案进行评判

5.1.1 投资方案的概述

单一项目方案的决策，可以采用经济效果评价指标以决定项目的取舍。但是，在实际工程中选择方案时，投资主体所面临的项目往往并不是单独一个项目，而是一个项目群，其追求的不是单一项目方案的局部最优，而是项目群的整体最优。单独一个项目的经济性往往不能反映整个项目群的经济性。因此，投资主体在选择项目群时，除考虑每个项目方案的经济性之外，还必须分析各项目方案之间的相互关系。由于投资方案的多样性和项目结构类型的复杂性，必须针对项目各方案不同的结构特点，选择合适的评价指标和正确的评价方法才能对项目各方案正确决策。

项目方案的结构类型，按照方案群体之间的不同关系可以划分为三种类型：

1. 独立型的投资方案

这类方案的特点是方案之间相互不存在排斥性，即在多个方案之间，在条件允许的情况下（如无资源限制），可以同时选择多个有利的方案，即多方案可以同时存在。其经济效果的评价具有相加性。

2. 互斥（互不相容）型的投资方案

这类方案的特点是方案之间相互具有排斥性，即在多方案间只能选择其中之一，其余方案均须放弃，不允许同时存在。其经济效果的评价不具有相加性。

3. 混合型的投资方案

混合型是上述独立型与互斥型的混合结构，具体是在一定条件（如资金条件）制约下，有若干个相互独立的方案，在这些独立方案中又分别包含着几个互斥型的方案。

一般来说，工程技术人员遇到的问题多为互斥型方案的选择；高层计划部门遇到的问题多为独立型项目或混合型项目方案的选择。项目经济评价的唯一宗旨是：最有效地分配有限的资金，以获得最好的经济效益，即有限投资总额的总体净现值或净年值最大。

本任务主要介绍互斥方案的经济比较与选择，显然，无论方案群中的方案是何种关系，项目经济评价的宗旨只能有一个，即在有限资源条件下，获得最佳的经济效果。

5.1.2　独立型投资方案的经济效果评价与选择

当在一系列方案中接受某一方案并不影响接受其他方案时，称其为独立型方案。独立型方案之间的效果具有可加性，其选择可能会出现下列两种情况：

一种是企业可利用的资金充足，这时独立方案的采用与否只取决于方案自身的经济性，即只要 $NPV > 0$，$IRR_i > i_c$，则方案可行。因此，它与单一方案的评价方法是相同的。

另一种是企业可利用的资金是有限制的，要在不超出资金限额的条件下，选出最佳的方案组合。这类问题的处理是构造互斥型方案，即把不超过资金限额的所有可行组合方案进行排列，使得各组合方案之间是互斥的，这样就可以按照互斥型方案的选择方法来选出最佳的方案组合。

【例 5-1】有三个相互独立的投资方案 A、B、C，其寿命期均为 10 年，现金流量见表 5-1，设 $i_c = 15\%$，当资金无限额时，试判断各方案的经济可行性。

各方案的现金流量表（单位：万元）　表 5-1

方案	初始投资	年收入	年支出	年净收益
A	5000	2400	1000	1400
B	8000	3100	1200	1900
C	10000	4000	1500	2500

【解】：以 A 方案为例，NPV_A、IRR 的计算过程和结果如下：

$NPV_A = -5000 + (2400-1000)(P/A, 15\%, 10)$

$\qquad = -5000 + 1400 \times 5.0188 = 2026$（万元）

由　　　　　　　　$-5000 + 1400 \times (P/A, IRR_A, 10) = 0$

解得　　　　　　　　　　$IRR_A = 25\%$

同理，可求得 $NPV_B = 1536$（万元），$IRR_B = 20\%$；$NPV_C = 2547$（万元），$IRR_C = 22\%$。由计算过程可知，A、B、C 三个方案的净现值都大于 0，且内部收益率都大，基准内部收益率 $i_c = 15\%$，因此，A、B、C 三个方案均可接受。由此可见，对于独立型投资方案，不论采用净现值还是内部收益率评价指标，评价结论都是一样的。

5.1.2-1
互斥组合法

1. 互斥组合法

把独立型项目转化成若干个相互排斥的组合方案，然后求解互斥组合方案的选优问题。

具体步骤如下：

1）计算出所有方案的净现值，排除净现值小于零的方案。

2）列出方案的所有可能，形成若干个新的组合方案，则所有可能组合方案形成互斥组合方案（设 m 为方案数，则全部所有可能的方案组合为 $2^m - 1$）。为了比较，用表格形式把所有可能的方案组合都列举出来，然后在每个原始方案下用"选"与"不选"表示。假设"选"方案就用 1 表示，"不选"或拒绝就用 0 表示。

3）将所有的组合按初始投资额从小到大的顺序排列，每个组合方案的现金流量为被组合的各独立方案的现金流量的累加。

4）排除总投资额超过投资资金限额的组合方案。

5）对所剩的所有组合方案按互斥方案的比较方法确定最优的组合方案。

6）最优组合方案所包含的全部方案即为该组方案的最佳选择。

【例 5-2】某公司有 4 个相互独立的技术改造方案。基准收益率为 10%，有关参数见表 5-2 中，假定资金限额为 400 万元，应选择哪些方案？

某公司 4 个技术改造方案的参数比较初始投资（单位：万元）　表 5-2

方案	初始投资	净现值（NPV）
A	200	180
B	240	192
C	160	112
D	200	130

【解】：对于 m 个独立的方案，列出全部相互排斥的组合方案，共（$2^m - 1$）个，本例原有 4 个项目方案，互斥组合方案共 15 个，见表 5-3。

各互斥组合方案的参数比较（单位：万元）　　　　表 5-3

组合号	组合方案	投资	限制条件下可行与否	净现值（NPV）
1	A	200	√	180
2	B	240	√	192
3	C	160	√	112
4	D	200	√	130
5	A+B	440	×	372
6	A+C	360	√	292
7	A+D	400	√	310
8	B+C	400	√	304
9	B+D	440	×	322
10	C+D	360	√	242
11	A+B+C	600	×	484
12	A+B+D	640	×	502
13	A+C+D	560	×	422
14	B+C+D	600	×	434
15	A+B+C+D	800	×	614

保留投资额不超过投资限额且净现值或净现值指数不小于 0 的组合方案，淘汰其余组合方案。由表可知，A+B、B+D、A+B+C、A+B+D、A+C+D、B+C+D、A+B+C+D 的组合超过了投资限额，应该淘汰。根据净现值最大的原则，再对保留的方案进行优选，A+D 组合的净现值为 310 万元，是资金限额内的最优方案。

2. 净现值指数排序法

净现值指数排序法是以各方案的净现值率 $NPVR$ 为基准排序，在一定 5.1.2-2 净现值指数排序法

资金限制下，寻求能使总净现值率最大的项目组合方案。具体来讲，它是在计算各方案净现值率的基础上，将净现值率不小于 0 的方案按净现值率大小排序，并依此顺序选取项目方案，直至所选取方案的投资总额最大限度地接近或等于投资限额为止。本方法所要达到的目标是在一定的投资限额的约束下使所选项目方案的净现值最大，即效益最大化。

净现值指数排序法的具体步骤如下：

1）计算各方案的净现值，排除净现值小于零的方案。

2）计算各方案的净现值率（为净现值/投资的现值），按净现值率从大到小的顺序依次选取方案，直至所选取方案的投资额之和达到或最大限度地接近投资限额。

该方法的目的是：在一定的投资限额约束下，如何使得所选取的项目或方案的净现值和最大，即效益最大化。

净现值指数排序法的主要优点是计算简便、容易理解。对资金有限的独立型方案进行

评价和选择时，单位投资的净现值越大，在一定投资限额内所能获得的净现值总额就越大。然而，由于投资项目的不可分性，净现值指数排序法不能保证现有资金的充分利用，不能达到净现值最大的目标。只有在各方案投资占预算投资的比例很小，或各方案投资额相差无几，或各方案投资累加额与投资预算限额相差无几的情况下，它才可能达到或接近于净现值最大的目标。

【例 5-3】某项目初拟定有 4 个独立型方案，各方案的投资额、净现值与净现值率见表 5-4。假定资金总额限制为 600 万元，试根据 NPV、$NPVR$ 值选择最佳方案组合。

表 5-4

4 个独立型方案相关数据比较（单位：万元）

独立方案	初始投资	净现值（NPV）	净现值率（$NPVR$）
A	180	160	0.89
B	240	192	0.8
C	160	112	0.7
D	200	130	0.65

【解】：首先，要计算出各方案的净现值率，其结果见表 5-4 的最后一列。由于每一方案的净现值率均大于 0，所以每一方案均是可行的。其次，按净现值率的高低排列各方案。最后，在资金限额范围内、依次从净现值最高的方案开始选取，直到资金限额用完为止，则最后的选择结果是方案 A＋B＋C，该方案的投资现值为 $K_A＋K_B＋K_C=$ 180＋240＋160＝580（万元）＜600（万元），故该方案可行，且净现值率 $NPVR$ 最大。因此，方案 A＋B＋C 为最佳方案组合。

3. 内部收益率排序法

5.1.2-3
内部收益率
排序法

内部收益率排序法是在计算各方案内部收益率的基础上，将内部收益率不小于基准收益率的方案按内部收益率大小排序，并依此顺序选取项目方案，直至所选取方案的投资总额最大限度地接近或等于投资限额为止。其计算步骤如下：

1）计算各方案的内部收益率，排除不可行的方案。

2）这组方案按内部收益率从大到小的顺序排列，将它们以直方图的形式绘制在以投资为横轴、内部收益率为纵轴的坐标图上，并标明基准收益率和投资的限额。

3）排除基准收益率 i_c 线以下和投资限额 i_{max} 线右边的方案，则剩下的方案即为最优方案组合。

【例 5-4】现有 6 个相互独立的投资方案，经济寿命均为 10 年，投资限额为 5000 万元，其他数据资料可见表 5-5，试在基准收益率为 10％的条件下进行投资方案的选择。

表 5-5

6 个相互独立的投资方案相关数据比较（单位：万元）

方案	A	B	C	D	E	F
初始投资	1000	1500	2000	2500	1600	2400
净现金流量	180	240	400	440	300	420

【解】：第1步：计算各独立方案的内部收益率。求出 A、B、C、D、E、F 的内部收益率分别为 12.4%、9.6%、15.1%、11.90%、13.30%、11.70%。

第2步：剔除未达到基准收益率水平的方案 B，其余方案按 *IRR* 从大到小排序，方案的顺序为 C＞E＞A＞D＞F。

第3步：从 *IRR* 最大的方案开始，依次进行方案投资的累计额计算，再依资金限制额进行方案的评选。资金限额为 5000 万元时，应取方案 C、E、A 投资。

做一做

独立型方案的评价方法	如何评价
互斥组合法	
净现值指数排序法	
内部收益率排序法	

任务 5.2　互斥型投资方案的经济效果评价与选择

课前导学

知识目标	能够进行寿命期相等的互斥型投资方案的经济效果评价与选择　能够运用净现值法进行寿命期不相等的互斥型投资方案的经济效果评价与选择
能力目标	能够分辨净现值法、净年值法、净现值率法、差额投资内部收益率法、最小公倍数法和研究期法的适应范围和优缺点
素养目标	培养学生分析方案和选择方案的能力
重点难点	重点:熟练运用净现值法、净年值法、净现值率法、差额投资内部收益率法、最小公倍数法和研究期法进行互斥型投资方案的经济效果评价与选择　难点:(1)通过计算净现值、净年值、净现值率、差额投资内部收益率对互斥型投资方案进行评判;(2)通过计算最小公倍数和研究期对互斥型投资方案进行评判

在互斥型投资方案类型中，经济效果评价包含了两部分内容：一是考察各个投资方案自身的经济效果，称为绝对效果检验；二是考察哪个投资方案相对最优，称为相对效果检验。通常两种检验目的和作用不同，缺一不可，它们共同构成了互斥型投资方案评价的主要内容。前者进行方案的筛选，后者进行方案的优选。

互斥型投资方案经济效果评价的特点是要进行方案比选，因此，参加比选的投资方案应具有可比性，如时间的可比性、计算期的可比性、收益费用的性质及计算范围的可比性、方案风险水平的可比性和评价所使用假定的合理性等。

针对互斥型投资方案评价使用的评价指标有净现值、净年值、费用现值、费用年值和内部收益率，下面根据互斥型投资方案寿命期相等、寿命期不等、无限寿命这 3 种情况讨论其经济效果评价。

5.2.1 寿命期相等的互斥型投资方案的分析

5.2.1 寿命期相等的互斥型投资方案的分析

寿命期相等的互斥型投资方案是以寿命期作为计算期进行评价，符合时间可比性原则。前面所介绍的所有评价方法、指标都可以直接使用，对于计算期相等的互斥型投资方案，通常将方案的计算期设定为共同的分析期，以便在利用资金等值原理进行经济效果评价时，不同方案在时间上具有可比性。

在进行计算期相同方案的比选时，若采用价值性指标，则选用价值指标最大者为相对最优方案；若采用比率性指标，则需要考察不同方案之间追加投资的经济效益。

1. 净现值法与净年值法（费用年值与费用现值法同）

净现值法，是指通过比较所有已具备财务可行性投资方案的净现值指标的大小来选择最优投资方案的方法，该法适用于原始投资相同且项目计算期相等的多方案比较决策，判别准则是选择净现值最大的方案为最优方案。

净年值法，是将方案各个不同时点的净现金流量按基准收益率折算成与其等值的整个寿命期内的等额支付序列年值后再进行评价、比较和选择的方法。判别准则是选择净年值最大的方案为最优方案。

【例 5-5】某垃圾处理厂项目需要原始投资 2500 万元，寿命期均为 4 年，基准折现率为 10%，有 A、B、C 共 3 个互斥的备选方案可供选择，现金流量情况见表 5-6，试用净现值法与净年值法选择最佳方案。

3 个互斥方案的现金流量情况（单位：万元）　　　　　　表 5-6

年份	技术方案及其现金流量		
	A	B	C
0	−2500	−2500	−2500
1	1500	1300	0
2	1000	1300	500
3	700	1300	1500
4	500	0	2800
$NPV(i_c=10\%)$	556.7	733.1	951.9
NAV	175.639	231.293	300.325

【解】：(1) 净现值（NPV）法。分别计算 A、B、C 这 3 个方案的净现值并进行对比，A 方案＜B 方案＜C 方案，则 C 方案最优。

(2) 净年值（NAV）法。分别计算 A、B、C 这 3 个方案的净年值并进行对比，A 方案＜B 方案＜C 方案，则 C 方案最优。结论一致。

2. 净现值率法

净现值率法是指通过比较所有已具备财务可行性投资方案的净现值率指标的大小来选择最优投资方案的方法，净现值率最大的方案为优。在投资额相同的互斥型投资方案比较决策中，采用净现值率法会与净现值法得到完全相同的结论，但投资额不相同时，情况则不同。投资额大的项目往往净现值要高于投资额低的项目，但是净现值率却不一定高。

【例 5-6】 A 项目与 B 项目为互斥方案，它们的项目计算期相同。A 项目原始投资的现值为 150 万元，净现值为 29.97 万元；B 项目原始投资的现值为 100 万元，净现值为 24 万元。试计算两个项目的净现值率指标（结果保留两位小数），并讨论能否运用净现值法或净现值率法在 A 项目和 B 项目之间作出比较决策。

【解】：

第 1 步：计算净现值率。

A 项目的净现值率＝29.97/150＝0.20

B 项目的净现值率＝24/100＝0.24

第 2 步：净现值法。29.97＞24，所以 A 项目优于 B 项目。

第 3 步：净现值率法。0.24＞0.20，所以 B 项目优于 A 项目。

由于两个项目的原始投资额不相同，导致两种方法的决策结论相互矛盾，因而无法据此做出相应的比较决策。但 A 项目的再投资报酬率的基点是相对合理的资金成本，而 B 项目的再投资报酬率是基于一个相对较高的内含报酬（高于净现值法的资金成本）。考虑到这两方案在再投资报酬假设上的区别，净现值率法将更具合理性。

3. 差额投资内部收益率法

差额投资内部收益率法是指在两个原始投资额不同方案的差量净现金流量（NCF）的基础上，计算出差额内部收益率（ΔIRR），并与行业基准收益率进行比较，进而判断方案孰优孰劣的方法。该法适用于两个原始投资额不相同，但项目计算期相同的多方案比较。当差额内部收益率指标不小于基准收益率或设定折现率时，原始投资额大的方案较优；反之，则投资额少的方案为优。

差额投资内部收益率法经常被用于更新改造项目的投资决策中，当该项目的差额内部收益率指标大于或等于基准折现率或设定折现率时，应当进行更新改造；反之，此项就不应当进行更新改造。

【例 5-7】 有 3 个等寿命的互斥方案，寿命期均为 10 年，现金流量见表 5-7。设 $i_c=15\%$，当资金无限额时，试判断各方案的经济可行性。

各方案的现金流量（单位：万元） 表 5-7

方案	初始投资	年收入	年支出	年净收益
A	5000	2400	1000	1400
B	8000	3100	1200	1900
C	10000	4000	1500	2500

【解】：以 A 方案为例，NPV_A、IRR_A 的计算过程和结果为：

$NPV_A = -5000 + (2400-1000)(P/A, 15\%, 10)$

$= -5000 + 1400 \times 5.0188 = 2026$（万元）

由 $-5000 + 1400 \times (P/A, IRR_x, 10) = 0$

解得 $IRR_A = 25\%$

同理，可求得 $NPV_B = 1536$（万元），$IRR_B = 20\%$；$NPV_C = 2547$（万元），$IRR_C = 22\%$。

由以上计算过程可知，$\Delta IRR_{(B-A)} = 10.59\% < i_c$，$\Delta IRR_{(C-A)} = 17.86\% > i_c$，因此应选择方案 C。

【例 5-8】现有 A、B 两个互斥方案，寿命相同，其各年的现金流量见表 5-8，试对方案进行评价选择（$i_c = 10\%$）。

互斥方案 A、B 的净现金流及评价指标（$i_c = 10\%$）（单位：万元） 表 5-8

方案	年份		NPV	IRR（%）
	0	1~10		
方案 A 的净现金流	−2500	800	2415.2	29.64
方案 B 的净现金流	−1800	650	2193.6	34.28
增量净现金流（A-B）	−700	150	221.6	17.72

【解】：（1）计算两个方案的绝对经济效果指标 NPV 和 IRR，计算结果示于表 5-8。

$NPV_A = -2500 + 800 \times (P/A, 10\%, 10)$

$= -2500 + 800 \times 6.1446 = 2415.65$（万元）

$NPV_B = -1800 + 650 \times (P/A, 10\%, 10)$

$= -1800 + 650 \times 6.1446 = 2193.97$（万元）

由 $-2500 + 800 \times (P/A, IRR_A, 10) = 0$

和 $-1800 + 650 \times (P/A, IRR_B, 10) = 0$

可求得 $IRR_A = 29.64\%$，$IRR_B = 34.28\%$

（2）NPV_A、NPV_B 均大于零，IRR_A、IRR_B 均大于基准收益率 $i_c = 10\%$，所以方案 A 与方案 B 都能通过绝对经济效果检验，且使用 NPV 指标和 IRR 指标进行绝对经济效果检验结论是一致的。

（3）由于 $NPV_A > NPV_B$，故按净现值最大准则，方案 A 优于方案 B。但计算结果还表明 $IRR_B > IRR_A$，若以内部收益率最大为比选准则，方案 B 优于方案 A，这与按净现值最大准则比选的结论相矛盾。

（4）到底按哪种准则进行互斥方案比选更合理呢？解决这个问题需要分析投资方案比选的实质。投资额不等的互斥方案比选的实质是判断增量投资（或差额投资）的经济合理性，即投资大的方案相对于投资小的方案多投入的资金能否带来满意的增量收益。显然，若增量投资能够带来满意的增量收益，则投资额大的方案优于投资额小的方案；若增量投资不能带来满意的增量收益，则投资额小的方案优于投资额大的方案。表 5-8 也给出了方案 A 相对于方案 B 各年的增量净现金流，同时计算了相应的差额净现值（也称为增量净现值，记做 ΔNPV）与差额内部收益率（也称为增量投资内部收益率，记做 ΔIRR）。

$$\Delta NPV = -700 + 150 \times (P/A,\ 10\%,\ 10) = 221.69 \text{（万元）}$$

由方程式 $-700 + 150 \times (P/A,\ \Delta IRR,\ 10) = 0$，可解得 $\Delta IRR = 17.72\%$。

计算结果表明：$\Delta NPV > 0$，$\Delta IRR > i_c = 10\%$，增量投资有满意的经济效果，因此投资大的方案 A 优于投资小的方案 B。

【例 5-9】 A 项目原始投资额 150 万元，1～10 年的净现金流量为 29.29 万元；B 项目的原始投资额 100 万元，1～10 年的净现金流量为 20.18 万元。行业基准收益率为 10%，求（1）计算差量净现金流量 ΔNCF；（2）计算差额内部收益率 ΔIRR；（3）用差额投资内部收益率法对投资决策做出比较。

【解】：（1）计算差量净现金流量

$\Delta NCF_0 = -150 - (-100) = -50$（万元），$\Delta NCF_{1\sim10} = 29.29 - 20.18 = 9.11$（万元）

（2）计算差额内部收益率

$9.11 \times (P/A,\ \Delta IRR,\ 10) = 50$，即 $(P/A,\ \Delta IRR,\ 10) = 5.4885$

因为 $(P/A,\ 12\%,\ 10) = 5.6502 > 5.4885$，$(P/A,\ 14\%,\ 10) = 5.2161 < 5.4885$。

所以 $12\% < \Delta IRR < 14\%$，应用线性内插法可得：

$\Delta IRR = 12\% + (5.6502 - 5.4885) / (5.6502 - 5.2161) \times (14\% - 12\%) \approx 12.74\%$

（3）用差额投资内部收益率法决策

因为 $\Delta IRR = 12.74\% > i_c = 10\%$，所以应当投资 A 项目。

5.2.2　寿命期不相等的互斥型投资方案的分析

对寿命期不同的方案进行比较时，也要进行各方案自身经济性的检验和方案间的相对经济性检验（对于仅有费用现金流的互斥方案只进行相对效果检验）。但是，寿命期不等的互斥型投资方案，不能简单地采用评价指标直接对方案进行评价及选择。由于方案的使用寿命不同，评价指标在时间上没有比较基础，不具有可比性。因此，必须在相等的时间段内比较方案评价的费用和收益才有意义。

5.2.2
寿命期不相等的互斥型投资方案的分析

寿命期不相等的互斥型投资方案的经济效果评价主要有净现值法和净年值法。

1. 净现值法

当互斥型投资方案寿命期不相等时，通常各方案在各自寿命期内的净现值不具有可比性，这时必须设定一个共同的分析期，分析期的设定一般有以下两种方法。

（1）最小公倍数法：最小公倍数法又称方案重复法，是以各方案寿命期的最小公倍数作为方案比选的共同的计算期，并假设它们均在这个计算期内重复进行，重复计算各方案计算期内各年的净现金流量，得出在共同的计算期内各个方案的净现值，以净现值较大的方案为最佳方案。

【例 5-10】试对表中三项寿命期不相等的互斥型投资方案做出取舍决策，基准收益率 $i_c = 15\%$，各方案的现金流量见表 5-9。

寿命不等的互斥方案的现金流量表（单位：万元）　　　　　　表 5-9

方案	初始投资	残值	年度支出	年度收入	寿命(年)
A	6000	0	1000	3000	3
B	7000	200	1000	4000	4
C	9000	300	1500	4500	6

【解】：用最小公倍数法按净现值法对方案进行评价，计算期为 12 年。方案重复实施的现金流量图如图 5-1 所示。

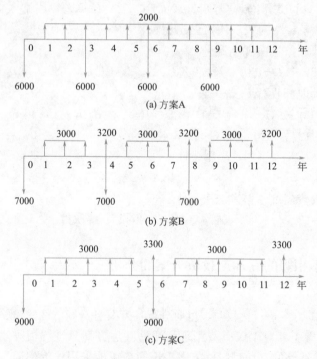

图 5-1　最小公倍数寿命期内的现金流量图

(1) $NPV_A = -6000 - 6000 \times (P/F, 15\%, 3) - 6000 \times (P/F, 15\%, 6) - 6000 \times (P/F, 15\%, 9) + (3000 - 1000)(P/A, 15\%, 12) = -6000 - 6000 \times 0.6575 - 6000 \times 0.4323 - 6000 \times 0.2843 + 2000 \times 5.4206 = -3403.40$（万元）

(2) $NPV_B = -7000 - 7000 \times (P/F, 15\%, 4) - 7000 \times (P/F, 15\%, 8) + (4000 - 1000)(P/A, 15\%, 12) + 200 \times (P/F, 15\%, 4) + 200 \times (P/F, 15\%, 8) + 200 \times (P/F, 15\%, 12) = -7000 - 7000 \times 0.5718 - 7000 \times 0.3269 + 3000 \times 5.4206 + 200 \times 0.5718 + 200 \times 0.3269 + 200 \times 0.1869 = -3188.02$（万元）

(3) $NPV_C = -9000 \times (P/F, 15\%, 6) - 9000 + (4500 - 1500)(P/A, 15\%, 12) + 300 \times (P/F, 15\%, 6) + 300 \times (P/F, 15\%, 12) = -9000 \times 0.4323 - 9000 + 3000 \times 5.4206 + 300 \times 0.4323 + 300 \times 0.1869 = 3556.86$（万元）

由于 $NPV_C > NPV_B > NPV_A$，故选取 C 方案。

(2) 研究期法（最小计算期法）：针对寿命期不相等的互斥型投资方案，直接选取一个适当的分析期作为各个方案共同的计算期（一般选取诸方案中最短的计算期），通过比较各个方案在该计算期内的净现值对方案进行比选，以净现值最大的方案为最佳方案。其计算步骤、判别准则与净现值法一致。

【例 5-11】 有 A、B 两个方案，其净现金流量见表 5-10，若已知 $i_c = 10\%$，试用研究期法对方案进行比选。

两个方案的净现金流量（单位：万元）   表 5-10

方案	年份					
	1	2	3~7	8	9	10
A	-600	-450	480	540		
B	-1300	-950	850	850	850	1000

【解】：取 A、B 两方案中较短的寿命期为共同的研究期，即 $n = 8$ 年，分别计算当计算期为 8 年时 A、B 两方案的净现值。

$NPV_A = -600 \times (P/F, 10\%, 1) - 450 \times (P/F, 10\%, 2) + 480 \times (P/A, 10\%, 5)(P/F, 10\%, 2) + 540 \times (P/F, 10\%, 8) = -600 \times 0.9091 - 450 \times 6.8264 + 480 \times 3.7908 \times 0.8264 + 540 \times 0.4665 = 838.27$（万元）

$NPV_B = [-1300 \times (P/F, 10\%, 1) - 950 \times (P/F, 10\%, 2) + 850 \times (P/A, 10\%, 7)(P/F, 10\%, 2) + 1000 \times (P/F, 10\%, 10)](A/P, 10\%, 10)(P/A, 10\%, 8) = (-1300 \times 0.9091 - 950 \times 0.8264 + 850 \times 4.8684 \times 0.8264 + 1000 \times 0.3855) \times 0.1627 \times 5.3349 = 1595.67$（万元）

由于 $NPV_B > NPV_A$，所以方案 B 为最佳方案。

2. 净年值法

净年值法是进行寿命期不相等的互斥方案分析的最适宜的方法，由于寿命期不相等的互斥型投资方案在时间上不具备可比性，因此为使投资方案有可比性，通常宜采用年值法。

年值法分为净年值法和费用年值法：净年值法的判别准则为净年值不小于 0 且净年值最大的方案是最优可行方案；费用年值法的判别准则为费用年值最小的方案是最优可行方案。

【例 5-12】 已知互斥方案 A、B 的寿命期分别为 5 年和 3 年，设 $i_c = 10\%$，各自寿命期内的净现金流量见表 5-11，试用净年值法评价选择方案。

两方案的净现金流量（单位：万元）　　　　　　　表 5-11

方案	年份					
	0	1	2	3	4	5
A	−400	120	120	120	120	120
B	−200	100	100	100		

【解】：两方案的净现值为：

$NPV_A = -400 + 120 \times (P/A, 10\%, 5) = -400 + 120 \times 3.7908 \approx 54.90$（万元）

$NPV_B = -200 + 100 \times (P/A, 10\%, 3) = -200 + 100 \times 2.4869 \approx 48.69$（万元）

两方案的净年值为：

$NAV_A = 54.90 \times (A/P, 10\%, 5) = 54.90 \times 0.2638 \approx 14.48$（万元）

$NAV_B = 48.69 \times (A/P, 10\%, 3) = 48.69 \times 0.4021 \approx 19.58$（万元）

由于 $NAV_B > NAV_A$，且 NAV_A 和 NAV_B 均大于 0，故方案 B 为最佳方案。

5.2.3　寿命期无限长的互斥型投资方案的分析

5.2.3
寿命期无限长的互斥型投资方案的分析

在实践中，经常会遇到具有很长服务期（寿命大于 50 年）的工程方案，例如桥梁、铁路、公路、涵洞、水库和机场等。一般而言，经济分析对遥远未来的现金流量是不敏感的，例如，当 $i = 6\%$ 时，30 年后的 1 元现值为 0.174 元，50 年后的现值仅为 0.141 元。对于服务寿命很长的工程方案，可以近似地当作具有无限服务寿命期来处理。

按无限期计算现值，有：

$$P = A/i \tag{5-1}$$

由等额序列现值公式：

$$P = A\left[\frac{(1+i)^n - 1}{i(1+i)^n}\right] = A(P/A, i, n) \tag{5-2}$$

当 n 趋近于无穷大时，有：

$$P = A\lim_{n \to \infty}\left[\frac{(1+i)^n - 1}{i(1+i)^n}\right] = A\lim_{n \to \infty}\left[\frac{1}{i} - \frac{1}{i(1+i)^n}\right] = \frac{A}{i} \tag{5-3}$$

在这种情形下，现值一般称为资金成本或资本化成本。资本化成本的含义是与一笔永久发生的年金等值的现值。资本化成本从经济意义上可以解释为一项生产资金需要现在全部投入并以某种投资效果系数获利，以便取得一笔费用来维持投资项目的持久性服务。这时只消耗创造的资金，而无须消耗最初投放的生产资金，因此该项生产资金在下一周期内可以继续获得同样的利润，用以维持所需的费用，如此不断地循环下去。

对无限期互斥型投资方案进行净现值比较的判别准则为：净现值不小于 0 且净现值最大的方案是最优方案。

对于仅有或仅需计算费用现金流量的互斥型投资方案，可以比照净现值法，用费用现值法进行比选。判别准则是：费用现值最小的方案为优。

显然，也可以用净年值法，这时无限寿命的净年值计算公式为：

$$NAV = Pi \tag{5-4}$$

判别准则为：$NAV \geqslant 0$ 且净年值最大的方案是最优方案。

【例 5-13】某市供水有两套方案，A 方案是建水库作为长期供水来源，需投资 800 万元，每年供水的经营费为 2.5 万元；B 方案是打 10 口井，每口仅需投资 10 万元，经营费为 0.5 万元，寿命为 5 年。若期望收益率为 5%，应选哪个方案？

【解】：(1) 绘制两个方案的现金流量图（图 5-2）

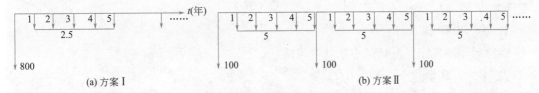

图 5-2   现金流量图

(2) 费用现值法比选

$PC_A = 800 + 2.5/5\% = 850$（万元）

$PC_B = [100 \times 0.231 + 5]/5\% = 562$（万元）

因此，$PC_A > PC_B$，故选择 B 方案为最佳方案，即打井方案。

(3) 费用年值法比选

$AC_A = 800 \times 5\% + 2.5 = 42.5$（万元）

$AC_B = 100 \times 0.231 + 5 = 28.1$（万元）

因此，$AC_A > AC_B$，故选择 B 方案为最佳方案，即打井方案。

项目6

Chapter 06

风险与不确定性分析

 课前导学

1. 知识目标

能够运用不确定性分析的方法计算风险。

2. 能力目标

能够完成盈亏平衡分析法、敏感性分析方法和概率分析的计算。

3. 素养目标

激发学生爱国热情，培养历史责任感；

增强学生对不确定性和风险意识的逻辑思辨能力。

4. 重点难点

重点：分析并计算可行性研究报告中项目风险和不确定性。

难点：敏感性因素的选择。

思维导图

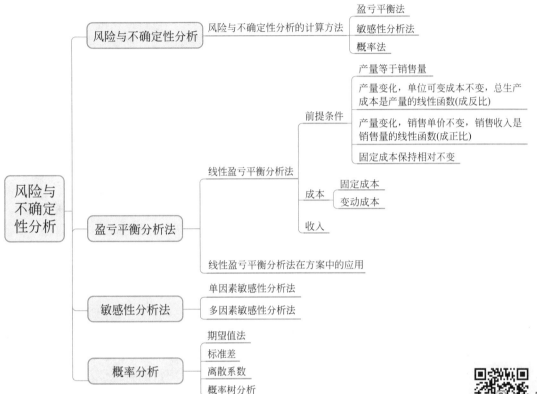

风险与不确定性分析 ── 风险与不确定性分析的计算方法 ── 盈亏平衡法
　　　　　　　　　　　　　　　　　　　　　　　　　　敏感性分析法
　　　　　　　　　　　　　　　　　　　　　　　　　　概率法

盈亏平衡分析法 ── 线性盈亏平衡分析法 ── 前提条件 ── 产量等于销售量
　　　　　　　　　　　　　　　　　　　　　　　产量变化，单位可变成本不变，总生产成本是产量的线性函数(成反比)
　　　　　　　　　　　　　　　　　　　　　　　产量变化，销售单价不变，销售收入是销售量的线性函数(成正比)
　　　　　　　　　　　　　　　　　　　　　　　固定成本保持相对不变
　　　　　　　　　　　　　　　　　成本 ── 固定成本
　　　　　　　　　　　　　　　　　　　　　变动成本
　　　　　　　　　　　　　　　　　收入
　　　　　　　　　　线性盈亏平衡分析法在方案中的应用

敏感性分析法 ── 单因素敏感性分析法
　　　　　　　　　多因素敏感性分析法

概率分析 ── 期望值法
　　　　　　　标准差
　　　　　　　离散系数
　　　　　　　概率树分析

6.1
风险与不确定性分析

任务 6.1　风险与不确定性分析

课前导学

知识目标	能够说出风险与不确定性分析产生的原因及意义
能力目标	能够运用盈亏平衡分析法和敏感性分析方法判断项目风险
素养目标	激发学生爱国热情，培养历史责任感 增强学生对不确定性和风险意识的逻辑思辨能力
重点难点	重点:分析并能计算可行性研究报告中项目风险和不确定性分析的相关内容 难点:确定风险的来源和因素

6.1.1　风险与不确定性分析概述

风险是指由于随机原因引起的项目总体的实际价值与预期价值之间的差异。风险与其出现不利结果的概率相关，正常情况下，出现不利结果的概率（可能性）越高，风险也就越大。

不确定性是风险的起因，两者总是如影随形。而不确定的结果可以优于预期，也可以低于预期，在普通意识形态的认知中结果低于预期的可能性更高，甚至可能盈利转亏损。一般把未知发生的可能性称之为不确定性，而把已知发生的可能性称为有风险。不确定性分析就是分析项目在实施过程中存在的不确定性因素对项目经济效果的影响，预测项目承担和抵御风险的能力，考察项目在经济上的合理性，以避免项目实施后造成不必要的损失，确保项目在财务经济上的可靠性。

风险与不确定性分析是通过分析项目各个技术经济变量即不确定性因素的变化对投资方案经济效益的影响，分析投资方案对各种不确定性因素变化的承受能力，从而进一步确认项目在财务和经济上的可靠度。即分析这些不确定因素发生变化是否会使项目预期利润减少甚至盈利变成亏损，也就是衡量投资的可靠度情况。甚至在不知其发生概率的情况下综合细分出最大可能性、等可能性、最悲观、最乐观等不同情况。

工程建设项目作为一种特殊的商品，具有投资量大、建设时间较长、选址固定性、项目涉及的主体较复杂等多方面的特性，当对项目进行技术经济分析或可行性研究时，一般处于项目待定拟议阶段，即在经济分析中所用的数据（如投资额、建设工期、销售价格、销售量、经营成本等）都是通过预测和估计获得。由于工程项目的特殊性，其前期准备和建设时间都比较长，而时间越长，不确定因素变化可能性就越高大；且由于受市场经济这一大环境的影响，竞争因素不可避免，实际数据与经济分析时采用的数据存在较大出入，甚至会影响工程项目投资分析的结果。故，对项目已做出投资可行性效益评价是不够的，风险及不确定性分析是必要且关键的补充。

常用的不确定性分析方法主要有盈亏平衡分析、敏感性分析、概率分析。在具体应用时，要根据项目具体情况和不同的分析目的来选择。一般情况下，盈亏平衡分析只适用于项目的财务评价，而敏感性分析则可同时用于财务评价和国民经济评价。

6.1.2　风险与不确定性产生的主要原因

工程建设项目作为一种特殊的商品，正常情况下，承担的投资风险越大，其投资的回报率也应该越高。但任何分析都应该是综合且多角度的，比如若单独只从投资收益率角度，房地产企业的投资收益率其实比不上卖气球的商贩，但人们却会认为房地产行业是暴利性行业，这是因为房地产公司卖出一块砖的利润是气球商贩卖出整捆气球利润总和的若干倍。所以衡量一个项目的投资风险和可靠度，既要考虑该项目的收益值和投资收益率，又要考虑该项目的投资回收期、投资总额、影响因素、社会效益和环境效益等多方面和多角度。

在不确定性分析和风险分析基础上所做的决策，保证项目投资收益，加强项目的风险管理和控制可在一定程度上避免决策失误带来的巨大损失,有助于决策的科学化。

项目的不确定性和风险主要可能来自以下几个方面:

(1)市场因素及物资采购及买卖方市场变化。

(2)国家相关政策及法规的影响。

(3)资金筹措及运行。

(4)生产工艺和技术装备的发展和变化。

(5)建设条件和生产条件的变化。

(6)项目数据的预测、估计、统计的误差。

在对项目进行技术经济分析或可行性研究时,都是处于项目待定拟议阶段,即在经济分析中所用的数据:如投资额、建设工期、销售价格、销售量、经营成本等都是通过预测和估计获得,而工程项目的前期准备和建设时间一般越长,不确定因素变化、产生误差的可能性越高,差值也可能越高。

拓展阅读

国家政策法律法规对工程项目的影响是深远的。近年来,政府一直在引导建筑行业尽可能减少能源及天然资源的使用,运用卫生清洁的生产技术,推广使用无放射性、无污染且无公害的节能绿色环保材料。

以某地为例,受国家环保政策、秋冬季"限产"及该地区"拆除违建"影响,大部分砂石基地被拆除,水泥厂、煤矿厂也因环保问题陆续停产,导致钢筋供货紧张,钢管租赁市场货源短缺,短期内建筑市场材料、机械、人工价格大幅上涨。这对于签订合同的承包方而言,成本提高较多,而收益却大幅减少。

6.1.3 风险及不确定性分析的三种方法

1. 盈亏平衡法

核心在于求出盈亏平衡点(Break-even Point,*BEP*),即求出盈利及亏损的临界值或者保本点时的产销量,通过对临界值大小的判断,可以更好地分析投资的可靠度和风险性。

2. 敏感性分析法

核心在于判断和分析不确定因素的敏感性和敏感程度。通过对不确定因素敏感程度的确定,分级对待,从而当敏感性较高的因素发生变化时,能够及时调整措施,降低影响,提高投资的可靠度。

3. 概率法

对项目的发生概率及影响效果综合比较分析,求出期望值,从而判断投资的可靠度及风险性。

任务 6.2　盈亏平衡分析

课前导学

知识目标	盈亏平衡分析计算
能力目标	能够运用盈亏平衡分析法分析项目风险
素养目标	激发学生风险因素的判断能力 增强学生对不确定性和风险意识的逻辑思辨能力
重点难点	重点:分析并计算可行性研究报告中项目风险 难点:利用盈亏平衡分析法进行多方案比选

　　盈亏平衡分析（Break-even Analysis）是通过盈亏平衡点分析项目成本与收益平衡关系的一种方法。各种不确定因素（如投资、成本、销售量、产品价格、项目寿命期等）的变化会影响投资方案的经济效果，当这些因素的变化达到某一临界值时，就会影响方案的取舍。盈亏平衡分析的目的就是找出临界值，判断投资方案对不确定因素变化的承受能力，为决策提供依据。

　　盈亏平衡分析法又称保本点分析或本量利分析法，是根据产品的业务量（产量或销量）、成本、利润之间的相互制约关系进行综合分析，用来预测利润、控制成本、判断经营状况的一种数学分析方法。

　　一般说来，企业收入＝成本＋利润，如果利润为零，则收入＝成本＝固定成本＋变动成本；而收入＝销售量×价格，变动成本＝单位变动成本×销售量，即销售量×价格＝固定成本＋单位变动成本×销售量。

6.2.1　线性盈亏平衡分析法

6.2.1
盈亏平衡
分析

1. 前提条件

（1）产量等于销售量，即当年生产的产品当年全部销售出去。

（2）产量变化，单位可变成本不变，总生产成本是产量的线性函数（成反比）。

（3）产量变化，销售单价不变，销售收入是销售量的线性函数（成正比）。

（4）固定成本保持相对不变。

2. 成本（用 C 表示）

成本＝固定成本＋变动成本

（1）固定成本（用 C_F 表示）

凡成本总额在一定时期和一定产量范围内不随产量变化而变化的成本，称为固定成本（在一定范围内相对固定不变）。

（2）变动成本（用 C_V 表示）

凡成本总额与生产量总数呈正比例增减变动关系的成本，称为变动成本。但单位产品变动成本（用 C_x 表示）不随产量的变化而变化。单位产品的变动成本是固定不变的。

$$C = C_F + C_V = C_F + C_x \times Q \tag{6-1}$$

$$C_V = C_x \times Q \tag{6-2}$$

3. 收入

收入用 S 表示，$S = P \times Q$（当单价稳定时，S 随着 Q 的变化而成比例变化）。

盈亏平衡点即利润等于 0，即 $S = C$。

$$Q_{BEP} = \frac{C_F}{P(1-i) - C_x} \tag{6-3}$$

或

$$Q_{BEP} = \frac{C_F}{P - C_x - X} \tag{6-4}$$

若目标利润 E，则公式为 $E = S - C$。

$$Q_x = \frac{E + C_F}{P(1-i) - C_x} \tag{6-5}$$

或

$$Q_{BEP} = \frac{E + C_F}{P - C_x - X} \tag{6-6}$$

式中　C_F——固定成本；

　　　Q——产销量；

　　　P——单价；

　　　C_V——变动成本；

　　　C_x——单位产品变动成本，$C_x = C_V / Q$；

　　　E——利润；

　　　i——综合税率；

　　　X——单位产品税金。

4. 生产能力利用率（用 f 表示）

生产能力利用率是指盈亏平衡点产销量占技术方案正常产销量的比重。

$$f = \frac{Q_{BEP}}{Q_{设}} \times 100\% \tag{6-7}$$

项目的线性盈亏平衡关系用盈亏平衡图可以更直观地展示。以横坐标表示项目产品的产量 Q，纵坐标表示项目产品的收入 S 和成本 C，将收入和成本的曲线作于同一个图中，两条曲线的交点坐标即是项目盈亏平衡点的产量和价格。如图 6-1 所示。

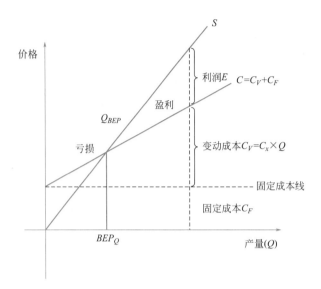

图 6-1　线性盈亏平衡分析图

6.2.2　线性盈亏平衡分析法在单方案中的运用

【例 6-1】某房地产开发项目，已知其固定成本为 6600 万元，单位变动成本为 7800 元/ m²，商品房平均售价为 18000 元/ m²，各种税金的综合税率为 12%。若房地产投资项目占地 11220m²，规划容积率为 2.1。该项目首轮拆迁方案有临时迁移安置户 208 户，回迁安置面积 12896m²。投资者期望从该项目投资中赚取 9000 万元利润。试分析该拆迁方案是否可行？这种方案能否实现投资者欲求的利润目标？

【解】：$Q_{BEP} = \dfrac{C_F}{P(1-i)-C_x} = \dfrac{6600 \times 10^4}{18000 \times (1-12\%)-7800} = 8209(\text{m}^2)$

$$11220 \times 2.1 - 12896 = 10666\text{m}^2 > 8209\text{m}^2$$

故，该拆迁方案可行。

$$Q_x = \frac{E+C_F}{P(1-i)-C_x} = \frac{9000 \times 10^4 + 6600 \times 10^4}{18000 \times (1-12\%)-7800} = 19403(\text{m}^2)$$

$$11220 \times 2.1 - 12896 = 10666\text{m}^2 < 19403\text{m}^2$$

故，不能实现投资者欲求的利润目标。

得房率 $\eta = \dfrac{10666}{11220 \times 2.1} = 45.27\%$

按照该得房率，开发商获得的利润为：

$$E = S - C = P(1-i) \times Q - C_x \times Q + C_F$$
$$= 18000 \times (1-12\%) \times 10666 - (7800 \times 10666 + 6600 \times 10^4)$$
$$= 1976 （万元）$$

【例 6-2】某大型煤炭矿区工程的设计能力为年产 1260 万吨，产品成本估算见表 6-1，该产品税按销售收入的 3‰计算，城市维护建设税按产品税 5‰计算，教育费附加按产品税的 1‰计算，资源税按每年吨煤 4.5 元计算，原煤加权平均价格为 53.65 元/吨，求 Q_{BEP}。

产品成本估算表（单位：万元）   表 6-1

项目	总成本	项目	总成本
(1)原材料	15568.68	(6)大修理基金	2987.21
(2)燃料	1369.39	(7)折旧	6322.29
(3)工资	8897.55	(8)动力费	1265.00
(4)职工福利基金	3265.58	(9)井巷工程基金	2900.65
(5)工资(计件)	9798.35	(10)营业外净支出	789.00

【解】：固定成本为 (3) + (4) + (6) + (7)：

$$8897.55 + 3265.58 + 2987.21 + 6322.29 = 21472.63（万元）$$

单位产品变动成本为 (1) + (2) + (5) + (8) + (9) + (10)：

$$(15568.68 + 1369.39 + 9798.35 + 1265.00 + 2900.65 + 789.00)/1260 = 25.15（元/吨）$$

单位产品销售税＝产品税＋城市维护建设税＋教育费附加

$$= 53.65 \times 3‰ + 53.65 \times 3‰ \times 5‰ + 53.65 \times 3‰ \times 1‰$$

$$= 1.71（元/吨）$$

$$Q_{BEP} = \frac{C_F}{P - C_x - W} = \frac{21472.63}{53.65 - 25.25 - 1.71 - 4.5} = 963.33（万吨）$$

$$f = \frac{Q_{BEP}}{Q_{设}} = \frac{963.33}{1260} = 76.45\% > 70\%$$

故，项目抗风险能力不理想。

6.2.3 线性盈亏平衡分析法用于项目多方案的选择

6.2.3 线性盈亏平衡分析法用于项目多方案的选择

盈亏平衡分析法不仅可对单个方案进行分析，也可对多个方案进行比较。

【例 6-3】某小区开发提出了 A、B、C 三种方案，各方案的主要费用见表 6-2，设该项目的拟开发房屋面积在 5000 万～17000 万 m^2，房屋的使用寿命按 20 年考虑，利率取 10‰，试用盈亏平衡分析法进行方案选择。

项目费用统计表   表 6-2

方案	造价(元/m^2)	维修费(万元/年)	管理费(万元/年)	其他费(万元/年)
A	700	12	4	1
B	680	16	6	1.5
C	820	8	1.8	0.8

【解】：设该项目商品房的开发面积为 $x \mathrm{m}^2$。

（1）设 x 列出各方案的年成本函数

A 方案年成本：

$$C_{\mathrm{A}} = 700x\,(A/P,\,10\%,\,20) + 12 \times 10^4 + 4 \times 10^4 + 1 \times 10^4$$
$$= 82.22x + 17 \times 10^4$$

B 方案年成本：

$$C_{\mathrm{B}} = 680x\,(A/P,\,10\%,\,20) + 16 \times 10^4 + 6 \times 10^4 + 1.5 \times 10^4$$
$$= 79.87x + 23.5 \times 10^4$$

C 方案年成本：

$$C_{\mathrm{C}} = 820x\,(A/P,\,10\%,\,20) + 8 \times 10^4 + 1.8 \times 10^4 + 0.8 \times 10^4$$
$$= 96.32x + 10.6 \times 10^4$$

（2）求交点

由 $C_{\mathrm{A}} = C_{\mathrm{B}}$，故 $x_1 = 2.77 \times 10^4$

由 $C_{\mathrm{B}} = C_{\mathrm{C}}$，故 $x_2 = 0.78 \times 10^4$

由 $C_{\mathrm{A}} = C_{\mathrm{C}}$，故 $x_3 = 0.45 \times 10^4$

（3）作盈亏平衡分析图（图 6-2）

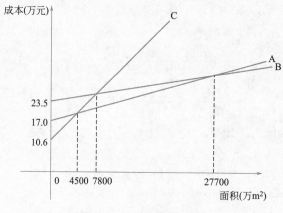

图 6-2　盈亏平衡分析图

由图可知在 5000 万～17000 万 m^2 之间，C_{A} 的斜率最小，所以选择 A 方案。

【知识点解析】：

采用线性盈亏平衡分析法，即分析指标与变化因素是成比例变化。其局限性：

（1）盈亏平衡分析仅仅是讨论成本、销量等不确定因素的变化，而对投资项目盈利水平的分析却不够全面。

（2）盈亏平衡分析大多数是一种静态分析，没有考虑资金的时间价值和整个寿命期的现金流量的变化，所以计算结果和分析结论是粗略的。

（3）仅仅以盈亏平衡点的高低来判断投资方案的优劣，并不一定能够得到最优方案。

任务 6.3　敏感性分析

6.3
敏感性分析

课前导学

知识目标	敏感性分析的计算
能力目标	能够运用敏感性分析的方法进行计算
素养目标	提高学生风险意识 增强学生对不确定性和风险意识的逻辑思辨能力
重点难点	重点：判断项目的抗风险能力 难点：敏感性分析的计算

敏感性分析是研究建设项目的主要因素（产品售价、产量经营成本、投资建设期折现率、汇率物价上涨指数等）发生变化时，项目经济评价指标（内部收益率、净现值等指标）的预期值发生变化的程度。通过敏感性分析，可以找出项目的敏感因素，并且确定这些因素变化的敏感程度。

敏感性分析法是指从众多不确定性因素中找出对投资项目经济效益指标有重要影响的敏感性因素，并分析、测算其对项目经济效益指标的影响程度和敏感性程度，进而判断项目承受风险能力的一种不确定性分析方法。敏感性分析流程如下：

1. 找出影响项目经济效益变动的敏感性因素，分析敏感性因素变动的原因，并为进一步进行不确定性分析（如概率分析）提供依据；

2. 研究不确定性因素变动如引起项目经济效益值变动的范围或极限值，分析判断项目承担风险的能力；

3. 比较多方案的敏感性大小，以便在经济效益值相似的情况下，从中选出不敏感的投资方案。

根据不确定性因素每次变动数目的多少，敏感性分析法可以分为单因素敏感性分析法和多因素敏感性分析法。每次只变动一个因素而其他因素保持不变时所做的敏感性分析法，称为单因素敏感性分析法。本教材仅分析单因素敏感性分析法。其计算步骤为：

1. 确定敏感性分析指标

敏感性分析的对象是具体的技术方案及其反映的经济效益。因此，技术方案的某些经济效益评价指标，例如：息税前利润、投资回收期、投资收益率、净现值、内部收益率等，都可以作为敏感性分析指标。

2. 计算该技术方案的目标值

一般将在正常状态下的经济效益评价指标数值作为目标值。

3. 选取不确定因素

在进行敏感性分析时，并不需要对所有的不确定因素都考虑和计算，而应视方案的具体情况，选取几个变化可能性较大并对经济效益目标值影响作用较大的因素。例如：产品售价变动、产量规模变动、投资额变化等或是建设期缩短、达产期延长等，这些都会对方案的经济效益大小产生影响。

4. 计算不确定因素变动时对分析指标的影响程度

进行单因素敏感性分析时，首先要在固定其他因素的条件下，变动其中一个不确定因素；再变动另一个因素（仍然保持其他因素不变），以此求出某个不确定因素本身对方案效益指标目标值的影响程度。

5. 找出敏感因素，进行分析和采取措施，以提高技术方案的抗风险的能力。

6. 判断敏感程度的几种方法

（1）敏感度系数

$$S_{AF} = \frac{\Delta A/A}{\Delta F/F} \tag{6-8}$$

式中　$\Delta A/A$——评价指标的变动比率，如净现值 $FNPV$ 或内部收益率 $FIRR$；

　　　$\Delta F/F$——不确定因素的变化率，如建设投资、工期等。

$S_{AF} > 0$ 表示评价指标与不确定性因素同方向变化；

$S_{AF} < 0$ 表示评价指标与不确定性因素反方向变化。

$|S_{AF}|$ 越大，表明评价指标 A 对于不确定性因素 F 越敏感；反之，则不敏感。

巧用：取同一变化幅度，$\Delta A = |Y_1 - Y_0|$ 越大，灵敏度越高。

（2）斜率

斜率越大，灵敏度越高，但不同敏感因素代表的直线在同方向易判断，反方向则不易判断。

（3）夹角

1）采用 NPV 指标为分析指标时，可以用不同敏感因素代表的直线同 X 轴的夹角的大小进行判断，夹角越大敏感程度越高（图 6-3a）；

2）采用 IRR 指标为分析指标时，可以作通过 i 且与 X 轴平行的直线，用直线与不确定因素代表的直线的夹角（实际上仍然与 X 轴夹角相等）进行判断，夹角越大，敏感程度越高（图 6-3b）。

因为 $\angle 3 > \angle 1 > \angle 2$，所以敏感程度排列为：产品价格＞投资额＞经营成本。

（4）临界点

临界点越小，敏感程度越高。

注：分析指标采用 NPV 时，用与 x 轴交点大小来判断，因为 x 轴是 $NPV = 0$ 的临界线；若分析指标采用 IRR 时，通过 i 且与 x 轴平行的直线，观察敏感因素直线与 i 的交点大小来判断，因为当 $IRR \geq i$ 时，项目可行。

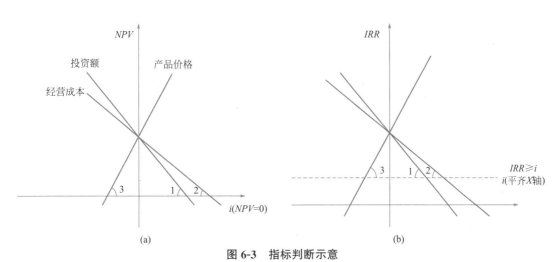

图 6-3 指标判断示意

（a）*NPV* 指标判断；（b）*IRR* 指标判断

【例 6-4】某企业拟投资生产一种新产品，计划一次性投资 2000 万元，建设期 1 年，第 2 年起每年预计可取得销售收入 650 万元，年经营成本预计为 250 万元，项目计算期为 10 年，期末预计设备残值收入 50 万元，基准收益率为 10%，试分析该项目净现值对投资、年销售收入、年经营成本、项目寿命期以及基准收益率的敏感性。投资为年初，收入及成本为年末。

【解】：计算不同参数变化的净现值，计算结果见表 6-3。

$$NPV = -2000 + (650 - 250) \times (F/A, 10\%, 9) \times (P/F, 10\%, 10) + 50 \times$$
$$(P/F, 10\%, 10) = 113.48 \text{ 万元} > 0$$

不同参数变化的净现值计算表   表 6-3

影响参数	变化率		
	−10%	0	+10%
总投资(万元)		113.48	−86.52
年销售收入(万元)	−225.32	113.48	
年经营成本(万元)		113.48	−15.72
项目寿命(年)	−38.78	113.48	
基准收益率(%)		113.48	12.92

敏感度系数 S_{AF} 总投资 =（|−86.52−113.48|/113.48)/10% = 17.62

敏感度系数 S_{AF} 收入 =（|−225.32−113.48|/113.48)/10% = 29.86

敏感度系数 S_{AF} 成本 =（|−15.72−113.48|/113.48)/10% = 11.39

敏感度系数 S_{AF} 寿命 =（|−38.78−113.48|/113.48)/10% = 13.42

敏感度系数 S_{AF} 基准收益率 =（|12.92−113.48|/113.48)/10% = 8.86

故，敏感程度：收入＞总投资＞寿命＞成本＞基准收益率。

（1）寿命减少 10%

$$NPV = -2000 + (650-250)(F/A, 10\%, 8)(P/F, 10\%, 9) + 50(P/F, 10\%, 9)$$
$$= -2000 + 1940.03 + 21.21 = -38.76(万元)$$

（2）基准收益率增加 10%

$$NPV = -2000 + (650-250)(F/A, 11\%, 9)(P/F, 11\%, 10) + 50(P/F, 11\%, 10)$$
$$= 12.92(万元) > 0$$

（3）转折变化幅度

1）总投资：$113.48 \times 10\% / (113.48 + 86.52) = 5.67\%$

2）收入：$113.48 \times 10\% / (113.48 + 225.32) = 3.35\%$

3）成本：$113.48 \times 10\% / (113.48 + 15.72) = 8.78\%$

4）寿命：$113.48 \times 10\% / (113.48 + 38.78) = 7.45\%$

5）基准收益率：$113.48 \times 10\% / (113.48 - 12.92) = 11.28\%$

（4）敏感性分析图（图 6-4）

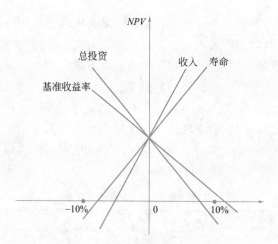

图 6-4　单因素敏感性分析图

单因素敏感性分析在计算特定不确定因素对项目经济效益影响时，须假定其他因素不变，实际上这种假定很难成立。可能会有两个或两个以上的不确定因素在同时变动，此时单因素敏感性分析就很难准确地反映项目承担风险的状况，因此必须进行多因素敏感性分析。

【例 6-5】现有一建设项目方案的基本数据见表 6-4，已知基准收益率为 10%，试分析年销售收入、年经营成本和建设投资对内部收益率的单因素敏感性分析。

方案基本数据估算表　　　　　　　　　　表 6-4

因素	建设投资（万元）	年销售收入（万元）	年经营成本（万元）	期末残值（万元）	寿命（年）
估算值	1200	500	200	200	6

【解】:

(1) 求 *IRR*

$$NPV = -1200 + (500 - 200) \times (P/A, i, 6) + 200 \times (P/F, i, 6)$$

$i_1 = 15\%$，$NPV_1 = 21.81$；$i_2 = 17\%$，$NPV_2 = -45.28$。

$$IRR = i_1 + \frac{NPV_1}{NPV_1 + |NPV_2|}(i_2 - i_1)$$

$$= 15\% + \frac{21.81}{21.81 + 45.28} \times (17\% - 15\%)$$

$$= 15.65\%$$

(2) 因素变化对 *IRR* 的影响计算表（表 6-5）

因素变化对 ***IRR*** 的影响计算表 表 6-5

影响参数	变化率				
	−10%	−5%	0	+5%	+10%
销售收入(万元)	9.78	12.57	15.65	17.99	20.62
经营成本(万元)	17.45	16.38	15.65	14.21	13.12
建设投资(万元)	19.07	17.11	15.65	13.64	12.10

(3) 敏感性分析图（图 6-5）

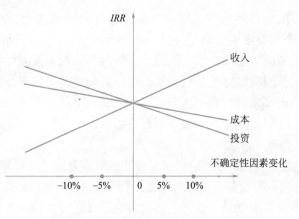

图 6-5 基本方案单因素敏感性分析图

做一做

为什么要进行敏感性分析?

任务 6.4 概率分析

6.4
概率分

课前导学

知识目标	概率分析的计算
能力目标	能够运用概率分析的方法进行计算
素养目标	激发学生爱国热情,培养历史责任感 增强学生对不确定性和风险意识的逻辑思辨能力
重点难点	重点:判断项目的抗风险能力 难点:期望值的计算

敏感性分析能够明确哪些参数是项目方案经济评价的敏感参数（即影响程度大的参数），但没有考虑各个参数发生变动的可能性有多大。实际上，可能某一敏感参数未来发生的可能性很小，带来的风险并不大，而另一不敏感参数在未来发生的可能性非常大，其带来的风险很大。这些问题敏感性分析无法解决，需要求助于概率分析的方法。

概率分析是借助概率来研究和预测不确定因素和风险因素对项目经济评价指标影响的一种定量分析技术，一般应用于大中型工程投资项目。

一般来说，影响方案经济效果的大多数因素都是随机变量，可以通过类似项目产品的相关经验和当前市场信息的分析，预测它们未来可能的取值范围，并估算各种取值或值域发生的概率。例如，投资方案的现金流量序列就是一个随机变量，可以通过概率分析来研究。

概率分析的基本步骤主要是：首先，确定影响项目经济效益的关键变量及其可能的变动范围，并确定关键变量在此范围内的概率分布；然后，进行期望值与标准差的计算，进而估算出对项目经济效益影响程度的定量分析结果。

6.4.1 投资方案经济效果的概率描述

1. 期望值

在项目投资方案的评价中，常用的概率分析方法是期望值法。投资方案的期望值是指在一定概率分布下，经济效果所能达到的概率平均值，它代表了不确定因素在实际中最可能出现的值。其表达式为：

6.4.1-1
期望值

$$E(x) = \sum_{t=0}^{n} x_i p_i \qquad (6-9)$$

式中　$E(x)$——变量 x 的期望值，x 可以是各分析指标；

　　　　p_i——变量 x_i 的取值概率。

【例 6-6】已知某项目投资方案的净现值与概率见表 6-6，请计算该方案净现值的期望值。

投资方案净现值与概率（一）　　　　　　　　　　　表 6-6

净现值（万元）	32.8	34.6	35.3	36.2	37.6	38.9
概率	0.1	0.1	0.2	0.3	0.2	0.1

【解】：方案净现值的期望值为：

$E(NPV) = 32.8 \times 0.1 + 34.6 \times 0.1 + 35.3 \times 0.2 + 36.2 \times 0.3 + 37.6 \times 0.2 + 38.9 \times 0.1$
$= 36.07（万元）$

2. 标准差

标准差是能够表示随机变量的实际值与其期望值偏离程度的一个概念，能在一定程度上反映项目投资风险的大小。标准差的计算公式为：

6.4.1-2
标准差

$$\sigma = \sqrt{\sum_{i=1}^{n} [x_i - E(x)]^2 p_i} \qquad (6-10)$$

式中　σ——变量 x 的标准差。

【例 6-7】利用例 6-7 中的数据，计算投资方案净现值的标准差。

【解】：方案净现值的标准差为：

$\sigma^2 = (32.8 - 36.07)^2 \times 0.1 + (34.6 - 36.07)^2 \times 0.1 + (35.3 - 36.07)^2 \times 0.2 +$
$\qquad (36.2 - 36.07)^2 \times 0.3 + (37.6 - 36.07)^2 \times 0.2 + (38.9 - 36.07)^2 \times 0.1$
$= 2.68$

$\sigma = \sqrt{\sum_{i=1}^{n} [x_i - E(x)]^2 p_i} = \sqrt{2.68} = 1.64（万元）$

3. 离散系数

仅用标准差来衡量项目投资方案的风险具有局限性，标准差虽然可以反映随机变量的离散程度，但由于其是一个绝对值指标，大小与变量及其期望值有关，在对不同方案的风险程度进行比较时，标准差往往不能准确地反映风险程度的差异。因此，引入离散系数来估算方案的相对风险。离散系数就是单位期望值的标准差。其计算公式为：

6.4.1-3
离散系数

$$C = \frac{\sigma}{E(x)} \qquad (6-11)$$

式中　C——离散系数，C 越大，项目的相对风险就越大，反之亦然。

做一做

已知某项目投资方案的净现值与概率见表6-6、表6-7，请计算该方案净现值的期望值。

投资方案净现值与概率（二）　　　　　　　　　　　　表6-7

净现值(万元)	22.7	14.6	35.4	29.5	57.6	48.9
概率	0.1	0.1	0.2	0.3	0.2	0.1

1. 请根据期望值计算公式计算表6-6、表6-7。
2. 请根据标准差计算公式计算表6-6、表6-7。
3. 请根据离散系数计算公式计算表6-6、表6-7。
4. 请你总结一下规律。

6.4.2 概率树分析

概率树也称为决策树，是在各种情况发生的概率已知的前提下，通过构建概率树求得净现值的期望值，进而评价项目风险并判断其可行性的决策分析方法。

决策树是一类常用于决策的定量工具，是决策图的一种。它用树形图来表示决策过程中的各种行动方案、各方案可能发生的状态、它们之间的关系以及进行决策的程序。它是一种辅助的决策工具，可以系统地描述较复杂的决策过程，这种决策方法其思路如树枝形状，所以起名为决策树法，如图6-6所示。

1. 决策点：它是以方框表示的结点。
2. 方案枝：它是由决策点起自左而右画出的若干条直线，每条直线表示一个备选方案。
3. 状态点：在每个方案枝的末端画上一个圆圈"○"并注上代号，叫作状态点。
4. 概率枝：从状态点引出若干条直线叫概率枝，每条直线代表一种自然状态及其可能出现的概率（每条分枝上面注明自然状态及其概率）。

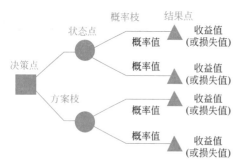

图6-6　决策树法示意

5. 结果点：它是画在概率枝的末端的一个三角结点。

【例 6-8】某工程项目需投资 30 万元，建设期 1 年。据预测，项目寿命期年收入为等值，但有 3 种可能性：投资效果差，每年收入 7 万元；投资效果一般，每年收入 12 万元；投资效果好，每年收入 15 万元。各自发生的概率分别为：投资效果差 0.2、投资效果一般 0.6 和投资效果好 0.2。项目寿命期有可能为 3 年、4 年、5 年或 6 年，发生的概率分别为 0.3、0.2、0.4 和 0.1。假设折现率为 15%。试计算项目 $E_{[NPV(15\%)]}$ 和 $NPV \geqslant 0$ 的累计概率。

【解】：(1) 绘制概率树如图 6-7 所示，计算净现值期望值 $E_{NPV} = 39247$ 元。净现值期望值大于 0，说明该项目期望的盈利水平达到所要求的盈利水平，在经济上是可接受的。

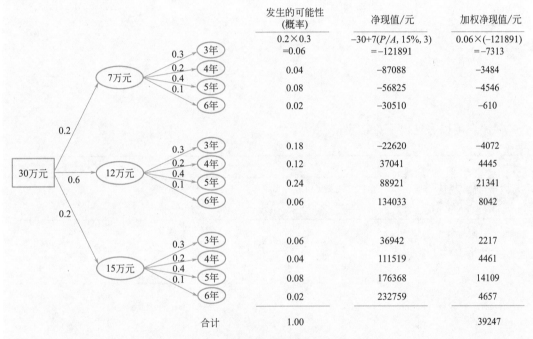

图 6-7　概率树

(2) 根据图 6-7 的数据，将 NPV 数据由小到大进行排列。

NPV 累计概率分析表　　　　　　表 6-8

NPV(元)	发生概率	累计概率	NPV(元)	发生概率	累计概率
−121891	0.06	0.06	37041	0.12	0.56
−87088	0.04	0.10	88921	0.24	0.80
−56825	0.08	0.18	111519	0.04	0.84
−30510	0.02	0.20	134033	0.06	0.90
−22620	0.18	0.38	176368	0.08	0.98
36942	0.06	0.44	232759	0.02	1.00

根据表 6-8，利用插值法，可求出净现值小于 0 的概率：

$$P_{(NPV<0)} = 0.403$$

故，最终净现值 $NPV \geqslant 0$ 的概率为：

$$P_{(NPV \geqslant 0)} = 1 - P_{(NPV<0)} = 1 - 0.403 = 0.597$$

根据计算结果，该项目的净现值虽有 39247 元，但由于 $NPV \geqslant 0$ 的可能性却达不到 60%，风险较大，所以决策者需要仔细权衡。

做一做

请你说一说为什么要进行概率分析。

注：可以参见以下总结表格。

核心内容项目	方法		
	盈亏平衡分析法 （线性与非线性）	敏感性分析法 （单因与多因）	概率分析法 （期望值法）
方法的核心理论			
方法在求什么			
求出的解与风险 判断之间关系			
方法的假设条件			
结论			

建设项目可行性研究

1. 知识目标

能够正确划分可行性研究阶段；

能够熟练列出简单建设项目可行性研究步骤。

2. 能力目标

能够独立完成简单建设项目的可行性研究报告。

3. 素养目标

培养学生对项目研究的思辨能力；

培养学生团队协作能力。

4. 重点难点

重点：正确明确可行性研究的步骤及内容。

难点：综合制定可行性研究报告。

思维导图

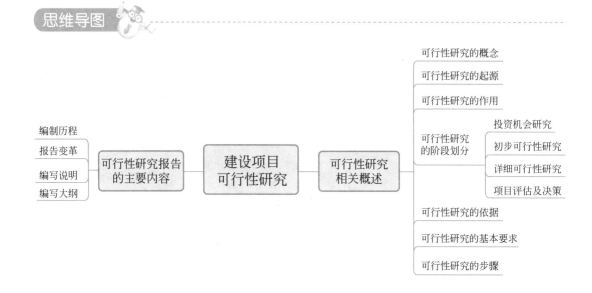

任务 7.1 建设项目可行性研究

课前导学

知识目标	能够说出可行性研究的概念 能够列出可行性研究的作用
能力目标	能够完成可行性报告的目录
素养目标	培养学生对项目研究的思辨能力 培养学生团队协作能力
重点难点	重点:正确理清可行性研究的步骤及内容 难点:综合制定可行性研究报告

7.1.1 可行性研究相关概述

1. 可行性研究的概念

可行性研究是在项目建议书被批准后，对项目在技术上和经济上是否可行所进行的科学分析和论证。

可行性研究是指在调查的基础上，通过市场分析、技术分析、财务分析和国民经济分析，对各种投资项目的技术可行性与经济合理性进行的综合评价。可行性研究的基本任务是对新建或改建项目的主要问题，从技术经济角度进行全面的分析研究，并对其投产后的经济效果进行预测，在既定的范围内进行方案论证的选择，以便最合理地利用资源，达到预定的社会效益和经济效益。

7.1.1-1
可行性研究
的相关概念

可行性研究是建设项目前期的重要工作，目的是实现项目决策的科学化、民主化，减少或避免投资决策的失误，提高项目开发建设的经济、社会和环境效益。

可行性研究的产生具有其历史必然性。建设项目不仅具有投资数额大、投资回收期长的特点，而且存在投资时机的选择性和投资收益的不确定性。如果投资失误，将给投资者、社会乃至整个国民经济造成巨大损失。这就要求产生一种方法和程序，在建设前期能够对建设项目进行全方位的分析论证，可行性研究就这样应运而生了。

2. 可行性研究的起源

可行性研究必须从系统总体出发，对技术、经济、财务、商业以至环境保护、法律等多个方面进行分析和论证，以确定建设项目是否可行，为正确进行投资决策提供科学依据。项目的可行性研究是对多因素、多目标系统进行的不断地分析研究、评价和决策的过程。它需要有各方面知识的专业人才通力合作

7.1.1-2
可行性研究
的起源

才能完成。可行性研究不仅应用于建设项目，还可应用于科学技术和工业发展的各个阶段和各个方面。例如，工业发展规划、新技术的开发、产品更新换代、企业技术改造等工作的前期，都可应用可行性研究。可行性研究自20世纪30年代美国开发田纳西河流域时开始采用以后，已逐步形成一套较为完整的理论、程序和方法。中国从20世纪80年代开始，已将可行性研究列为基本建设中的一项重要程序。

可行性研究理论随着科学技术飞速发展、经济活动日益复杂、竞争日益激烈的背景下得到充实完善和发展，逐步形成一整套科学研究方法。实践证明，开展项目可行性研究可以减少投资损失、提高建设项目的效益、保证投资资金的安全。

3. 可行性研究的作用

（1）可行性研究是建设项目投资决策

工程项目的可行性研究是确定项目是否进行投资决策的依据。由此，可行性研究也就成为投资业主和国家审批机关提供评价结果的主要依据以及确定对此项目是否进行投资和如何进行投资的决策性的文件。目前，很多国家

7.1.1-3
可行性研究
的作用

和地区已开始依据可行性研究结论，预测和判断一个项目技术可行性、产品销路、竞争能力、获益能力，再做出是否投资的决策。

投资、可能获得的效益以及项目可能面临的风险等都要做出结论。对企业投资项目，可行性研究的结论既是企业内部投资决策的依据，同时，对属于《政府核准的投资项目目录》内、须经政府投资主管部门核准的投资项目，可行性研究又可以作为编制申请报告的依据。对于政府投资的项目，可行性研究的结论是政府投资主管部门审批决策的依据。

（2）编制设计任务书的依据

按照项目建设程序，一般只有在可行性研究报告完成后，才能进行初步设计（或基础设计）。初步设计文件（或基础设计）应在可行性研究的基础上，根据审定的可行性研究报告进行编制。

（3）可行性研究是项目建设单位筹集资金的重要依据

批准的可行性研究是项目建设单位筹措资金特别是向银行申请贷款或向国家申请补助资金的重要依据，也是其他投资者的合资理由根据。凡是应向银行贷款或申请国家补助资金的项目，必须向有关部门报送项目的可行性研究。银行或国家有关部门经审查认定后，才可进行贷款或进行资金补助。可行性研究是向银行申请贷款的先决条件。凡贷款投资某项目，必须向贷款行提送项目的可行性研究报告。银行通过审查项目可行性研究报告，确认了项目的效益水平、偿还能力、风险水平才能同意贷款。

（4）可行性研究是建设单位与各有关部门签订各种协议和合同的依据

拟建项目中原材料、燃料、动力、协作销售等很多方面都需要与有关部门协商，在签订合同或者协议时候都需要可行性研究作为依据。

（5）可行性研究是建设项目进行工程设计、施工、设备购置的重要依据

按照建设程序，建设项目必须严格按照已经批准的可行性研究报告内容包括已经确定的建设规模、产品方案、工程地址、建设标准进行设计，不得随意更改变换。

（6）可行性研究是向当地政府、规划部门和环境保护部门申请有关建设许可文件的依据

可行性研究报告经过批准，项目也就确定。必须对环境影响进行评价，审查环保方案也是审查可行性研究报告的内容之一。

（7）可行性研究是国家各级计划综合部门对固定资产投资实行调控管理、编制发展计划、固定资产投资、技术改造投资的重要依据。

（8）可行性研究是项目考核和后评估的重要依据

可行性研究是确定建设项目前具有决定性意义的工作，是在投资决策之前，对拟建项目进行全面技术经济分析的科学论证，在投资管理中，可行性研究是指对拟建项目有关的自然、社会、经济、技术等进行调研、分析比较以及预测建成后的社会经济效益。在此基础上，综合论证项目建设的必要性、财务的盈利性、经济上的合理性、技术上的先进性和适应性以及建设条件的可能性和可行性，从而为投资决策提供科学依据。

可行性研究报告分为政府审批核准用可行性研究报告和融资用可行性研究报告。审批核准用的可行性研究报告侧重关注项目的社会经济效益和影响；融资用的可行性研究报告侧重关注项目在经济上是否可行。具体概括为：政府立项审批、产业扶持、银行贷款、融资投资、投资建设、境外投资、上市融资、中外合作、股份合作、组建公司、征用土地、申请高新技术企业等各类可行性报告。

4. 可行性研究的阶段划分

7.1.1-4
可行性研究
的阶段划分

一个建设项目从设想、施工到竣工投产的全过程分为三个时期，即决策阶段、实施阶段和运营阶段，如图 7-1 所示。每个时期又可分为若干阶段，其中项目评估及决策和竣工验收是以上三个时期的分界线。可行性研究是决策阶段的最重要内容，是后续工作的前提和基础。

投资项目的可行性研究分为四个阶段：投资机会研究、初步可行性研究、详细可行性研究和项目评估及决策。

可行性研究的四个阶段不是机械执行的，要根据建设项目的规模、性质、要求和复杂程度的不同有所侧重，可进行适当调整和精简。如对小型项目，就可不必经过投资机会研究阶段，直接进行可行性研究。

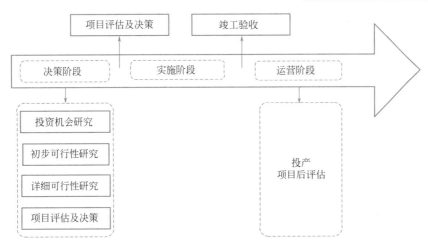

图 7-1　建设项目阶段划分示意

（1）投资机会研究阶段

投资机会研究也称投资鉴定，即为寻求最佳投资机会而进行的准备性调查活动。投资机会研究的目的是发现有价值的投资机会。其主要任务是提出建设项目投资方向的建议，即在一个确定的地区和部门，根据对自然资源和对市场需求的调查、预测以及国内工业政策和国际贸易联系等情况，选择建设项目，寻求最有利的投资机会。

机会研究的依据是国家的中、长期计划和发展规划。其主要内容是：地区情况、经济政策、资源条件、劳动力状况、社会条件、地理环境、国内外市场情况以及工程项目建成后对社会的影响等。投资机会研究可分为一般机会研究和具体机会研究。

一般机会研究又可划分为三种：一是地区研究，旨在通过研究某一地区自然地理状况及该地区在国民经济体系中的地位和自身的优势、劣势而寻求投资机会；二是部门或行业研究，旨在分析某部门或行业由于技术进步、国内外市场变化而出现的新的发展和投资机会；三是以资源为基础的研究，旨在分析由于自然资源开发和综合利用而出现的投资机会。

由于这个阶段仅是提出投资方向和建议，因此往往比较粗略，对投资额的估算精度误差在±30%之内，研究时间为 1～3 个月，研究所需费用占总投资的 0.2%～1%，研究结果不能直接用于决策。

（2）初步可行性研究阶段

初步可行性研究也称预可行性研究，是指在投资机会研究的基础上对项目可行与否所做的较为详细的分析论证。是根据国民经济和社会发展长期规划、行业规划和地区规划以及国家产业政策。经过调查研究、市场预测，从宏观上分析论证项目建设的必要性和可能性。初步可行性研究是介于投资机会研究与详细可行性研究之间的一个中间阶段，起着承上启下的作用，它对于大型复杂项目而言是不可缺少的阶段。一般来讲，进行深入的可行性研究需要收集大量的基础资料，花费较长的时间，支出较多的费用，因此，在此之前进行项目初步可行性研究是十分必要和科学的。但对于小型项目或者简单的技术改造项目，初步可行性研究阶段不是必需的阶段，这类项目在选定投资机会后可直接进行可行性研究。

初步可行性研究的主要任务是弄清在机会研究阶段提出的项目设想能否成立，主要有以下几个方面：

1）拟建项目是否确有投资的吸引力。

2）是否具有通过可行性研究在详细分析、研究后做出投资决策的可能。

3）确定是否应该进行下一步的市场调查、各种试验辅助研究和详细可行性研究等工作。

4）是否值得进行工程水文、地质勘查等代价高的下一步工作。

初步可行性研究与继续深入的详细可行性研究相比，除研究的深度与准确度有差异外，其内容大致是相同的。初步可行性研究得出的投资额和生产（或经营）成本误差一般要求控制在 20% 以内，而研究费用一般约占总投资额的 0.25%～1.25%，时间一般为 4～6 月，初步可行性研究的成果性文件是初步可行性研究报告或项目建议书。对于企业投资项目，政府不再审批项目建议书，初步可行性研究仅作为企业内部决策层进行项目投资策划、决策的依据。而对于政府投资项目。仍需按照基本建设程序要求审批项目建议书，此类项目往往是在完成初步可行性研究报告的基础上形成或代替项目建议书。项目建议书批准后，方可进行可行性研究工作，但并不表明项目非上不可，批准的项目建议书不是项目的最终决策。

（3）详细可行性研究阶段

详细可行性研究也称最终可行性研究，属于深入的可行性研究，是投资决策的重要阶段。它是经过技术上的先进性、经济上的合理性和财务上的营利性论证之后，对工程项目做出投资的结论。因此，它必须对市场、生产纲领、厂址、工艺过程、设备选型、土木建筑以及管理机构等各种可能的选择方案进行深入的研究，才能寻得以最少的投入获取最大效益的方案。在该阶段，要全面分析项目的组成部分和可能遇到的各种问题，并最终形成可行性研究的书面成果——可行性研究报告。详细可行性研究得出的投资额和生产（或经营）成本误差一般要求控制在 10% 以内，而研究费用一般占总投资额的 1.0%～3.0%（小型项目）或 0.2%～1.0%（大型项目），时间一般为 8～12 个月或更长。

此外，对某些特定的大型复杂项目，还要进行辅助研究。辅助研究也称功能研究，是指对项目某一个或几个方面的关键问题进行的专门研究。辅助研究并不是一个独立的阶段，而是作为初步可行性研究和详细可行性研究的一部分。辅助研究一般包括：产品市场研究、原材料和其他投入物研究、试验室和中间试验研究、厂址选择研究、规模经济研究、设备选择研究等。

（4）项目评估及决策

这一阶段的工作一般由投资决策部门组织或授权专业银行、工程咨询公司，代表国家对上报的项目可行性研究报告进行全面审核和再评价。其任务是审核、分析、判断可行性研究报告的可靠性和真实性，提出项目评估报告，为决策者提供最后的决策依据。此阶段的工作内容主要是项目的必要性评价、可能性评价、技术评价、经济评价、综合评价并编写评估报告。该阶段投资及成本估算精度偏差在 ±10% 以内，要求从全局利益出发，客观、公正、可靠地评价拟建项目，可行性研究各阶段的要求如图 7-2 所示。

5. 可行性研究的依据

（1）项目建议书。对于政府投资项目还需要项目建议书的批复文件。

7.1.1-5
可行性研究
的依据

（2）国家和地方的经济和社会发展规划、行业部门的发展规划。如江河流域开发治理规划、铁路公路路网规划、电力电网规划、森林开发规划以及企业发展战略规划等。

（3）有关法律、法规和政策。

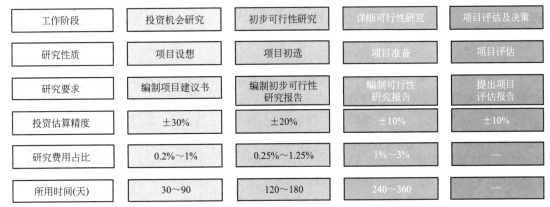

工作阶段	投资机会研究	初步可行性研究	详细可行性研究	项目评估及决策
研究性质	项目设想	项目初选	项目准备	项目评估
研究要求	编制项目建议书	编制初步可行性研究报告	编制可行性研究报告	提出项目评估报告
投资估算精度	±30%	±20%	±10%	±10%
研究费用占比	0.2%~1%	0.25%~1.25%	1%~3%	—
所用时间(天)	30~90	120~180	240~360	—

图 7-2　可行性研究各阶段要求

（4）有关机构发布的工程建设方面的标准、规范、定额。

（5）拟建场（厂）址的自然、经济、社会概况等基础资料。

（6）合资、合作项目各方签订的协议书或意向书。

（7）与拟建项目有关的各种市场信息资料或社会公众要求等。

（8）有关专题研究报告，如：市场研究、竞争力分析、场（厂）址比选、风险分析等。

6. 可行性研究的基本要求

（1）预见性。可行性研究不仅应对历史、现状资料进行研究和分析，更重要的是应对未来的市场需求、投资效益或效果进行预测和估算。

7.1.1-6
可行性研究的基本要求

（2）客观公正性。可行性研究必须坚持实事求是，在调查研究的基础上，按照客观情况进行论证和评价。

（3）可靠性。可行性研究应认真研究确定项目的技术经济措施，以保证项目的可靠性，同时也应否定不可行的项目或方案，以避免投资损失。

（4）科学性。可行性研究必须应用现代科学技术手段进行市场预测、方案比选与优化等，运用科学的评价指标体系和方法来分析评价项目的财务效益、经济效益和社会影响等，为项目决策提供科学依据。

（5）合规性。可行性研究必须符合相关法律、法规和政策。必须重视生态文明、环境保护和安全生产。充分考虑与建设和谐社会和美丽生活相适应。

7. 可行性研究的步骤

（1）第一阶段：准备工作

1）收集资料。包括项目的要求，项目已经完成的研究成果，市场、厂址、原料、能源、运输、维修、共用设施、环境、劳动力来源、资金来源、税务、设备材料价格、物价上涨率等有关资料。

7.1.1-7
可行性研究的步骤

2）现场考察。考察所有可利用的厂址、废料堆场和水源状况，与项目技术人员初步商讨设计资料、设计原则和工艺技术方案。

3）数据评估。认真检查所有数据及其来源，分析项目潜在的致命缺陷和设计难点，审查并确认可以提高效率、降低成本的工艺技术方案。

4）初步报告。扼要总结初期工作，列出所收集的设计基础资料，分析项目潜在的致命缺陷，确定参与方案比较的工艺方案。

完成初步报告，在项目确认后进行第二阶段的研究工作。如认为项目确实存在不可逆转的致命缺陷，则可及时终止研究工作。

（2）第二阶段：可选方案评价

1）制定设计原则。以现有资料为基础来确定设计原则，该原则必须满足技术方案和产量的要求，当进一步获得资料后，可对原则进行补充和修订。

2）技术方案比较。对选择的各专业工艺技术方案从技术上和经济上进行比较，提出最后的入选方案。

3）初步估算基建投资和生产成本。为确定初步的工程现金流量，将对基建投资和生产成本进行初步估算，通过比较，可以判定规模经济及分段生产效果。

4）中期报告。确定项目的组成，对可选方案进行技术经济比较，提出推荐方案。完成中期报告，在得到确认后进行第三阶段的研究工作。如对推荐方案有疑义，则可对方案比较进行补充和修改；如认为项目规模经济确实较差，则可及时终止研究工作。

（3）第三阶段：推荐方案研究

1）具体问题研究。对推荐方案的具体问题作进一步的分析研究，包括工艺流程、物料平衡、生产进度计划、设备选型等。

2）基建投资及生产成本估算。估算项目所需的总投资，确定投资逐年分配计划，合理确定筹资方案；确定成本估算的原则和计算条件，进行成本计算和分析。

3）技术经济评价。分析确定产品售价，进行财务评价，包括技术经济指标计算、清偿能力分析和不确定性分析，进而进行国家收益分析和社会效益评价。

4）最终报告。根据本阶段研究结论，按照可行性研究内容和深度的规定编制可行性研究最终报告。完成最终报告，研究工作即告结束。如对最终报告有疑义，则可进一步对最终报告进行补充和修改。

（4）第四阶段：审批阶段

项目可行性研究报告的编制完成后，根据主管部门的相关程序完成审批工作。

7.1.2　可行性研究报告的主要内容

课前导学

知识目标	能够列出可行性报告的内容 能够依据可行性研究范例设计可行性报告
能力目标	能够协作完成自身建设项目的可行性研究报告
素养目标	培养学生对项目研究的思辨能力 培养学生团队协作能力
重点难点	重点：正确理清可行性研究的步骤及内容 难点：综合制定可行性研究报告

1. 可行性研究报告的编制历程

2002 年 1 月，国家计划委员会发布关于出版《投资项目可行性研究指南（试用版）》的通知（以下简称《可研指南》），同意出版发行《可研指南》。《可研指南》系统总结了我国改革开放第一个 20 年可行性研究工作的经验教训，成为我国第一个在国家层面上用以指导投资项目可行性研究工作的规范性文本，标志着投资项目可行性研究进入规范化管理阶段。

自《可研指南》发布的 20 多年来，我国投融资体制和项目管理制度发生了深刻变化。因此，2023 年 3 月，国家发展和改革委员会印发了新的文件——《国家发展改革委关于印发投资项目可行性研究报告编写大纲及说明的通知》（发改投资规〔2023〕304 号）（以下简称《可研大纲》），《可研大纲》的研究起草工作系统总结了《可研指南》试用 20 年积累的经验，适应了投融资体制改革和行政审批制度改革等要求，并立足新发展阶段，贯彻新发展理念。

《可研大纲》共包含了三部分的资料：《政府投资项目可行性研究报告编写通用大纲（2023 年版）》《企业投资项目可行性研究报告编写参考大纲（2023 年版）》《关于投资项目可行性研究报告编写大纲的说明（2023 年版）》。

7.1.2
政府投资项目可行性研究报告编写通用大纲与企业大纲编写解读与区别

2. 可行性研究报告的变革

《可研大纲》是投资项目可行性论证的重大飞跃，对于我国新时代投资项目科学决策、推动实现高质量投资具有里程碑意义，标志着我国投资项目可行性研究工作将迈入高质量论证的新阶段。

与 2002 年的《可研指南》相比，《可研大纲》在发展理念、项目管理、内容安排、编写思路、影响范围等方面均有显著变化，突出表现在五个方面的重大变革。

（1）推动高质量发展新理念。2002 年发布的《可研指南》是在中国加入世贸组织的基础上，顺应新世纪所体现的开放、竞争和经济一体化的发展趋势，适应当时投资规模快速扩张和加强可行性研究工作的客观需要。2023 年发布的《可研大纲》，则立足新发展阶段，强调贯彻新发展理念，坚持以人民为中心的发展思想，关注绿色发展、自主创新、共同富裕、国家安全、风险管理等理念以及投资建设数字化转型等要求，并充分汲取联合国可持续发展目标（SDGs）、世界银行有关环境社会影响评价（ESIA）分析框架，以及环境、社会和治理（ESG）等理念，补充完善可行性研究相关内容，以促进实现高质量发展。

（2）适应投融资体制改革新要求。《可研指南》诞生于传统的项目审批制度条件下，对投资项目可行性研究报告的内容和格式提出了适应当时制度环境的规范性要求。2004 年发布的《国务院关于投资体制改革的决定》确立了投资项目"审批、核准和备案"分类管理要求，2016 年和 2019 年国务院先后发布关于政府投资审批和企业投资核准备案管理条例。《可研大纲》充分考虑了投融资体制深化改革的新情况，坚持政府投资项目与企业投资项目分类管理，明确不同投资主体编写项目可行性研究报告的特殊要求。例如，在政府投资项目债务清偿能力分析中，要求关注项目是否增加当地政府财政支出负担、引发地方政府隐性债务风险等情况。

（3）采用"三大目标、七个维度"结构化分析框架。2002 年发布的《可研指南》对项目可行性研究报告篇章结构和内容深度的规范要求，更多地体现了工业项目的技术经济特点。新发布的《可研大纲》通过"三大目标、七个维度"结构化分析框架，形成了可行性研究报告编写的基本逻辑框架，区分了政府投资项目和企业投资项目的差异化需要，但并没有对可行性研究报告的具体章节安排进行简单划一的硬性约束规定，这将有利于推动可行性研究工作从重视格式化文本的报告编写到重视专业性论证的内容转变。

（4）重视可行性研究系统化方案优化。可行性研究是对投资项目进行系统性论证的专业工作。《可研大纲》强调投资项目的可行性研究工作应超越部门利益，坚持独立、客观的专业化要求，将各类专项评价纳入可行性研究体系进行统筹论证，从战略、经济、环境、社会、财务、商业和管理等层面进行多目标分析，通过多方案比选和优化，论证项目建设必要性、方案可行性及风险可控性。

（5）立足前期研究指引项目全生命周期专业化管理。投资决策是项目全生命周期的起点，投资决策正确与否，对项目成败有着直接的决定性影响。《可研大纲》突破传统的"工程建设可行性研究"的视野范畴，强调从投资-建设-运营一体化的视角，统筹项目的需求、要素、影响和风险，将可行性研究报告作为项目投资主体内部决策、政府审批和核准及备案、银行审贷、投资合作、工程设计、项目实施、竣工验收，以及项目后评价等工作的基本依据，为全过程工程咨询提供指引，为项目全生命周期风险管控奠定基础。

3. 项目可行性研究报告的主要内容及编写说明

（一）概述

拟建项目和项目单位基本情况是项目决策机构掌握项目全貌、决定是否建设的前提和基础，也是投资项目可行性研究报告的重要内容。

"项目概况"是对拟建项目的建设地点、建设内容和规模、总体布局、主要产出、总投资和资金来源、主要技术经济指标等内容的阐述，为项目决策机构对拟建项目的相关事项开展分析评价奠定基础。

"项目单位（企业）概况"是对项目单位基本信息的阐述，为项目决策机构分析判断项目单位是否具备承担拟建项目的能力、国有控股企业是否聚焦主责主业等提供依据。拟新组建项目法人的，提出项目法人组建方案。政府资本金注入项目还需简述项目法人基本信息、投资人（或者股东）构成及政府出资人代表等情况。

"编制依据"主要说明拟建项目取得相关前置性审批要件、主要标准规范及专题研究成果等情况，为相关研究评价和数据提供来源和支撑。

"主要结论和建议"简述可行性研究的主要结论和建议，必要时可进行列表展示。

（二）项目建设背景和必要性

"项目建设背景"主要简述项目提出背景、前期工作进展等情况，便于项目决策机构掌握项目来源、工作基础和需要解决的重要问题等。说明项目投资管理手续办理情况，如建设项目用地预审与选址意见书、环境影响评价、排污许可、文物保护、矿产压覆、水土保持、地震安全性评价等行政审批手续，以及相关手续取得的保障条件。

"规划政策符合性"应体现经济社会发展战略和规划，从扩大内需、共同富裕、乡村振兴、科技创新、节能减排、碳达峰碳中和、国家安全、基本公共服务保障等重大政策目标层面进行分析，研究提出项目建设的必要性，评价项目与战略目标、政策要求的一致性。

"项目建设必要性"主要从宏观、中观和微观层面展开分析，研究项目建设的理由和依据。对于主要满足社会公共需求的非经营性项目，应进行社会需求研究，通过对项目的产出品、投入品或服务的社会容量、供应结构和数量等进行分析，为确定项目的目标受益群体、建设规模和服务方案提供依据。

（三）项目需求分析与产出方案

"需求分析"要根据经济社会发展规划、国家和地方标准规范以及项目自身特点，通过文案资料、现场调研、数字化技术等方法，分析需求现状和未来预期等情况，研究提出拟建项目近期和远期目标、产品或服务的需求总量及结构，为研究确定项目建设内容和规模提供支撑。对于重大项目，应立足于构建以国内大循环为主体、国内国际双循环相互促进的新发展格局，研究两个市场、两种资源，促进畅通循环，论证产业链供应链的韧性和安全性。企业投资项目以满足市场需求为导向，应结合"企业发展战略需求分析"，更多从"项目市场需求分析"、市场竞争力等角度研究论证项目建设的必要性。

"项目建设内容和规模""产出方案"在需求分析基础上，阐述拟建项目总体目标及分阶段目标，提出拟建项目建设内容和规模，明确项目产品方案或服务方案及其质量要求，并评价项目建设内容、规模以及产品方案的合理性。企业投资项目还要研究"项目商业模式"，分析拟建项目收入来源和结构，判断项目是否具有充分的商业可行性和金融机构等相关方的可接受性，并研究项目综合开发等模式创新路径及可行性。

（四）项目选址与要素保障

"项目选址或选线"应坚持国土空间"唯一性"要求，从规划条件、技术条件、经济条件和资源节约集约利用等方面，以国土空间规划和用途管制规则为基本依据，基于国土空间规划"一张图"，将耕地和永久基本农田保护、生态红线保护、节约集约利用土地作为方案比选核心要素，对拟定的备选场址方案或线路方案进行比较和择优。选址方案研究应鼓励公众参与，充分考虑不同影响和风险因素的早期筛查判断和初步分析成果，并结合利益相关方的诉求或建议反馈，完善和优化选址选线方案。

"项目建设条件"主要分析拟建项目所在地的自然环境、交通运输、公用工程等支撑项目建设的外部因素。

"要素保障分析"包括土地要素保障，以及水资源、能耗、碳排放强度和污染减排指标控制要求及保障能力等。对于新占用土地的投资项目，应当明确拟建项目场址或选线的土地权属、供地方式、土地利用状况、矿产压覆、占用耕地和永久基本农田、涉及生态保护红线、地质灾害危险性评估等情况。对于涉及新增占用耕地的项目，应明确耕地占补平衡落实方案。对于涉及耕地、永久基本农田、生态保护红线的项目，开展节约集约用地研究，评价土地资源节约集约利用水平。根据"要素跟着项目走"原则，重大项目应根据法规政策要求，提出要素予以特别保障的方案。企业投资项目应鼓励市场化配置资源，重点分析项目亟需的用地、用能、碳排放等要素的可得性。

（五）项目建设方案

项目建设方案主要从工程技术方案及工程实体建设的角度研究工程可行性，在绿色低碳、节约集约、智慧创新、安全韧性等方面加强比选。为有序推进项目实施，建设方案要对项目组织实施、工期安排、招标方案等进行分析，明确"建设管理方案"，并根据项目实际情况研究提出"数字化方案"，促进投资建设全过程数字化应用。同时，要对项目

"技术方案""设备方案""工程方案"的合理性、先进性、适用性、自主性、可靠性、安全性、经济性等进行多方案比选，研究工程技术方案的可行性。根据生态文明建设、推进绿色发展、全面节约资源等要求，"工程方案"应重视节约集约用地、绿色建材、绿色建筑、超低能耗建筑、装配式建筑、生态修复等绿色及韧性工程相关内容。

"用地用海征收补偿（安置）方案"应根据有关法律法规政策规定，对于投资项目涉及土地征收或用海海域征收的，明确征收范围、土地现状、征收目的、补偿方式和标准、安置对象、安置方式、社会保障、补偿（安置）费用等内容。其中，土地征收涉及补偿和安置等内容，用海征收一般只涉及补偿，不涉及安置。项目土地征收需要采取集中安置的，应提出集中安置点规划设计方案。项目采取过渡安置方式的，应明确过渡期限等，并分析其合理性。项目用地征收补偿（安置）方案应保证被征地农民原有生活水平不降低、长远生计有保障。

（六）项目运营方案

可行性研究要改变"重建设、轻运营"的做法，强调项目全生命周期的方案优化和系统性论证，既要重视工程建设方案可行性研究，也要重视项目建成后的运营方案可行性研究。同时，还要结合项目的工程技术特点，遵循有关部门颁布的各类运营管理标准（包括强制性标准和参考性标准等），确保满足产品或服务质量、安全标准等要求。

运营方案要重视研究"运营模式选择"和创新。政府投资项目要评价市场化运营的可行性和利益相关方的可接受性，企业投资项目要确定"生产经营方案"，突出运营有效性。项目运营需要研究"运营组织方案"，并制定项目全生命周期关键绩效指标和绩效管理机制，提出项目主要投入产出效率、直接效果、外部影响和可持续性等绩效管理要求，即"绩效管理方案"。

项目运营要牢固树立安全发展理念，提出"安全保障方案"，明确安全生产责任和应急管理要求，强化运营单位主体责任，落实政府监管要求。

（七）项目投融资与财务方案

项目投融资与财务方案是在明确项目产出方案、建设方案和运营方案的基础上，研究项目投资需求和融资方案，计算有关财务评价指标，评价项目盈利能力、偿债能力和财务持续能力，据以判断拟建项目的财务合理性，分析项目对不同主体的价值贡献，为项目投资决策、融资决策和财务管理提供依据。

可行性研究阶段对项目"投资估算"的准确度要求在±10％以内，以切实提高投资估算的精度，为项目全过程投资控制提供依据。政府投资项目的投资估算应依据国家颁布的投资估算编制办法和指标进行编制。投资估算要充分考虑项目周期内有关影响和风险管理的费用安排，如环境保护与治理、社会风险防范与管控、节能与减碳、安全与卫生健康等相关建设投入和费用支出等。

对于政府资本金注入项目和企业投资项目，"盈利能力分析"是项目财务方案的重要内容。项目"融资方案"是在对项目自身盈利能力进行分析的基础上，研究项目的可融资性，以及采用政策性开发性金融工具、发行产业基金、权益型金融工具、专项债等融资方式的可行性。债务融资的投资项目要重视评价债务清偿能力；如果项目经营期出现经营净现金流量不足，还应研究提出资金接续方案，重点评价项目财务可持续性。

项目"盈利能力分析"重点是现金流分析，通过相关财务报表计算财务内部收益率、财务净现值等指标，判断投资项目盈利能力。财务收入是构成投资项目财务现金流入的主要来源；成本费用是项目产品定价的基础，也是项目财务现金流出的主要构成。对于没有营业收入的非经营性项目，可不进行盈利能力分析，主要开展项目建设和运营阶段资金平衡分析，提出开源节流措施。如果营业收入不足以覆盖项目成本费用，应研究提出可行性缺口补助方案。

为了适应投资项目融资主体多元化、融资渠道多样化、融资方式复杂化的变化，项目"融资方案"研究需要强化对融资结构、融资成本和融资风险等的分析。政府投资项目要从公共财政角度分析论证财政资金支持的必要性、支持途径和方式，以及资金筹措替代方案等，关注如何更好发挥政府作用。企业投资项目要关注项目业主、出资人、股东合法权益和价值实现，从财务管理的角度设计合理的投资模式和融资方案，评价项目的可融资性。综合性开发项目需要关注项目潜在综合收益，拓展项目市场化发展空间。基础设施项目应根据需要，研究项目建成后采取基础设施领域不动产投资信托基金（REITs）等方式盘活存量资产、实现项目投资回收的路径。

"债务清偿能力分析"是论证项目计算期内是否有足够的现金流量，按照债务偿还期限、还本付息方式偿还项目的债务资金，从而判断项目支付利息、偿还到期债务的能力。政府投资或付费类项目还要分析评价当地财政可负担性和是否可能引发隐性债务等情况。

"财务可持续性分析"是根据财务计划现金流量表，综合考察项目计算期内各年度的投资活动、融资活动和经营活动所产生的各项现金流入和流出，计算净现金流量和累计盈余资金，判断项目是否有足够的净现金流量维持项目的正常运营。

（八）项目影响效果分析

可行性研究报告应重视经济社会、资源环境等外部影响效果的评价，并注意与节能评价、环境影响评价等专项评价的结果相衔接。

"经济影响分析"是从经济资源优化配置的角度，利用经济费用效益分析或经济费用效果分析等方法，评价项目投资的真实经济价值，判断项目投资的经济合理性，从而确保项目取得合理的经济影响效果。重大投资项目还要分析其对宏观经济、区域经济和产业经济的影响。

"社会影响分析"主要从项目可能产生的社会影响、社会效益和社会接受性等方面，研究项目对当地产生的各种社会影响，评价项目在促进个人发展、社区发展和社会发展等方面的社会责任，并提出减缓负面社会影响的措施和方案。

"生态环境影响分析"是从推动绿色发展、促进人与自然和谐共生的角度，分析拟建项目所在地的生态环境现状，评价项目在污染物排放、生态保护、生物多样性和环境敏感区等方面的影响。

"资源和能源利用效果分析"是从实施全面节约战略、发展循环经济等角度，分析论证除了项目用地（海）之外的各类资源节约集约利用的合理性和有效性，提出关键资源保障和供应链安全等方面的措施，评价项目能效水平以及对当地能耗调控的影响。

"碳达峰碳中和分析"通过估算项目建设和运营期间的年度碳排放总量和强度，评价项目碳排放水平，以及与当地"双碳"目标的符合性，提出生态环境保护、碳排放控制措施。

此外，根据项目特点和实际需要，还可以开展安全影响效果论证，更好统筹发展和安全，提升供应链韧性和安全水平，实现经济效益、社会效益、生态效益和安全效益相统一。

（九）项目风险管控方案

可行性研究应重视风险管控，确保有效规避项目全生命周期风险。"风险识别与评价"主要是识别项目存在的各种潜在风险因素，包括市场需求、要素保障、关键技术、供应链、融资环境、建设运营、财务盈利性、生态环境、经济社会等领域的风险，并分析评价风险发生的可能性及其危害程度，提出规避重大和较大风险的对策措施及应急预案，即"风险管控方案"和"风险应急预案"，建立健全投资项目风险管控机制。

重大项目应当对社会稳定风险进行调查分析，征询相关群众意见，查找并列出风险点、风险发生的可能性及影响程度，提出防范和化解风险的方案措施，提出采取相关措施后的社会稳定风险等级建议。可能引发"邻避"问题的，应提出综合管控方案。要通过深入分析评价，论证相关风险管控方案能否将项目各种风险均降低到可接受的状态。

4. 可行性研究编写通用大纲

（1）政府项目

建议使用《政府投资项目可行性研究报告编写通用大纲（2023年版）》。

一、概述

（一）项目概况

项目全称及简称。概述项目建设目标和任务、建设地点、建设内容和规模（含主要产出）、建设工期、投资规模和资金来源、建设模式、主要技术经济指标、绩效目标等。

（二）项目单位概况

简述项目单位基本情况。拟新组建项目法人的，简述项目法人组建方案。对于政府资本金注入项目，简述项目法人基本信息、投资人（或者股东）构成及政府出资人代表等情况。

（三）编制依据

概述项目建议书（或项目建设规划）及其批复文件、国家和地方有关支持性规划、产业政策和行业准入条件、主要标准规范、专题研究成果，以及其他依据。

（四）主要结论和建议

简述项目可行性研究的主要结论和建议。

二、项目建设背景和必要性

（一）项目建设背景

简述项目立项背景，项目用地预审和规划选址等行政审批手续办理和其他前期工作进展。

（二）规划政策符合性

阐述项目与经济社会发展规划、区域规划、专项规划、国土空间规划等重大规划的衔接性，与扩大内需、共同富裕、乡村振兴、科技创新、节能减排、碳达峰碳中和、国家安全和应急管理等重大政策目标的符合性。

（三）项目建设必要性

从重大战略和规划、产业政策、经济社会发展、项目单位履职尽责等层面，综合论证项目建设的必要性和建设时机的适当性。

三、项目需求分析与产出方案

（一）需求分析

在调查项目所涉产品或服务需求现状的基础上，分析产品或服务的可接受性或市场需求潜力，研究提出拟建项目功能定位、近期和远期目标、产品或服务的需求总量及结构。

（二）建设内容和规模

结合项目建设目标和功能定位等，论证拟建项目的总体布局、主要建设内容及规模，确定建设标准。大型、复杂及分期建设项目应根据项目整体规划、资源利用条件及近远期需求预测，明确项目近远期建设规模、分阶段建设目标和建设进度安排，并说明预留发展空间及其合理性、预留条件对远期规模的影响等。

（三）项目产出方案

研究提出拟建项目正常运营年份应达到的生产或服务能力及其质量标准要求，并评价项目建设内容、规模以及产出的合理性。

四、项目选址与要素保障

（一）项目选址或选线

通过多方案比较，选择项目最佳或合理的场址或线路方案，明确拟建项目场址或线路的土地权属、供地方式、土地利用状况、矿产压覆、占用耕地和永久基本农田、涉及生态保护红线、地质灾害危险性评估等情况。备选场址方案或线路方案比选要综合考虑规划、技术、经济、社会等条件。

（二）项目建设条件

分析拟建项目所在区域的自然环境、交通运输、公用工程等建设条件。其中，自然环境条件包括地形地貌、气象、水文、泥沙、地质、地震、防洪等；交通运输条件包括铁路、公路、港口、机场、管道等；公用工程条件包括周边市政道路、水、电、气、热、消防和通信等。阐述施工条件、生活配套设施和公共服务依托条件等。改扩建工程要分析现有设施条件的容量和能力，提出设施改扩建和利用方案。

（三）要素保障分析

土地要素保障。分析拟建项目相关的国土空间规划、土地利用年度计划、建设用地控制指标等土地要素保障条件，开展节约集约用地论证分析，评价用地规模和功能分区的合理性、节地水平的先进性。说明拟建项目用地总体情况，包括地上（下）物情况等；涉及耕地、园地、林地、草地等农用地转为建设用地的，说明农用地转用指标的落实、转用审批手续办理安排及耕地占补平衡的落实情况；涉及占用永久基本农田的，说明永久基本农田占用补划情况；如果项目涉及用海用岛，应明确用海用岛的方式、具体位置和规模等内容。

资源环境要素保障。分析拟建项目水资源、能源、大气环境、生态等承载能力及其保障条件，以及取水总量、能耗、碳排放强度和污染减排指标控制要求等，说明是否存在环境敏感区和环境制约因素。对于涉及用海的项目，应分析利用港口岸线资源、航道资源的基本情况及其保障条件；对于需围填海的项目，应分析围填海基本情况及其保障条件。对于重大投资项目，应列示规划、用地、用水、用能、环境以及可能涉及的用海、用岛等要素保障指标，并综合分析提出要素保障方案。

五、项目建设方案

（一）技术方案

通过技术比较提出项目预期达到的技术目标、技术来源及其实现路径，确定核心技术方案和核心技术指标。简述推荐技术路线的理由。对于专利或关键核心技术，需要分析其取得方式的可靠性、知识产权保护、技术标准和自主可控性等。

（二）设备方案

通过设备比选提出所需主要设备（含软件）的规格、数量、性能参数、来源和价格，论述设备（含软件）与技术的匹配性和可靠性、设备（含软件）对工程方案的设计技术需求，提出关键设备和软件推荐方案及自主知识产权情况。对于关键设备，进行单台技术经济论证，说明设备调研情况；对于非标设备，说明设备原理和组成。对于改扩建项目，分析现有设备利用或改造情况。涉及超限设备的，研究提出相应的运输方案，特殊设备提出安装要求。

（三）工程方案

通过方案比选提出工程建设标准、工程总体布置、主要建（构）筑物和系统设计方案、外部运输方案、公用工程方案及其他配套设施方案。工程方案要充分考虑土地利用、地上地下空间综合利用、人民防空工程、抗震设防、防洪减灾、消防应急等要求，以及绿色和韧性工程相关内容，并结合项目所属行业特点，细化工程方案有关内容和要求。涉及分期建设的项目，需要阐述分期建设方案；涉及重大技术问题的，还应阐述需要开展的专题论证工作。

（四）用地用海征收补偿（安置）方案

涉及土地征收或用海海域征收的项目，应根据有关法律法规政策规定，提出征收补偿（安置）方案。土地征收补偿（安置）方案应当包括征收范围、土地现状、征收目的、补偿方式和标准、安置对象、安置方式、社会保障、补偿（安置）费用等内容。用海用岛涉及利益相关者的，应根据有关法律法规政策规定等，确定利益相关者协调方案。

（五）数字化方案

对于具备条件的项目，研究提出拟建项目数字化应用方案，包括技术、设备、工程、建设管理和运维、网络与数据安全保障等方面，提出以数字化交付为目的，实现设计-施工-运维全过程数字化应用方案。

（六）建设管理方案

提出项目建设组织模式和机构设置，制定质量、安全管理方案和验收标准，明确建设质量和安全管理目标及要求，提出拟采用新材料、新设备、新技术、新工艺等推动高质量建设的技术措施。根据项目实际提出拟实施以工代赈的建设任务等。

提出项目建设工期，对项目建设主要时间节点做出时序性安排。提出包括招标范围、招标组织形式和招标方式等在内的拟建项目招标方案。研究提出拟采用的建设管理模式，如代建管理、全过程工程咨询服务、工程总承包（EPC）等。

六、项目运营方案

（一）运营模式选择

研究提出项目运营模式，确定自主运营管理还是委托第三方运营管理，并说明主要理由。委托第三方运营管理的，应提出对第三方的运营管理能力要求。

（二）运营组织方案

研究项目组织机构设置方案、人力资源配置方案、员工培训需求及计划，提出项目在合规管理、治理体系优化和信息披露等方面的措施。

（三）安全保障方案

分析项目运营管理中存在的危险因素及其危害程度，明确安全生产责任制，建立安全管理体系，提出劳动安全与卫生防范措施，以及项目可能涉及的数据安全、网络安全、供应链安全的责任制度或措施方案，并制定项目安全应急管理预案。

（四）绩效管理方案

研究制定项目全生命周期关键绩效指标和绩效管理机制，提出项目主要投入产出效率、直接效果、外部影响和可持续性等管理方案。大型、复杂及分期建设项目，应按照子项目分别确定绩效目标和评价指标体系，并说明影响项目绩效目标实现的关键因素。

七、项目投融资与财务方案

（一）投资估算

对项目建设和生产运营所需投入的全部资金即项目总投资进行估算，包括建设投资、建设期融资费用和流动资金，说明投资估算编制依据和编制范围，明确建设期内分年度投资计划。

（二）盈利能力分析

根据项目性质，确定适合的评价方法。结合项目运营期内的负荷要求，估算项目营业收入、补贴性收入及各种成本费用，并按相关行业要求提供量价协议、框架协议等支撑材料。通过项目自身的盈利能力分析，评价项目可融资性。对于政府直接投资的非经营性项目，开展项目全生命周期资金平衡分析，提出开源节流措施。对于政府资本金注入项目，计算财务内部收益率、财务净现值、投资回收期等指标，评价项目盈利能力；营业收入不足以覆盖项目成本费用的，提出政府支持方案。对于综合性开发项目，分析项目服务能力和潜在综合收益，评价项目采用市场化机制的可行性和利益相关方的可接受性。

（三）融资方案

研究提出项目拟采用的融资方案，包括权益性融资和债务性融资，分析融资结构和资金成本。说明项目申请财政资金投入的必要性和方式，明确资金来源，提出形成资金闭环的管理方案。对于政府资本金注入项目，说明项目资本金来源和结构、与金融机构对接情况，研究采用权益型金融工具、专项债、公司信用类债券等融资方式的可行性，主要包括融资金额、融资期限、融资成本等关键要素。对于具备资产盘活条件的基础设施项目，研究项目建成后采取基础设施领域不动产投资信托基金（REITs）等方式盘活存量资产、实现项目投资回收的可能路径。

（四）债务清偿能力分析

对于使用债务融资的项目，明确债务清偿测算依据和还本付息资金来源，分析利息备付率、偿债备付率等指标，评价项目债务清偿能力，以及是否增加当地政府财政支出负担、引发地方政府隐性债务风险等情况。

（五）财务可持续性分析

对于政府资本金注入项目，编制财务计划现金流量表，计算各年净现金流量和累计盈余资金，判断拟建项目是否有足够的净现金流量维持正常运营。对于在项目经营期出现经营净现金流量不足的项目，研究提出现金流接续方案，分析政府财政补贴所需资金，评价项目财务可持续性。

八、项目影响效果分析

（一）经济影响分析

对于具有明显经济外部效应的政府投资项目，计算项目对经济资源的耗费和实际贡献，分析项目费用效益或效果，以及重大投资项目对宏观经济、产业经济、区域经济等所产生的影响，评价拟建项目的经济合理性。

（二）社会影响分析

通过社会调查和公众参与，识别项目主要社会影响因素和主要利益相关者，分析不同目标群体的诉求及其对项目的支持程度，评价项目采取以工代赈等方式在带动当地就业、促进技能提升等方面的预期成效，以及促进员工发展、社区发展和社会发展等方面的社会责任，提出减缓负面社会影响的措施或方案。

（三）生态环境影响分析

分析拟建项目所在地的环境和生态现状，评价项目在污染物排放、地质灾害防治、防洪减灾、水土流失、土地复垦、生态保护、生物多样性和环境敏感区等方面的影响，提出生态环境影响减缓、生态修复和补偿等措施，以及污染物减排措施，评价拟建项目能否满足有关生态环境保护政策要求。

（四）资源和能源利用效果分析

研究拟建项目的矿产资源、森林资源、水资源（含非常规水源）、能源、再生资源、废物和污水资源化利用，以及设备回收利用情况，通过单位生产能力主要资源消耗量等指标分析，提出资源节约、关键资源保障，以及供应链安全、节能等方面措施，计算采取资源节约和资源化利用措施后的资源消耗总量及强度。计算采取节能措施后的全口径能源消耗总量、原料用能消耗量、可再生能源消耗量等指标，评价项目能效水平以及对项目所在地区能耗调控的影响。

（五）碳达峰碳中和分析

对于高耗能、高排放项目，在项目能源资源利用分析的基础上，预测并核算项目年度碳排放总量、主要产品碳排放强度，提出项目碳排放控制方案，明确拟采取减少碳排放的路径与方式，分析项目对所在地区碳达峰碳中和目标实现的影响。

九、项目风险管控方案

（一）风险识别与评价

识别项目全生命周期的主要风险因素，包括需求、建设、运营、融资、财务、经济、社会、环境、网络与数据安全等方面，分析各风险发生的可能性、损失程度，以及风险承担主体的韧性或脆弱性，判断各风险后果的严重程度，研究确定项目面临的主要风险。

（二）风险管控方案

结合项目特点和风险评价，有针对性地提出项目主要风险的防范和化解措施。重大项目应当对社会稳定风险进行调查分析，查找并列出风险点、风险发生的可能性及影响程度，提出防范和化解风险的方案措施，提出采取相关措施后的社会稳定风险等级建议。对可能引发"邻避"问题的，应提出综合管控方案，保证影响社会稳定的风险在采取措施后处于低风险且可控状态。

（三）风险应急预案

对于拟建项目可能发生的风险，研究制定重大风险应急预案，明确应急处置及应急演练要求等。

十、研究结论及建议

（一）主要研究结论

从建设必要性、要素保障性、工程可行性、运营有效性、财务合理性、影响可持续性、风险可控性等维度分别简述项目可行性研究结论，评价项目在经济、社会、环境等各方面效果和风险，提出项目是否可行的研究结论。

（二）问题与建议

针对项目需要重点关注和进一步研究解决的问题，提出相关建议。

十一、附表、附图和附件

根据项目实际情况和相关规范要求，研究确定并附具可行性研究报告必要的附表、附图和附件等。

（2）企业项目

建议使用《企业投资项目可行性研究报告编写参考大纲（2023 年版）》。

一、概述

（一）项目概况

项目全称及简称。概述项目建设目标和任务、建设地点、建设内容和规模（含主要产出）、建设工期、投资规模和资金来源、建设模式、主要技术经济指标等。

（二）企业概况

简述企业基本信息、发展现状、财务状况、类似项目情况、企业信用和总体能力，有关政府批复和金融机构支持等情况。分析企业综合能力与拟建项目的匹配性。属于国有控股企业的，应说明其上级控股单位的主责主业，以及拟建项目与其主责主业的符合性。

（三）编制依据

概述国家和地方有关支持性规划、产业政策和行业准入条件、企业战略、标准规范、专题研究成果，以及其他依据。

（四）主要结论和建议

简述项目可行性研究的主要结论和建议。

二、项目建设背景、需求分析及产出方案

（一）规划政策符合性

简述项目建设背景和前期工作进展情况，论述拟建项目与经济社会发展规划、产业政策、行业和市场准入标准的符合性。

（二）企业发展战略需求分析

对于关系企业长远发展的重大项目，论述企业发展战略对拟建项目的需求程度和拟建项目对促进企业发展战略实现的重要性和紧迫性。

（三）项目市场需求分析

结合企业自身情况和行业发展前景，分析拟建项目所在行业的业态、目标市场环境和容量、产业链供应链、产品或服务价格，评价市场饱和程度、项目产品或服务的竞争力，

预测产品或服务的市场拥有量，提出市场营销策略等建议。

（四）项目建设内容、规模和产出方案

阐述拟建项目总体目标及分阶段目标，提出拟建项目建设内容和规模，明确项目产品方案或服务方案及其质量要求，并评价项目建设内容、规模以及产品方案的合理性。

（五）项目商业模式

根据项目主要商业计划，分析拟建项目收入来源和结构，判断项目是否具有充分的商业可行性和金融机构等相关方的可接受性。结合项目所在地政府或相关单位可以提供的条件，提出商业模式及其创新需求，研究项目综合开发等模式创新路径及可行性。

三、项目选址与要素保障

（一）项目选址或选线

通过多方案比较，选择项目最佳或合理的场址或线路方案，明确拟建项目场址或线路的土地权属、供地方式、土地利用状况、矿产压覆、占用耕地和永久基本农田、涉及生态保护红线、地质灾害危险性评估等情况。备选场址方案或线路方案比选要综合考虑规划、技术、经济、社会等条件。

（二）项目建设条件

分析拟建项目所在区域的自然环境、交通运输、公用工程等建设条件。其中，自然环境条件包括地形地貌、气象、水文、泥沙、地质、地震、防洪等；交通运输条件包括铁路、公路、港口、机场、管道等；公用工程条件包括周边市政道路、水、电、气、热、消防和通信等。阐述施工条件、生活配套设施和公共服务依托条件等。改扩建工程要分析现有设施条件的容量和能力，提出设施改扩建和利用方案。

（三）要素保障分析

土地要素保障。分析拟建项目相关的国土空间规划、土地利用年度计划、建设用地控制指标等土地要素保障条件，开展节约集约用地论证分析，评价用地规模和功能分区的合理性、节地水平的先进性。说明拟建项目用地总体情况，包括地上（下）物情况等；涉及耕地、园地、林地、草地等农用地转为建设用地的，说明农用地转用指标的落实、转用审批手续办理安排及耕地占补平衡的落实情况；涉及占用永久基本农田的，说明永久基本农田占用补划情况；如果项目涉及用海用岛，应明确用海用岛的方式、具体位置和规模等内容。

资源环境要素保障。分析拟建项目水资源、能源、大气环境、生态等承载能力及其保障条件，以及取水总量、能耗、碳排放强度和污染减排指标控制要求等，说明是否存在环境敏感区和环境制约因素。对于涉及用海的项目，应分析利用港口岸线资源、航道资源的基本情况及其保障条件；对于需围填海的项目，应分析围填海基本情况及其保障条件。

四、项目建设方案

（一）技术方案

通过技术比较提出项目生产方法、生产工艺技术和流程、配套工程（辅助生产和公用工程等）、技术来源及其实现路径，论证项目技术的适用性、成熟性、可靠性和先进性。对于专利或关键核心技术，需要分析其获取方式、知识产权保护、技术标准和自主可控性等。简述推荐技术路线的理由，提出相应的技术指标。

（二）设备方案

通过设备比选提出拟建项目主要设备（含软件）的规格、数量和性能参数等内容，论述设备（含软件）与技术的匹配性和可靠性、设备和软件对工程方案的设计技术需求，提出关键设备和软件推荐方案及自主知识产权情况。必要时，对关键设备进行单台技术经济论证。利用和改造原有设备的，提出改造方案及其效果。涉及超限设备的，研究提出相应的运输方案，特殊设备提出安装要求。

（三）工程方案

通过方案比选提出工程建设标准、工程总体布置、主要建（构）筑物和系统设计方案、外部运输方案、公用工程方案及其他配套设施方案，明确工程安全质量和安全保障措施，对重大问题制定应对方案。涉及分期建设的项目，需要阐述分期建设方案；涉及重大技术问题的，还应阐述需要开展的专题论证工作。

（四）资源开发方案

对于资源开发类项目，应依据资源开发规划、资源储量、资源品质、赋存条件、开发价值等，研究制定资源开发和综合利用方案，评价资源利用效率。

（五）用地用海征收补偿（安置）方案

涉及土地征收或用海海域征收的项目，应根据有关法律法规政策规定，确定征收补偿（安置）方案，包括征收范围、土地现状、征收目的、补偿方式和标准、安置对象、安置方式、社会保障等内容。用海用岛涉及利益相关者的，应根据有关法律法规政策规定等，确定利益相关者协调方案。

（六）数字化方案

对于具备条件的项目，研究提出拟建项目数字化应用方案，包括技术、设备、工程、建设管理和运维、网络与数据安全保障等方面，提出以数字化交付为目的，实现设计-施工-运维全过程数字化应用方案。

（七）建设管理方案

提出项目建设组织模式、控制性工期和分期实施方案，确定项目建设是否满足投资管理合规性和施工安全管理要求。如果涉及招标，明确招标范围、招标组织形式和招标方式等。

五、项目运营方案

（一）生产经营方案

对于产品生产类企业投资项目，提出拟建项目的产品质量安全保障方案、原材料供应保障方案、燃料动力供应保障方案以及维护维修方案，评价生产经营的有效性和可持续性。

对于运营服务类企业投资项目，明确拟建项目运营服务内容、标准、流程、计量、运营维护与修理，以及运营服务效率要求等，研究提出运营服务方案。

（二）安全保障方案

分析项目运营管理中存在的危险因素及其危害程度，明确安全生产责任制，设置安全管理机构，建立安全管理体系，提出安全防范措施，制定项目安全应急管理预案。

（三）运营管理方案

简述拟建项目的运营机构设置方案，明确项目运营模式和治理结构要求，简述项目绩效考核方案、奖惩机制等。

六、项目投融资与财务方案

（一）投资估算

说明投资估算编制范围、编制依据，估算项目建设投资、流动资金、建设期融资费用，明确建设期内分年度资金使用计划。

（二）盈利能力分析

根据项目性质，选择适合的评价方法，估算项目营业收入和补贴性收入及各种成本费用，并按相关行业要求提供量价协议、框架协议等支撑材料，分析项目的现金流入和流出情况，构建项目利润表和现金流量表，计算财务内部收益率、财务净现值等指标，评价项目的财务盈利能力，并开展盈亏平衡分析和敏感性分析，根据需要分析拟建项目对企业整体财务状况的影响。

（三）融资方案

结合企业自身及其股东出资能力，分析项目资本金和债务资金来源及结构、融资成本以及资金到位情况，评价项目的可融资性。结合企业和项目经济、社会、环境等评价结果，研究项目获得绿色金融、绿色债券支持的可能性。对于具备条件的基础设施项目，研究提出项目建成后通过基础设施领域不动产投资信托基金（REITs）等模式盘活存量资产、实现投资回收的可能性。企业拟申请政府投资补助或贴息的，应根据相关要求研究提出拟申报投资补助或贴息的资金额度及可行性。

（四）债务清偿能力分析

按照负债融资的期限、金额、还本付息方式等条件，分析计算偿债备付率、利息备付率等债务清偿能力评价指标，判断项目偿还债务本金及支付利息的能力。必要时，开展项目资产负债分析，计算资产负债率等指标，评价项目资金结构的合理性。

（五）财务可持续性分析

根据投资项目财务计划现金流量表，统筹考虑企业整体财务状况、总体信用及综合融资能力等因素，分析投资项目对企业的整体财务状况影响，包括对企业的现金流、利润、营业收入、资产、负债等主要指标的影响，判断拟建项目是否有足够的净现金流量，确保维持正常运营及保障资金链安全。

七、项目影响效果分析

（一）经济影响分析

对于具有明显经济外部效应的企业投资项目，论证项目费用效益或效果，以及重大项目可能对宏观经济、产业经济、区域经济等产生的影响，评价拟建项目的经济合理性。

（二）社会影响分析

通过社会调查和公众参与，识别项目主要社会影响因素和关键利益相关者，分析不同目标群体的诉求及其对项目的支持程度，评价项目在带动当地就业、促进企业员工发展、社区发展和社会发展等方面的社会责任，提出减缓负面社会影响的措施或方案。

（三）生态环境影响分析

分析拟建项目所在地的生态环境现状，评价项目在污染物排放、地质灾害防治、防洪减灾、水土流失、土地复垦、生态保护、生物多样性和环境敏感区等方面的影响，提出生态环境影响减缓、生态修复和补偿等措施，以及污染物减排措施，评价拟建项目能否满足有关生态环境保护政策要求。

（四）资源和能源利用效果分析

对于占用重要资源的项目，分析项目所需消耗的资源品种、数量、来源情况，以及非常规水源和污水资源化利用情况，提出资源综合利用方案和资源节约措施，计算采取资源节约和资源化利用措施后的资源消耗总量及强度。计算采取节能措施后的全口径能源消耗总量、原料用能消耗量、可再生能源消耗量等指标，评价项目能效水平以及对项目所在地区能耗调控的影响。

（五）碳达峰碳中和分析

对于高耗能、高排放项目，在项目能源资源利用分析基础上，预测并核算项目年度碳排放总量、主要产品碳排放强度，提出项目碳排放控制方案，明确拟采取减少碳排放的路径与方式，分析项目对所在地区碳达峰碳中和目标实现的影响。

八、项目风险管控方案

（一）风险识别与评价

识别项目市场需求、产业链供应链、关键技术、工程建设、运营管理、投融资、财务效益、生态环境、社会影响、网络与数据安全等方面的风险，分析各风险发生的可能性、损失程度，以及风险承担主体的韧性或脆弱性，判断各风险后果的严重程度，研究确定项目面临的主要风险。

（二）风险管控方案

结合项目特点和风险评价，有针对性地提出项目主要风险的防范和化解措施。重大项目应当对社会稳定风险进行调查分析，查找并列出风险点、风险发生的可能性及影响程度，提出防范和化解风险的方案措施，提出采取相关措施后的社会稳定风险等级建议。对可能引发"邻避"问题的，应提出综合管控方案，保证影响社会稳定的风险在采取措施后处于低风险且可控状态。

（三）风险应急预案

对于拟建项目可能发生的风险，研究制定重大风险应急预案，明确应急处置及应急演练要求等。

九、研究结论及建议

（一）主要研究结论

从建设必要性、要素保障性、工程可行性、运营有效性、财务合理性、影响可持续性、风险可控性等维度分别简述项目可行性研究结论，重点归纳总结拟推荐方案的项目市场需求、建设内容和规模、运营方案、投融资和财务效益，并评价项目各方面的效果和风险，提出项目是否可行的研究结论。

（二）问题与建议

针对项目需要重点关注和进一步研究解决的问题，提出相关建议。

十、附表、附图和附件

根据项目实际情况和相关规范要求，研究确定并附具可行性研究报告必要的附表、附图和附件等。

🔍 知识拓展

扫二维码，查看可行性研究报告。

 ××市餐厨粪便垃圾无害化处理项目可行性研究报告。

 ××市体育中心建设项目可行性研究报告。

 ××新建厂房可行性研究报告。

设备更新

▶▶

 课前导学

1. 知识目标

能够利用设备更新的原则对设备进行更新决策。

2. 能力目标

能够进行设备修理经济分析与设备更新经济分析；

利用设备决策方法判断租赁。

3. 素养目标

加强学生逻辑思辨的能力；

培养学生环保意识和经济意识。

4. 重点难点

重点：不同设备更新方案比较方法。

难点：设备经济寿命的概念及计算方法。

思维导图

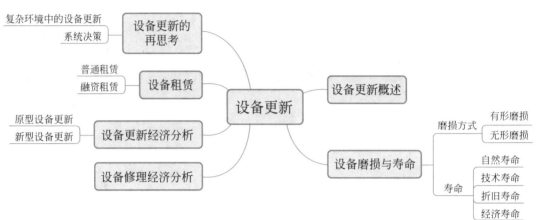

任务 8.1 设备更新概述

课前导学

知识目标	能够明确设备为什么需要更新
能力目标	能够说出设备更新决策的原则
素养目标	加强学生逻辑思辨的能力 培养学生环保意识和经济意识
重点难点	重点：说出设备更新决策的原则 难点：明确实际情况中对于更新设备先后情况的判断

案例导入

　　某公司是一家世界一流的存储器制造企业，公司主要产品为集成电路晶圆，应用范围涉及存储器、消费类产品、移动、SOC 及系统 IC 等领域，在存储领域市场很有竞争力。最早投资的一期工厂采用 28 纳米技术，由于该领域升级换代很快，生成的晶圆已经不能满足市场需求，是对旧设备进行改造维护，继续生成旧的产品，还是更新设备，保持在这个领域的领先，这一问题摆在公司决策层的眼前。

　　假如投资新设备的话，则需要建设新的厂房，且要经历土建施工、动力机电设备安装、招聘新的人员等过程，耗时长、投资大，初步估计需要20亿美元，但是建成之后，将形成月产20万片25纳米级晶圆片的生产能力，年销售额将由目前的19亿美元增加至33亿美元，其生产的存储芯片将使自己处于市场的领先地位。

8.1.1　设备更新的意义

对于建筑业来说，设备更新既要考虑技术发展的需要，又要考虑企业的经济效益。建筑企业要实现不断扩大再生产，就必须相应地提高设备、工器具的先进性，在生产过程中损耗得到补偿的基础上更新改造机具。

设备更新决策是企业生产发展和技术进步的客观需要，对企业的经济效益有着重要的影响。过早的设备更新，将造成资金的浪费，失去其他的收益机会；过迟的设备更新，将造成生产成本的迅速上升，失去竞争的优势。因此，设备是否更新、何时更新、选用何种设备更新，既要考虑技术的需要，又要考虑经济方面的效益，这就需要执行者不失时机地做好设备更新的分析工作，用多种设备更新方案进行技术经济性对比，最后选出最合适的设备更新策略。

设备更新的策略应建立在系统、全面地了解企业现有设备的性能、磨损程度、服务年限、技术进步等情况后，分轻重缓急，有重点、有区别地对待分析，确定设备更新的最佳决策。凡修复比较合理的，不应过早更新，可以修中有改；通过改进工装就能使设备满足生产技术要求的，可以不急于更新；通过更新个别关键零部件就可达到要求的，不必更换整台机器；通过更换单机能满足要求的，不必更换整个机群或整条生产线。对企业来说，设备更新决策决不能轻率从事。

8.1.2　设备更新决策的原则

设备进行更新决策时通常应该遵循以下原则：

（1）对于陈旧落后的设备，即消耗高、性能差、使用操作条件对环境污染严重的设备，应当用较先进的设备尽早替代。

（2）对整机性能尚可，有局部缺陷，个别技术经济指标落后的设备应选择现代化改装的途径。

（3）对较好的设备，要适应技术进步的发展需要，吸收国内外的新技术，不断地加以改造和进行现代化的改装。

当企业中有多个设备需要同时更新时，应优先考虑更新的设备是：

（1）设备损耗严重，大修后性能、精度仍不能满足规定工艺要求的。

（2）设备损耗虽在允许范围内，但技术已经非常陈旧落后，能耗高，使用操作条件不好，对环境污染严重，技术经济性效果不好的。

（3）设备役龄长，大修虽然能恢复精度，但经济效果上不如更新的好。

任务 8.2　设备磨损与寿命

课前导学

知识目标	能够叙述设备磨损方式
能力目标	能够应对不同类型的设备磨损
素养目标	激发学生关于开展经济与环境的辩证思考 培养学生环保意识和经济意识
重点难点	重点:掌握设备更新分析需遵循的原则 难点:掌握设备的寿命形态

8.2.1　设备磨损方式

设备在使用或闲置过程中会逐渐发生磨损。磨损可分为有形磨损和无形磨损,设备磨损是有形磨损和无形磨损共同作用的结果。见表 8-1。

1. 有形磨损

由于设备在使用或闲置过程中所发生的实体磨损称为有形磨损或物质磨损。有形磨损的形成又分为两种情况:

第一种有形磨损,是指设备在使用过程中,承受机械外力(如摩擦、碰撞或交变应力等)的作用,实体发生的磨损、形变和疲劳损坏。如设备零部件尺寸形状和精度的改变,直至损坏。

第二种有形磨损,是指设备在闲置过程中,受环境自然力(如日照、潮湿和腐蚀性气体等)的作用,实体发生的锈蚀、损伤和老化。如设备锈蚀、零部件内部损伤、橡胶和塑胶老化。有形磨损导致设备加工精度降低,生产效率下降,运行费和日常维修费增加,部分或全部丧失工作能力,失去使用价值。

2. 无形磨损

无形磨损是由于科学技术进步而导致设备价值相对降低,也称精神磨损。无形磨损不是设备实体外形和内在性能的变化,难以从直观上看出来,是无形的。无形磨损的形成亦可分为两种情况:

第一种无形磨损,是指由于设备生产工艺改进、劳动生产率提高和材料节省等导致再生产同类设备的社会必要劳动时间减少,其生产成本下降,导致设备的市场价格下降,现有设备价值相对降低。

第二种无形磨损，是指出现了技术更先进、性能更优越、效率更高的新型替代设备，使现有设备显得陈旧、过时，价值相对降低。

无形磨损并没有改变现有设备本身的技术性能，其本身使用价值也没有变化，而且因为价格更低或性能更加优越的新设备的问世，导致设备使用价值相对降低。

设备磨损   表 8-1

类型	说明	备注
有形磨损 （物质磨损）	第一种有形磨损：设备在使用过程中，外力作用下产生的磨损、变形损坏等	一"外"二"自"
	第二种有形磨损：设备在闲置过程中受自然力作用产生的生锈、腐蚀老化等	
无形磨损 （精神磨损）	第一种无形磨损：科技进步，社会劳动生产力水平提高，同类设备再生产价值降低，致使原设备相对贬值	一"同"二"新"
	第二种无形磨损：科技进步，创造出结构更先进，性能更完善，效率更高的新型设备，导致原设备相对落后	

一般情况下，设备在使用过程中发生的磨损实际上是由有形磨损和无形磨损同时作用而产生的。虽然两种磨损的共同点是两者都会引起设备原始价值的贬值，但不同的是有形磨损比较严重的设备，在修复补偿后会影响正常运转，大大降低了使用性能；而遭受无形磨损的设备，不论其无形磨损的程度如何，均不会影响正常使用，但其主要性能必定发生变化，需要经过经济分析决定是否继续使用。

8.2.2 设备磨损的应对

有形磨损和无形磨损导致的设备使用价值的绝对降低或相对降低，需要及时、合理地予以补偿，以恢复设备的使用价值。由于设备磨损的类型、形式不同，磨损补偿的方式也不相同。补偿分为局部补偿和完全补偿。设备有形磨损的局部补偿是修理，设备无形磨损的局部补偿是技术改造，设备有形磨损和无形磨损的完全补偿是设备更新。

设备大修理是更换部分已磨损的零部件和调整设备，恢复设备的生产功能和效率；设备技术改造是对设备的结构做局部改进和技术上的革新，如增添新的、必需的零部件或装备，以增加设备的生产功能和效率为主；设备更新有原型设备更新和新型设备更新两种形式，意在保持或提高原有设备的功能和效率。

在设备磨损补偿工作中，最好的方案是有形磨损期与无形磨损期相互接近，这是一种理想的"无维修设计"，也就是说，当设备需要进行大修时，恰好到了更换的时间。大多数设备，通常通过修理可以使有形磨损期达到 20～30 年甚至更长；但无形磨损期比较短，在这种情况下，就存在对设备磨损补偿选择什么样的方式和时机等进行经济分析论证的问题。

设备的磨损和应对方式如图 8-1 所示。

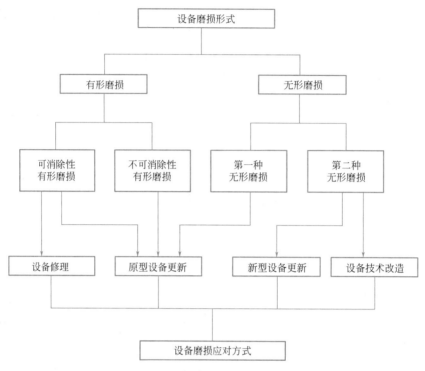

图 8-1　设备磨损形式与应对方式

8.2.3　设备更新的原则

与技术方案选择一样，在做设备更新决策时，也需要给予技术论证和经济分析。如果因为设备暂时故障而草率做出报废的决定，或者片面追求现代化，过早的设备更新，将造成资金的浪费；但过迟的设备更新，会带来生产成本的迅速上升，影响企业竞争能力。因此，设备更新需要弄清楚以下四个问题：

（1）如何确定设备经济性寿命期？

（2）影响设备使用经济性的主要因素有哪些？

（3）以何种方式进行更新比较分析？

（4）设备是否更换及何时更换？

由设备磨损形式与其补偿形式的相互关系可以看出，设备更新经济分析大部分可归结为互斥方案比较问题。由于设备更新的特殊性，设备更新分析需遵循如下原则：

（1）方案比选时只对其费用进行比较，对使用寿命不同的设备方案，常采用年度费用进行比较。

（2）站在客观的立场分析问题，考虑机会成本。即若要保留旧设备，首先要付出相当于旧资产当前市场价值的现金，才能取得旧资产的使用权，也就是从机会成本角度考虑现有设备目前实际价值的归属，做到公平合理。

（3）立足现实，不考虑沉没成本。沉没成本是过去投资决策发生的、非现在决策能改变的、已经计入过去投资费用回收计划的费用。由于沉没成本是已经发生的费用，在设备更新分析中，将不予考虑。因此，设备更新分析时设备的价值应依据原设备目前实际价值计算，而不能按其原始价值或当前账面价值计算，即不考虑沉没成本。

8.2.4　设备寿命

设备寿命是指设备从投入使用开始，直到由于设备的磨损，而使其在技术上或经济上不宜继续使用为止的整个时间。设备的寿命有以下几种形式：

（1）自然寿命

自然寿命又称物理寿命，是指设备从投入使用，到因物质磨损严重而不能继续使用、报废为止所经历的全部时间。自然寿命由设备的有形磨损所决定，与维修保养水平好坏以及使用状况密切相关。但不能从根本上避免设备的磨损，任何一台设备磨损到一定程度时，都必须进行更新，因为随着设备使用时间的延长，设备不断老化，维修所支出的费用也逐渐增加，从而出现恶性使用阶段，即经济上不合理的使用阶段，所以，设备的自然寿命不能成为设备更新的估算依据。

（2）技术寿命

技术寿命是指设备从投入使用到因技术落后而被淘汰所延续的时间，也是指设备在市场上维持其价值的时间。例如一台计算机，即使完全没有使用过，也会被性能更高、功能更完善的计算机取代，这时它的技术寿命可以认为等于零。由此可见，技术寿命是由设备的无形磨损决定的，它一般比自然寿命要短，且科学技术进步越快，技术寿命越短，所以，在估算设备寿命时，必须考虑设备技术寿命期限的变化特点。

（3）折旧寿命

折旧寿命是指按现行会计制度规定的折旧原则和方法，将设备的原值通过折旧的形式转入产品成本，直到提取的折旧费累计额达到设备原值与预计净残值间差额所经历的全部时间。折旧寿命确定除考虑设备自然寿命、技术寿命外，还应考虑国家技术政策、产业政策以及财政税收状况。

折旧寿命一般短于设备的自然寿命和技术寿命。

（4）经济寿命

设备的经济寿命指设备从开始使用（或闲置）时起，至由于遭受有形磨损和无形磨损（贬值）再继续使用在经济上已经不合理的全部时间，即设备从全新安装投入使用之日起，到年度总费用最低而被迫退出服务功能为止，此阶段其年平均总成本最小。设备的经济寿命是由设备年度费用决定的，年度费用指在设备的运行过程中产生的维修和运行费用，与设备自身折旧产生的费用之和在全年度的平均值。

设备年均投资成本是分摊到各使用年份的年度设备成本费，即由购置费和设备残值所组成。年均运营成本是由运行费用和维修费用及因停机而造成的损失所组成，设备使用年限越长，分摊到每年的年投资成本越低，但随着设备使用年限的增加，设备维修费、燃料动力费提升，设备生产效率下降，使得单位产品的年运营成本上升。因此，年均投资成本虽逐年降低，但被越来越高的年运营成本所抵消。在设备的不同使用年限中，可以找到一个设备年平均总成本最小的使用年限，如图 8-2 所示，N_0 点是设备的经济寿命，此时设备年平均总成本达到最低值，此时更新设备经济效果最好。

上述四个寿命一般是不重合的，它们可能会经历"购置、验收、大修、改造、报废、事故"中的部分或全部过程，如图 8-3 所示。

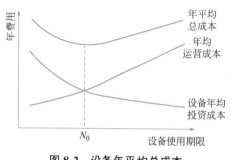

图 8-2　设备年平均总成本
示意图

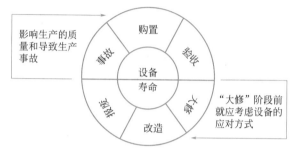

图 8-3　设备的寿命

 做一做

1. 设备的寿命有几种？设备的经济寿命是什么？

2. A 公司现购进一台先进的电脑，价值 1 万元，预计 4 年后会有新一代产品替代它，到时这电脑在市场中将"一文不值"，即使这电脑保管得当、使用得当，能用 10 年，10 年之后因为材料老化再也不能用了。现公司会计拟将此电脑折旧期限设置为 6 年，6 年后残值为 500 元。公司对此电脑最理想的处理方式是在第 3 年末将其卖出，届时可以卖 5000 元，且可以添 3000 元再购买一新电脑，配置更优、性能更好，此方案对公司来讲收益最高。请说一说此电脑的自然寿命、技术寿命、折旧寿命、经济寿命分别是多少。

任务 8.3　设备修理经济分析

8.3
设备修理
经济分析

课前导学

知识目标	能够概述设备修理
能力目标	能够计算设备大修理的经济分析
素养目标	培养学生用经济学的眼光看世界 培养学生一丝不苟、精益求精的工匠精神
重点难点	重点：判断维修的经济性 难点：在经济上判断大修理是否合理

8.3.1　设备修理概述

在工作实践中，通常把为保持设备在平均寿命期限内的完好使用状态而进行的局部更换或修复工作叫作维修或修理。按其经济内容来讲，维修工作可分为日常维修、小修理、中修理和大修理等。

（1）日常维修是指与拆除和更换设备中被磨损的零部件无关的维修内容，诸如设备的润滑与保洁，定期检验与调整，消除部分零部件的磨损等。

（2）小修理是工作量最小的计划修理，是指设备在使用过程中为保证工作能力而进行的调整、修复或更换个别零部件的修理工作。

（3）中修理是进行设备部分解体的计划修理，其内容包括更换或修复部分无法持续使用直至下次计划修理中的磨损零件，通过修理、调整，使规定修理部分基本恢复到出厂时的功能水平，以满足工艺要求，修理后应保证设备在一个中修理间隔内能正常使用。

（4）大修理是最大的一种计划修理，它是通过对设备全部解体，修理耐久的部分，更换全部损坏零部件，修复所有不符合要求的零部件，全面消除缺陷，使得设备大修后在功能上达到或基本达到原设备的出厂标准。大修理是设备修理中规模最大、耗时最长、投入最多的修理，因此，设备大修理是设备经济分析的重点。

8.3.2　设备大修理的经济分析

设备平均寿命期满前所必需的维修费用总额是个相当可观的数字，有时可能超过设备原值的若干倍。同时，这个费用总额又随规定的平均寿命期而变化，平均寿命期规定越长，维修费用越高。因此，为了更合理地使用设备，我们必须研究维修的经济性。由于日常维护，中小修理所发生的费用相对较少，因此应该把注意力放在大修理上。

如果某次大修理费用超过同种设备的重置价值，十分明显，这样的大修理在经济上是不合理的。我们把这一标准看作是大修理在经济上具有合理性的起码条件，或称最低经济界限（第一条件）。即：

$$K_r \leqslant K_n - V_{OL} \tag{8-1}$$

式中　K_r——该次大修理费用；

　　　K_n——同种设备的重置价值（即同一种新设备在大修理时的市场价格）；

　　　V_{OL}——旧设备被替换时的残值。

符合上述条件的设备大修理是必要的，但不是充分的，充分的条件是在任何情况下，单位产品成本都不超过用相同新设备生产的单位产品成本。所以，这里引出另一个条件，即如果用大修过的旧设备生产单位产品成本高于采用相同用途的新设备生产单位产品成本，则这种大修理是不经济的。

对迅速发生无形磨损的设备来说，很可能是用现代化的新设备生产单位产品的成本更低，在这种情况下，即使满足第一个条件，即大修理费用没有超过新设备的重置价值，但是这种大修理也是不合理的。

所以还应满足第二个条件：现有设备大修理后的单位产品生产成本费用 C_p，不能高于同类型新设备（n）的单位产品生产成本费用 C_n 即：

$$C_p \leqslant C_n \tag{8-2}$$

$$C_p = (R + \Delta V_p)(A/P, i, T_p)/Q_{AP} + C_{OP} \tag{8-3}$$

$$C_n = \Delta V_n(A/P, i, T_n)/Q_{AN} + C_{ON} \tag{8-4}$$

式中　ΔV_p——原设备运行到下一次大修期间的价值损耗现值；

　　　T_p——原设备运行到下一次大修的间隔年数；

　　　Q_{AP}——原设备到下一次大修期间的年均产量；

　　　C_{OP}——原设备到下一次大修期间的产品单位经营成本；

　　　ΔV_n——新设备第一个修理周期内的价值损耗现值；

　　　T_n——新设备运行到第一次大修的间隔年数；

　　　Q_{AN}——新设备到第一次大修期间的年均产量；

　　　C_{ON}——新设备第一个修理周期内生产单位产品的经营成本。

【例8-1】某企业一台设备已使用6年，现市场价值4500元，需要进行第一次大修，预计大修费7000元，大修后设备增值为8400元，平均每年加工产品55t，年平均运行成本费用2840元。设备经大修后可继续使用4年，届时设备市场价值为3000元，现市场新设备价值34000元，平均每年加工产品66t，年平均运行成本费用2350元，预计使用5年进行第一次大修，大修时设备价值8000元。基准收益率为10%，请为该企业设备大修理决策进行经济分析。

【解】：① 已知现有设备大修费7000元，新设备更换所需净费用34000－4500＝

29500（元），即：大修理费用 7000 元小于新设备更换所需净费用，满足大修理第一条件（基本条件）。

② 由已知条件，有：

$$C_p = \{[8400 - 3000 \times (P/F，10\%，4)](A/P，10\%，4) + 2840\} \div 55$$

$$= 87.98(元 / 吨)$$

$$C_n = \{[29500 - 8000 \times (P/F，10\%，5)](A/P，10\%，5) + 2350\} \div 66$$

$$= 62.16(元 / 吨)$$

即：现有设备大修理后的单位产品生产成本费用 C_p 大于同类型新设备的单位产品生产成本费用 C_n，故该企业应购买新设备。

任务 8.4　设备更新经济分析

8.4
设备更新
经济分析

课前导学

知识目标	能够计算原型设备更新
能力目标	能够应用新型设备更新经济分析并判断设备什么时候更新
素养目标	培养学生一丝不苟、精益求精的工匠精神 培养学生社会责任感和节约精神
重点难点	重点:熟练计算经济寿命的静态计算法与经济寿命 难点:方案更新的决策

由于旧设备已达到使用寿命年限，或由于新技术、新工艺、新设备的出现，使现有设备在寿命期满之前就因过时而被淘汰的，要进行设备更新。设备更新决策的依据是设备的经济寿命，或新、旧设备年均使用费的比较。

技术先进的新设备代替旧设备，会降低运营费用、提高产品质量、增强提供个性化产品的能力。设备更新有两种形式：

（1）原型设备更新

用相同的新设备替换有形磨损严重或不能继续使用的旧设备。由于设备在使用过程中，因大修费用及其他运行费用不断增加，用新的原型设备替换服务期已达到经济寿命的旧设备，在经济上也是合理的。原型设备更新能够解决设备的磨损问题，但不具有对原设备进行技术更新的性质。

（2）新型设备更新

用性能更好、结构更先进、技术更完善、生产效率更高的新设备去替换那些技术上不能继续使用或经济上不宜继续使用的旧设备。这种情况下，原设备未必达到了经济寿命期，但使用新设备能产生更好的经济效益。新型设备更新不仅解决了设备的损坏问题，而且解决了设备技术能力问题。显然，第二种设备更新形式对提升企业的竞争力更具有价值。

不同类型的设备更新问题，决策依据往往不同。原型设备更新通常根据设备的经济寿命决策，即若设备的使用达到或超过经济寿命期，则应进行更新；新型设备更新决策的主要依据是设备的技术寿命，决策依据是年费用比较。

8.4.1 原型设备更新经济分析

原型设备更新是用同类型的新设备替换磨损严重不能继续使用的旧设备。新设备与替换设备类型完全相同，具有完全相同的属性（包括操作方式、使用成本等），当该设备到达经济寿命时再进行更新，花费的年平均成本费用最小。因此，原型设备更新的最佳时机就是设备的经济寿命，原型设备更新问题也就归结为求解该设备的经济寿命。

设备的经济寿命是设备从开始使用到其年平均使用成本最低年份所延续的时间。经济寿命的长短取决于技术进步的速度和设备的物理损耗程度，由有形磨损和无形磨损因素共同决定。经济寿命的确定可根据经济寿命定义，通过求成本函数的极值得到。

设备在使用过程中，其成本由两部分组成：设备初始投资的年分摊费，随着设备使用时间的延长逐渐降低，表现为右下斜曲线；设备的年运行费用，包括能源费、操作费、材料费、维修费等，随着设备使用时间的延长而增加，表现为右上斜曲线。如图 8-4 所示。

在设备使用的前期阶段，年分摊费（总投资/设备使用年份）按照规律衰减，下降很快；而年运行费由于设备比较新，增加缓慢，所以总费用随着时间增加而减少。但在设备使用的后期阶段，年分摊费下降缓慢，而年运行费由于设备老化增长加快，故总费用随着时间增加而增加，所以总成本曲线呈"U"形，如图 8-4 所示。

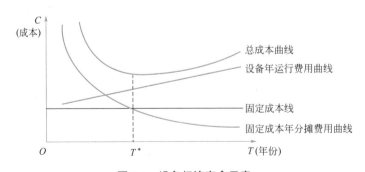

图 8-4　设备经济寿命示意

设备经济寿命的计算方法有静态计算法和动态计算法，我们先把问题简单化，均假设设备产生的收益相同，只比较设备的成本。

1. 经济寿命的静态计算法

静态模式下，设备经济寿命的确定方法是指在不考虑资金时间价值的基础上，使设备平均成本最小的年份就是设备的经济寿命。

设 P 为设备的原值，C_t 为设备第 1 年的经营成本，L_n 为设备第 n 年末的净残值，则设备使用 N 年的年平均总成本费用为：

$$AC_n = \frac{P - L_n}{n} + \frac{1}{n}\sum_{t=1}^{n} C_t \tag{8-5}$$

在所有设备使用年限中，使得设备年平均总成本 AC_n 最小的使用年限即为设备的经济寿命。

【例 8-2】某设备原值 30 万元，自然寿命 8 年，各年运行费用及年末残值见表 8-2，不考虑资金时间价值，试确定该设备的经济寿命。

某设备运行费用和残值   表 8-2

t, n（年限）	1	2	3	4	5	6	7	8
C_t（运行费用）	50000	60000	73000	88000	108000	133000	163000	198000
L_n（残值）	150000	80000	50000	30000	10000	3000	3000	3000

【解】：根据式（8-5），列表计算该设备在不同年限的年平均成本费用，结果见表 8-3。

设备平均成本费用计算表（单位：元）   表 8-3

n（年限）	$P - L_n$	$\dfrac{P - L_n}{n}$	$\sum_{t=1}^{n} C_t$	$\dfrac{1}{n}\sum_{t=1}^{n} C_t$	AC_n
①	②	③=②/①	④	⑤=④/①	⑥=③+⑤
1	150000	150000	50000	50000	200000
2	220000	110000	110000	55000	165000
3	250000	83333	183000	61000	144333
4	270000	67500	271000	67750	135250
5	290000	58000	379000	75800	133800
6	297000	49500	512000	85333	134833
7	297000	42429	675000	96429	138857
8	297000	37125	873000	109125	146250

从上述过程可以看出，设备使用第 5 年时年平均成本费用最低，所以第 5 年即设备的经济寿命。

2. 经济寿命的动态计算法

计算动态的经济寿命，需考虑资金的时间价值，即在计算设备年均投资成本和年均运营成本时，应考虑时间因素。设备年平均总成本的计算公式如下：

$$AC_n = P(A/P, i, n) - L_n(A/F, i, n) + \sum_{t=1}^{n} C_t(P/F, i, n)(A/P, i, n) \tag{8-6}$$

式中，P 为投资成本，L_n 为年均残值，C_t 为运营成本。

【例 8-3】 在例 8-2 中，如果考虑资金的时间价值，设 $i=10\%$，试计算设备的经济寿命。

【解】：列表计算见表 8-4。

某设备年平均总成本计算表（单位：元） 表 8-4

使用年限 n	年末残值 L_n	年均残值 $L_n(A/F,i,n)$	设备平均投资成本 $P(A/P,i,n)$	年度运营成本 C_t	年度运营成本现值 $C_t(P/F,i,n)$	年均运营成本 $\sum\limits_{t=1}^{n}C_t(P/F,i,n)$ $(A/P,i,n)$	年平均总成本 AC_n
①	②	③	④	⑤	⑥	⑦	⑧＝④－③＋⑦
1	150000	150000	330000	50000	45455	50001	230001
2	80000	38096	172860	60000	49584	54761	189525
3	50000	15105	120630	73000	54845	60268	165793
4	30000	6465	94650	88000	60104	66251	154436
5	10000	1638	79140	108000	67057	73084	150586
6	3000	389	68880	133000	75079	80848	149339
7	3000	316	61620	163000	83652	89508	150812
8	3000	262	56220	198000	92367	98974	154932

由表 8-4 可看出，考虑资金的时间价值，在设备使用 6 年时，其年平均总成本最低 $AC_n=149339$ 元，故该设备的经济寿命为 6 年。

8.4.2 新型设备更新经济分析

新型设备更新是指以功能更完善、效能更优越的先进设备替换已磨损不能继续使用或虽可继续使用，但在经济上继续使用已不合理的现有设备。因此，新型设备更新问题实质上是现有设备方案与新型设备方案的互斥方案比较问题，即确定继续使用现有设备还是购置新型设备在经济上有利。设备更新的关键是新设备与现有设备相比的节约额是否比新设备投入的购置费用的价值更大。

由于新设备方案与旧设备方案的寿命在大多数情况下是不等的，各方案在各自的计算期内的净现值不具有可比性，因此，新型设备更新仍然是用净年值或年成本进行分析，以经济寿命为依据的新型设备更新的原则是使设备用到最有利的年限后再更新。

（1）如果旧设备继续使用 1 年的年平均使用成本低于新设备的年平均使用成本，即：$AC_n \leqslant AC_{新}$，此时，不更新旧设备，继续使用旧设备 1 年。

（2）当新旧设备方案出现相反的情况，即：$AC_n > AC_{新}$，应该更新现有设备，这是设备更新的最优时机。

【例 8-4】某施工企业 3 年前花 9000 元买了一台挖土机 A，估计还可以使用 6 年，第 6 年年末估值为 800 元，年度使用费用为 900 元。现市场上出现了一种新型挖土机 B，售价为 13000 元，估计可以使用 10 年，第 10 年年末估计残值为 600 元，年度使用费用 800 元。现有两个方案：甲方案为继续使用挖土机 A；乙方案为把旧的挖土机 A 以 2000 元卖掉，然后购买新挖土机 B。如果基准收益率为 12%，该施工单位如何选择？

【解】：根据设备更新方案比较原则，即站在客观立场上，沉没成本不计，考虑机会成本。旧的挖土机 A 可以卖 2000 元，相当于挖土机 A 的机会成本 2000 元，即企业需要花 2000 元去购买挖土机 A，这与 3 年前花费的 9000 元无关，9000 元是沉没成本。两个方案的现金流量图如图 8-5 所示。

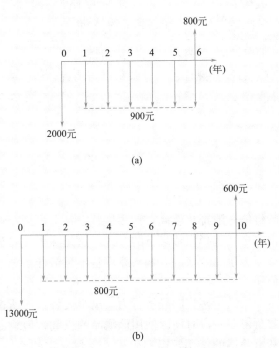

图 8-5 新旧挖土机现金流量图

(a) 甲方案；(b) 乙方案

由图 8-5 可以计算出甲、乙方案的设备年平均使用费用：

$$AC_{甲} = 900 + 2000 \times (A/P, 12\%, 6) - 800 \times (A/F, 12\%, 6)$$
$$= 900 + 2000 \times 0.2432 - 800 \times 0.1232 = 1287.84(元)$$
$$AC_{乙} = 800 + 13000 \times (A/P, 12\%, 10) - 600 \times (A/F, 12\%, 10)$$
$$= 800 + 13000 \times 0.1170 - 600 \times 0.0570 = 1042.24(元)$$

由于 $AC_{乙} < AC_{甲}$，所以应选择乙方案，买新挖土机。

任务 8.5　设备租赁

课前导学

知识目标	能够说出设备租赁概念
能力目标	明确融资租赁的意义与特征
素养目标	培养学生一丝不苟、精益求精的工匠精神 培养学生社会责任感和节约精神
重点难点	重点：区分融资租赁与传统租赁 难点：能够熟练进行设备租赁与购置经济分析

8.5.1　设备租赁概述

事实上大宗设备的价值一般都比较高，购买这些设备会占用企业大量的现金，所以为了降低资金的支出，很多企业选择租赁设备的方式，这是除了维修设备、重新购买设备之外的经济选择。对于很多中小企业来讲，购买新设备不是最佳的选择，催生出市场上很多经营设备租赁业务的公司。

租赁是一种以一定费用借贷实物的经济行为，出租人将自己所拥有的某种物品交与承租人使用，承租人由此获得在一段时期内使用该物品的权利，但物品的所有权仍保留在出租人手中。承租人为其所获得的使用权需向出租人支付一定的费用（租金）。设备租赁是设备使用者（承租人）按照合同规定，按期向设备所有者（出租人）支付一定费用而取得设备使用权的经营活动。

对于承租人，设备经营租赁较设备购置具有以下优点：

（1）可在资金不足的情况下，获得生产经营所需设备。

（2）可有效降低负债水平，保持资金流动。

（3）可避免通货膨胀和利率变化等不确定性带来的风险。

（4）设备租金计入成本，作为所得税前扣除，能减少税费负担。

租赁的业务种类有普通租赁和融资租赁。普通租赁一般租赁期较短，承租方可视自身需要决定承租时间和期限，决定继续或终止租赁，常适用于技术更新快，临时使用的车辆、设备和仪器；融资租赁的租赁期较长，租赁双方在确定的租赁期内的租让和付费服务不得任意终止和取消，常用于资金不足的企业，租赁生产经营长期需要的贵重和大型设备。

8.5.2 融资租赁

1. 融资租赁的概念

融资租赁是指出租人根据承租人对租赁物件的特定要求和对供货人的选择，出资向供货人购买租赁物件，并出租给承租人使用，承租人则分期向出租人支付租金，在租赁期内租赁物件的所有权属于出租人所有，承租人拥有租赁物件的使用权。租期届满，租金支付完毕并且承租人根据融资租赁合同的规定履行完全部义务后，对租赁物的归属没有约定的或者约定不明的，可以协议补充；不能达成补充协议的，按照合同有关条款或者交易习惯确定，仍然不能确定的，租赁物件所有权归出租人所有。融资租赁法律关系如图 8-6 所示。

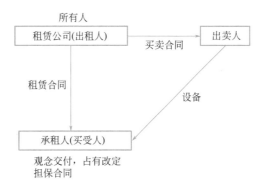

图 8-6 融资租赁法律关系

2. 融资租赁的特征

融资租赁除了融资方式灵活的特点外，还具备融资期限长，还款方式灵活、压力小的特点。

企业通过融资租赁所享有资金的期限可达 3 年，远远高于一般银行贷款期限。在还款方面，企业可根据自身条件选择分期还款，极大地减轻了短期资金压力，防止企业发生资金链断裂。

融资租赁虽然以其门槛低、形式灵活等特点非常适合企业解决自身融资难题，但是它却不适用于所有的企业。融资租赁比较适合生产、加工型中小企业，特别是那些有良好销售渠道，市场前景广阔，但是出现暂时困难或者需要及时购买设备扩大生产规模的企业。融资租赁的特征一般归纳为五个方面：

（1）租赁物由承租人决定，出租人出资购买并租赁给承租人使用，并且在租赁期间内只能租给一个企业使用。

（2）承租人负责检查验收制造商所提供的租赁物，对该租赁物的质量与技术条件出租人不向承租人做出担保。

（3）出租人保留租赁物的所有权，承租人在租赁期间支付租金而享有使用权，并负责租赁期间租赁物的管理、维修和保养。

（4）租赁合同一经签订，在租赁期间任何一方均无权单方面撤销合同。只有租赁物毁坏或被证明为已丧失使用价值的情况下方能中止执行合同，无故毁约则要支付相当重的罚金。

（5）租期结束后，承租人一般对租赁物有留购和退租两种选择，若要留购，购买价格可由租赁双方协商确定。

3. 设备租赁与购置经济分析

对于承租人而言，设备租赁与购置经济分析可归结为设备租赁方案与设备购置方案间的互斥型方案比较问题。

（1）设备租赁的净现金流量

第 t 年净现金流量 = 营业收入 − 营业税金及附加 − 经营成本 − 设备租赁费 −
（营业收入 − 营业税金及附加 − 经营成本 − 租赁费）× 所得税税率

（8-7）

（2）购置设备的净现金流量

第 t 年净现金流量 = 营业收入 − 营业税金及附加 − 经营成本 − 设备购置费 +
设备净残值 −（营业收入 − 营业税金及附加 − 经营成本 −
折旧 − 利息）× 所得税税率

（8-8）

应该注意，式 8-7 和式 8-8 中各项现金流量有的发生在第 0 年（设备寿命期初），如设备购置费；有的发生在设备使用期中每年的年初，如设备租赁费；有的发生在设备使用期中每年的年末，如营业收入、营业税金及附加、经营成本和所得税；有的发生在设备使用期期末，如设备残值回收，应根据实际情况，在经济分析中具体加以考虑。

（3）增量现金流量

由于设备购置与租赁方案选择的经济比选属于寿命期相同的互斥型方案选择，故只需比较它们之间的差额部分。由于租赁与购置设备方案净现金流量中的营业收入、营业税金及附加、经营成本和所得税税率数额及发生时间均完全相同，则设备购置对于设备租赁方案的增量现金流量为：

第 t 年净现金流量 = 设备购置费 + 设备净残值 + 租赁费 +
（折旧 + 利息 − 租赁费）× 所得税税率

（8-9）

根据互斥型方案增量分析法，如果设备购置与设备租赁方案的增量现金流量的现值不小于 0，则说明设备购置方案增加的投资在财务上是可行的，应选择设备购置；否则则说明增加投资不值得，应选择设备租赁。

【例 8-5】某建筑企业需要施工机械，如购买需购置费 50 万元，可利用 60％的银行贷款，贷款期限 3 年，按利率 8％等额支付本利和；如租赁每年租赁费 15 万元，每年年末支付。施工机械采用年限平均法折旧，使用寿命 5 年，预计期末净残值 5 万元，企业所得税税率 25％，行业基准收益率 10％。请对企业施工机械的选择进行经济分析。

【解】：（1）折旧费计算

年折旧费 =（500000 − 50000）÷ 5 = 90000（元）

（2）贷款利息计算

年还本付息 = 500000 × 60％ ×（A/P, 8％, 3）= 101400（元）

（3）计算增量现金流量的现值

$$\Delta PW_{购置-租赁} = -500000 + 11700 \times (P/F, 10\%, 1) + 121644 \times (P/F, 10\%, 2) +$$
$$126659.5 \times (P/F, 10\%, 3) + 135000 \times (P/F, 10\%, 4) +$$
$$185000 \times (P/F, 10\%, 5)$$
$$= 9134.29(元) \geqslant 0$$

说明追加投资的内部收益率大于基准收益率，追加投资可行，应选择投资较大的设备购置方案。

拓展阅读

融资租赁与传统租赁的区别

融资租赁和传统租赁一个本质的区别就是：传统租赁以承租人租赁使用物件的时间计算租金，而融资租赁以承租人占用融资成本的时间计算租金。

融资租赁是市场经济发展到一定阶段而产生的一种适应性较强的融资方式，在20世纪50年代产生于美国，并在20世纪60～70年代迅速在全世界发展起来，已成为当今企业更新设备的主要融资手段之一。在我国，随着基础设施建设的需求井喷，很多金融企业、非金融企业（包括工程机械公司）进入融资租赁业中来。

融资租赁是现代化大生产条件下产生的实物信用与银行信用相结合的新型金融服务形式，是集金融、贸易、服务为一体的跨领域、跨部门的交叉行业。由于其融资与融物相结合的特点，出现问题时租赁公司可以回收、处理租赁物，因而在办理融资时对企业资信和担保的要求不高，所以非常适合中小企业融资。有利于加快商品流通、扩大内需、促进技术更新、缓解中小企业融资困难、提高资源配置效率等。积极发展融资租赁业，是我国现代经济发展的必然选择。

任务 8.6　设备更新的再思考

8-6
设备更新的
再思考

课前导学

知识目标	能够思考复杂环境中的设备更新
能力目标	运用不同决策方法进行项目决策
素养目标	培养学生更新设备的决策能力 培养学生社会责任感和节约精神
重点难点	重点：新设备更新决策方法的确定 难点：运用决策的方法决策设备更新的时机与方法

8.6.1 复杂环境中的设备更新

设备更新不仅仅是经济问题，只进行技术经济分析有很大的局限，根据传统的最低总成本法选择的方案并不一定就是最优方案。事实上企业在进行新设备更新决策时，要考虑很多因素，如企业的现金流是否足够，企业在税务上的安排，企业的人力资源是否能够操作新设备，购进了新设备产生的其他费用，如新建厂房、配备专业人员、人员培训、设备维护保养、市场竞争、社会政治环境的变化情况，甚至有可能带来的增加投资等复杂情况。下面我们来看广东某芯片测试股份有限公司更新设备案例：

1. 项目背景

广东某芯片测试股份有限公司是专业从事半导体后段代工的现代高科技企业，企业累计投资 1.6 亿元人民币，占地面积 20000m²。因企业不断发展壮大，原有的网络系统负荷现有业务较为吃力，影响工作效率，网络升级改造迫在眉睫。通过多方沟通和方案对比，最终找到了在办公网络改造方面项目经验丰富的 A 公司为此次网络改造服务。

2. 需求分析

该芯片公司办公区有上千台机器 24 小时不间断运行（且不包括办公室人员电脑和手机等设备），在内网与服务器进行实时数据交互。在改造期间企业不停止运转，要求承包商尽量把对工作的影响降低到最低。

3. 解决方案

针对该芯片公司的情况，A 公司工程师提出了如下解决方案：

（1）基础设备升级

设备性能是基础，该项目选用了适用于中大型企业的核心交换机和汇聚交换机，保留了接入交换机，采用新旧设备结合的方式帮助用户解决了现有问题又有效控制了成本。

（2）重新规划网络结构

设备升级只是基础，重新规划网络结构才是重中之重，硬件升级后需结合现实情况重新规划网络结构。在原有的网络架构中，汇聚层到核心层没有链路负载，会导致单点故障从汇聚到核心完全断开，风险抵抗能力极低，经过工程师的整改后，在结构中添加了链路负载，有效解决了这一问题。

4. 安装调试

用户办公环境空间大、楼层多、点位复杂，给设备部署带来了不少麻烦。实施过程中由于汇聚交换机都在不同楼层，工程师采用集中调试核心和汇聚交换机后再分别上架的方式，提高了工作效率；工程师采用 SUB 地址进行网段配置，并根据甲方实际情况进行调整；在设备上架完毕后，需对各个网段进行测试，确保每个网段网络都能正常使用。

评价：该公司的网络改造不是简单的设备升级，而是要在保证不影响甲方企业正常运转的前提下，尽量把影响降低到最低，然后对网络系统优化，确保甲方的网络的安全性、稳定性、可持续发展性、抗风险性等，经济性只是其中一个很小的指标，由此可见设备更新不是一个简单判断经济寿命长短的问题。

8.6.2 关于决策

进行设备的更新是个复杂决策的问题，需要进行系统的考虑，为了保证影响组织未来生存和发展的决策的正确性，必须利用科学的方法来进行决策，决策的方法包括定性决策方法和定量决策方法。

1. 定性决策方法

定性决策方法，又称为主观决策方法，是决策者根据所掌握的信息，通过对事物运动规律的分析，利用知识和经验，评价和选择最佳方案的决策方法。常见的主要有头脑风暴法、名义群体法、德尔菲法、哥顿法、淘汰法、环比法等。

2. 定量决策方法

定量决策方法是应用数学模型和公式来解决一些决策问题，即运用数学工具建立反映各种因素及其关系的数学模型，并通过这模型的计算和求解，选择出最佳决策方案的方法。

根据数学模型涉及的决策问题性质（或者说根据所选方案结果的可靠性）的不同，定量决策方法一般分为确定型决策方法、风险型决策方法和不确定型决策方法。

（1）确定型决策方法

运用这种方法评价不同的企业经营方案的效果时，人们对未来的认识比较充分，能够比较准确地估计未来的发展状况，从而可以比较有把握地比较、预测各方案在未来实施所带来的效果，并据此做出确定性的选择。

常用的确定型决策方法有线性规划和盈亏平衡分析。

1）线性规划

线性规划是在一些线性等式或不等式的约束条件下，求解线性目标函数的最大值或最小值的方法。

2）盈亏平衡分析

盈亏平衡分析又称保本点法或量本利法，是根据产品的业务量（产量或销量）、成本、利润之间的相互关系的综合分析，用来预测利润、控制成本、判断经营状况的一种数学分析方法。

（2）风险型决策方法

风险型决策方法主要用于人们对未来有一定认识，但又不能完全确定的情况。

（3）不确定型决策方法

不确定型决策是在各种自然状态发生的概率无法预测的条件下，依据经验判断并有限地结合定量分析方法所做出的决策。不确定型决策方法主要有乐观法、悲观法、折中法、等概率法、后悔值法等。

由此可见，根据影响决策结果的不同因素，应选择合适的决策方法，而不只是简单地进行经济分析。设备的最佳更新时期确定对企业的发展来说非常重要，如果在设备最佳更新时期决策时，仅仅追求成本的最小化已经不能适应企业的发展，不仅会对设备实现现代化改革起到了一定的阻碍作用，而且也会严重地制约企业的长久发展以及经济效益的不断提升。综上，我们应采用科学合理的决策方法探索确定设备更新的方式，促进企业获得最大的经济效益、系统最优。

🔍 拓展知识

折旧费

折旧费主要是指设备在使用的过程中由于自身的磨损实际的价值发生了转移，折旧费用的具体数值要受到设备的原本价值、残余价值、清理费用、折旧年限等因素的影响。而在设备最佳更新时期的决策过程中不得不考虑剩余净值的因素。剩余净值主要指设备从最佳更新时期起一直到其实际的使用年限，这一时间段内没有被计算的折旧，由此产生的剩余价值。一般情况下企业都会按照设备的整体预计寿命期来计算设备的折旧。而如果设备的经济寿命提前出现，那么必然会导致设备的部分折旧未被提取，而设备在这一时期内还存在一定的价值可以实现变现。因此，设备的折旧费用计算必须将这部分未被提取的剩余价值进行扣除。但是，传统的设备最佳更新时期计算方法中并没有对剩余价值进行充分的考虑。而有的算法计算出来的折旧费用存在偏离实际的折旧费用的现象，这种现象必然会导致实际的设备折旧费用违背了随着使用年限增加而减少的基本规律。

由此可见，上述传统的设备折旧费用有必要进行修改，必须要在设备的经济寿命周期内将剩余价值进行充分的摊销，这样才能有效地消解设备的年折旧费用。而需要注意的是，因为在设备不断地运行过程中，这种剩余价值也在不断地降低，折旧导致剩余价值的摊销不能按照平均方法来进行，而设备账面的剩余价值会随着设备的使用年限的增加而与实际变现的剩余价值出现较大的差异，且这种差异也会随着使用年限的增加而扩大。因此，在实际进行设备年折旧费用计损的过程中，要按照剩余价值逐年增加的状态来计算。

项目 9

建设项目的经济评价

 课前导学

1. 知识目标

能够进行固定资产投资估算、流动资金估算、销售收入估算、成本费用估算；

能够绘制基本报表的形式和内容；

能够说出国民经济评价指标的计算与运用。

2. 能力目标

能够运用财务评价的投资、收益估算方法开展财务评价；

能够对项目进行财务评价及能力分析；

能够看懂财务评价报表；

能够区分财务评价和国民经济评价；

能够运用国民经济评价开展项目经济评价。

3. 素养目标

增强学生的大局观念和全局意识；

培养学生的政治意识、核心意识和看齐意识。

4. 重点难点

重点：财务评价报表的编制。

难点：评价指标的计算。

思维导图

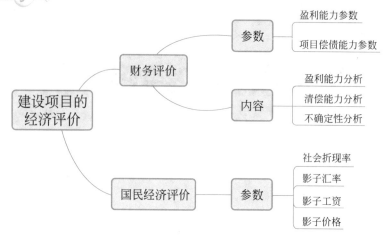

任务 9.1　建设项目经济评价方法

课前导学

知识目标	能够明确经济评价的方法
能力目标	能够明确财务评价和国民经济评价的区别和联系
素养目标	增强学生的大局观念和全局意识 培养学生不同角度看待经济评价的思辨精神
重点难点	重点：财务评价和国民经济评价的区别 难点：财务评价和国民经济评价之间的联系

9.1.1　建设项目经济评价的含义

在有限的资源合理安排到建设项目的建设活动中，真正体现最优的经济效益和社会效益，需要通过对拟建工程项目的经济效益进行预先估算，避免决策失误。建设项目的经济评价对于项目可行性研究和项目评估提供重要依据。一般情况下，建设项目的经济评价，由财务评价和国民经济评价两个部分构成。

1. 财务评价

财务评价是从企业或项目的角度出发，根据国家现行财税制度和价格体系，分析计算项目范围内的财务效益和费用、编制财务报表、计算评价指标、考察项目的盈利能力和清偿能力等财务状况，以此判断建设项目在财务上的可行性。

2. 国民经济评价

国民经济评价是从国家整体角度出发，按照资源合理配置和有效利用的原则，采用费用与效益的分析方法，运用影子价格、影子工资、影子汇率和社会折现率等国民经济评价参数，考察项目的效益和费用，分析计算项目对国民经济的贡献，评价项目的经济合理性。

9.1.2　财务评价与国民经济评价的关系

1. 财务评价与国民经济评价的不同

（1）两种评价的角度和基本出发点不同：财务评价是在项目的层次上，从项目的经营者、投资者、未来的债权人角度，分析项目在财务上能够生存的可能性、各方的实际收益或损失、投资或贷款的风险及收益；国民经济评价是站在国家的层次上，从社会的角度分析比较项目对国民经济可能产生的费用和效益。

（2）项目的费用与效益的含义及划分范围不同。财务评价只根据项目直接发生的财务收支；国民经济评价从全社会的角度考察项目的费用和效益，考察项目所消耗的有用社会资源，需要同时考虑直接与间接的费用和效益。

（3）价格体系不同。财务评价使用预测的财务收支价格；国民经济评价使用影子价格体系。

（4）财务评价包括盈利性分析和清偿能力分析；国民经济评价仅有盈利性分析。

2. 财务评价与国民经济评价之间的关联

财务评价与国民经济评价之间的相关是很紧密的，国民经济评价利用财务评价中已经使用过的数据资料，以财务评价为基础进行所需要的调整计算，得到国民经济评价的结论。国民经济评价也可以独立进行，在项目的财务评价之前进行国民经济评价。

任务 9.2　经济评价参数

课前导学

知识目标	能够运用经济评价参数
能力目标	能够利用财务评价的参数和国民经济的参数评价项目
素养目标	增强学生的大局观念和全局意识 培养学生一丝不苟、精益求精的工匠精神
重点难点	重点:财务评价参数的计算 难点:国民经济参数的计算

建设项目经济评价参数是指用于计算、衡量建设项目费用与效益的主要基础数据，包括项目计算期、财务价格、税费、借款利率、汇率、生产负荷等，以及判断项目财务可行性和经济合理性的一系列评价指标的基准值和参考值，包括财务评价参数和国民经济评价参数。

9.2.1 费用和效益参数

1. 项目计算期
项目计算期是指经济评价中进行动态分析所设定的期限，包括建设期和运营期（生产期）。建设期是指项目资金正式投入开始到项目建成投产为止所需要的时间；运营期分为投产期和达产期两个阶段。投产期是指项目投入生产，但生产能力尚未完全达到设计能力时的过渡阶段；达产期是指生产运营达到设计预期水平后的时间。

项目计算期和项目本身的特性相关，我们无法对项目计算期作出统一的规定。计算期不宜太长，是因为采用现金流量折现的方法，把后期的净收益折为现值的数值相对很小，导致时间越长，预测的数据越不准确。

2. 财务价格
财务评价采用以市场价格体系为基础的预测价格。在建设期期间，一般应考虑投入的相对价格变动及价格总水平变动情况，在运营期期间，投入与产出可采用相对变动的价格，如果难以确定投入与产出的价格变动，一般可采用运营期初的价格。

3. 税费
项目评价涉及的税费主要包括增值税、所得税、城市维护建设税、教育费附加、地方教育附加等，其中城市维护建设税、教育费附加、地方教育附加统称增值税附加。

4. 借款利率
借款利率是项目用以计算借款利息。当采用固定利率的借款项目时，财务评价直接采用约定的利率计算利息。当采用浮动利率的借款项目时，财务评价应对借款期内的平均利率进行预测，采用预测的平均利率计算利息。

5. 生产负荷
生产负荷也称生产能力利用率，是指项目生产运营期内生产能力的发挥程度，用百分比表示。

9.2.2 财务评价参数

财务评价参数主要包括项目盈利能力的参数和项目偿债能力的参数。项目盈利能力的参数主要包括财务内部收益率、总投资收益率、项目资本金净利润率等指标的基准值或参考值；项目偿债能力的参数主要包括利息备付率、偿债备付率、资产负债率、流动比率、速动比率等指标的基准值或参考值。

1. 基准收益率i_c
基准收益率i_c也称基准折现率。基准收益率是投资者、决策者对项目资金时间价值的估值，取决于资金来源的构成、未来的投资机会、风险大小、通货膨胀率等。

2. 盈利能力分析指标

财务评价的盈利能力分析是通过一系列财务评价指标反映的。要计算的指标有财务内部收益率、财务净现值、投资回收期、投资利润率、投资利税率和资本金利润率等。其中财务内部收益率、财务净现值和投资回收期是必须计算的主要指标。

（1）财务净现值（FNPV）

全部投资（或自有资金）财务净现值（FNPV）是指按设定的折现率，各年的净现金流量折现到建设期初的现值之和。

（2）财务内部收益率（FIRR）

财务内部收益率（FIRR）是反映项目在计算期内投资盈利能力的动态评估指标，项目计算期内各年净现金流量现值累计等于零时的折现率。

全部投资财务内部收益率是反映项目在设定的计算期内全部投资的盈利能力指标。当全部投资财务内部收益率（所得税前、所得税后）不小于行业基准收益率或设定的折现率，项目在财务上可以考虑被接受。

自有资金财务内部收益率则表示项目自有资金的盈利能力。当自有资金财务内部收益（所得税后）不小于投资者期望的最低可接受收益率时，项目在财务上可以考虑被接受。

（3）投资回收期

投资回收期是以项目税前的净收益抵偿全部投资所需的时间。投资回收期一般从建设开始年起计算，同时还应说明投入运营开始年或发挥效益年算起的投资回收期。

投资回收期的分析与评估，应将求出的投资回收期与基准投资回收期 P_c 相比较，当 $P_t \leqslant P_c$ 时，项目在财务上才可以考虑被接受。

（4）投资利润率

投资利润率是指项目生产经营期内年平均利润总额占项目总投资（固定资产投资与全部流动资金之和）的百分比率。它是反映项目单位投资盈利能力的指标。其计算公式为：

$$投资利润率 = \frac{年平均利润总额}{项目总投资} \times 100\% \tag{9-1}$$

当投资利润率不小于基准投资利润率时，项目在财务上才可以考虑被接受。

（5）投资利税率

投资利税率是指项目生产经营期内年平均利税总额占项目总投资（固定资产投资和全部流动资金之和）的百分比率，它是反映项目单位投资盈利能力和对财政所做贡献的指标。其计算公式为：

$$投资利税率 = \frac{年平均利税总额}{项目总投资} \times 100\% \tag{9-2}$$

$$年利税总额 = 年利润总额 + 销售税金及附加 \tag{9-3}$$

$$项目总投资 = 年营业收入 - 年总成本费用 \tag{9-4}$$

当投资利税率不小于基准投资利税率时，项目在财务上才可以考虑被接受。

（6）资本金利润率

资本金利润率是指项目生产经营期内年平均所得税后利润与技术方案资本金的比率。其计算公式为：

$$资本金利润率 = \frac{年平均所得税后利润}{技术方案资本金} \times 100\% \tag{9-5}$$

3. 偿债能力分析指标

偿债能力分析要计算的指标有固定资产投资国内借款偿还期、资产负债率、流动比率和速动比率。这些指标的计算是依据资产负债表、借款还本付息计算表、资金来源与运用表进行计算的。

（1）固定资产投资国内借款偿还期分析

通过资金来源与运用表、国内借款还本付息计算表计算国内借款偿还期。其计算公式为：

$$借款偿还期＝（借款偿还后开始出现盈余年份－开始借款年份）＋\frac{当年还款额}{当年可用还款资金}$$

(9-6)

当国内借款偿还期满足借款机构的要求期限时，即认为项目具有还贷能力。

（2）资产负债率

资产负债率反映企业的长期偿债能力。资产负债率越小，表明企业债务偿还的稳定性、安全性越大，企业长期偿债能力越强。其计算公式为：

$$资产负债率＝\frac{负债总额}{资产总额}×100\%$$

(9-7)

（3）流动比率

流动比率是反映企业的短期偿债能力的重要指标。最佳流动比率应视不同行业、不同企业的具体情况而定，一般认为2：1较好。其计算公式为：

$$流动比率＝\frac{流动资产总额}{流动负债总额}×100\%$$

(9-8)

（4）速动比率

速动比率是速动资产与流动负债的比值。按照规定，速动资产是流动资产减去变现能力较差且不稳定的存货、待摊费用、待处理流动资产损失等后的余额。由于剔除了存货等变现能力较弱且不稳定的资产，因此速动比率比流动比率能更加准确、可靠地评价企业资产的流动性及其偿还短期负债的能力。计算公式为：

$$速动比率＝\frac{流动资产总额－存货等}{流动负债总额}×100\%$$

(9-9)

建设项目的财务效果是通过一系列财务评价指标反映的。这些指标可根据财务评价基本报表和辅助报表计算，并将其与财务评价参数进行比较，以判断项目的财务可行性。

（5）利息备付率

也称已获利息倍数。投资方案在借款偿还期内的息税前利润（$EBIT$）与当期应付利息（PI）的比值。从付息资金来源的充裕性角度反映投资方案偿付债务利息的保障程度。

$$ICR＝\frac{EBIT}{RI}$$

(9-10)

评价准则：分年计算越高，利息偿付的保障程度越高，正常情况下利息备付率应大于1。

（6）偿债备付率

投资方案在借款偿还期内各年可用于还本付息的资金（息税前利润＋折旧＋摊销－所得税）与当期应还本付息金额（还本额＋计入总成本费用的全部利息）的比值。表明用于还本付息的资金偿还借款本息的保障程度。

$$DSCR = \frac{EBITDA - Tax}{PD} \tag{9-11}$$

评价准则：分年计算越高，利息偿付的保障程度越高，正常情况下偿债备付率应大于 1。

做一做

决定长期偿债能力的因素有哪些？

9.2.3　国民经济评价参数

国民经济评价参数体系分为两类，其中一类是通用参数，如社会折现率、影子汇率和影子工资等；另一类是一般参数，如影子价格等。

1. 社会折现率

社会折现率（i_s）是从社会角度对资金时间价值的估量，代表社会资金被占用应获得的最低收益率。社会折现率可根据国民经济发展的多种因素综合测定，可作为经济内部收益率的判别标准。

社会折现率一般为 8%，对于受益期长的建设项目，如果远期效益较大，效益实现的风险较小，社会折现率可适当降低，但不应低于 6%。

2. 影子汇率

影子汇率是包括单位外汇的经济价值，区分于外汇的财务价格和市场价格。影子汇率能正确反映国家外汇的真实经济价值的汇率。其计算公式为：

$$影子汇率换算系数 = \frac{影子汇率}{国家外汇牌价（官方汇率）} \tag{9-12}$$

投资项目投入和产出物涉及进出口的，应采用影子汇率换算系数调整计算进出口外汇收支的价值。根据我国外汇收支状况、主要进出口商品的国内价格与国外价格的比较、出口换汇成本以及进出口关税等因素综合分析确定。

3. 影子工资

影子工资是建设项目使用劳动力、耗费劳动力资源而使社会付出的代价。

4. 影子价格

所谓影子价格，是指依据一定原则确定的，能够反映投入物和产出物真实经济价值、市场供求状况、资源稀缺程度，使资源得到合理配置的价格。在工程项目的国民经济评价中用来代替市场价格进行费用与效益的计算，从而消除在市场不完善的条件下由于市场价格失真可能导致的评价结论失实。

例如，对于可外贸货物，其投入物或产出物影子价格的计算公式为：

$$出口产出的影子价格（出厂价）＝离岸价×影子汇率－出口费用 \quad (9\text{-}13)$$

$$进口投入的影子价格（到厂价）＝到岸价×影子汇率＋进口费用 \quad (9\text{-}14)$$

任务 9.3　财务分析

课前导学

知识目标	能够运用财务评价的方法
能力目标	能够利用财务数据的估算进行财务分析数据收集
素养目标	培养学生建立专业的财务经营能力
重点难点	重点:财务评价的内容与指标体系 难点:财务基础数据估算

9.3.1　财务分析的概念

财务分析也称财务评价，是依据我国现行的财务制度、价格体系和有关法规及规定，从企业或项目本身的角度出发，在财务效益与费用的估算以及编制财务辅助报表的基础上，分析、计算项目直接发生的财务效益和费用，编制财务报表，计算财务分析指标，考察和分析项目的盈利能力、偿债能力、财务生存能力等财务状况，以评价和判别项目财务可行性。

9.3.2　财务评价的作用

1. 考察项目的财务盈利能力。
2. 用于制定适宜的资金规划。
3. 为协调企业利益和国家利益提供依据。
4. 为中外合资项目提供双方合作的基础。

9.3.3　财务评价的内容与指标体系

财务评价的内容主要包括盈利能力分析、清偿能力分析和不确定性分析。

建设项目财务评价指标体系是按照财务评价内容建立起来的，同时也与编制的财务评价报表密切相关，财务评价指标体系涉及各项指标见表 9-1。

1. 盈利能力分析

主要是考察项目的盈利水平，是评价项目的财务上可行性程度的基本标志。盈利能力的大小是企业进行投资活动的原动力，也是企业进行投资决策时考虑的首要因素。

2. 清偿能力分析

拟建项目的清偿能力主要是指项目偿还建设项目投资借款和清偿其他债务的能力，直接关系到企业面临的财务风险和企业财务信用程度，是企业进行筹资决策的重要依据。

3. 不确定性分析

分析项目的盈利能力和偿债能力时所用的工程经济要素数据一般是预测和估计的，具有一定的不确定性。其相关内容在教材的项目 6 中讨论。

财务评价指标体系表　　　　　　　　　　表 9-1

评价内容	基本报表		评价指标	
			静态指标	动态指标
盈利能力分析	融资前分析	项目投资现金流量表	项目投资回收期	项目投资财务内部收益率 项目投资财务净现值
	融资后分析	项目资本金现金流量表		项目资本金财务内部收益率
		投资各方现金流量表		投资各方财务内部收益率
		利润与利润分配表	总投资收益率 项目资本金净利润率	
清偿能力分析	借款还本付息计划表		偿债备付率 利息备付率	
	资产负债表		资产负债率 流动比率 速动比率	
财务生存能力分析	财务计划现金流量表		累计盈余资金	
不确定性分析	盈亏平衡分析		盈亏平衡产量 盈亏平衡生产能力利用率	
	敏感性分析		灵敏度 不确定因素的临界值	
风险分析	概率分析		$FNPV \geqslant 0$ 累计概率	
			定性分析	

9.3.4　财务评价的基本步骤

1. 进行财务评价基础数据与参数的确定、估算与分析，编制财务评价的辅助报表。

根据项目市场研究和技术分析的结果、国家的现行财税制度，进行一系列财务数据的估算，并在此基础上编制辅助报表，辅助报表包括：建设投资估算表、流动资金估算表、固定资产折旧估算表、无形资产及递延资产摊销估算表、资金使用计划与资金筹措表、销售收入、销售税金及附加表、总成本估算表等。

2. 编制财务评价的基本报表。将分析和估算所得数据进行汇总，编制财务评价的基本报表，包括：现金流量表、利润表、资金来源与运用表、资产负债表。

3. 计算财务评价的各项指标，进行财务分析，包括盈利能力指标计算分析、偿债能力指标计算分析、不确定性分析，判别项目的财务可行性。将计算出的指标与国家有关部门公布的基础值、经验标准、历史标准、目标标准等加以比较，并从项目的角度提出项目可行与否的结论。

9.3.5 财务基础数据估算的内容

财务基础数据估算的内容包括对项目计算期内各年的经济活动情况及全部财务收支结果的估算，具体包括：建设投资估算，建设期利息估算，流动资金估算，项目总投资使用计划与资金筹措估算，营业收入、营业税金及附加和增值税估算，总成本费用估算，建设投资借款还本付息估算。

进行财务基础数据估算，按有关规定编制相应的财务基础数据估算表格，建设期利息估算表，流动资金估算表，项目总投资使用计划与资金筹措表，营业收入、营业税金及附加和增值税估算表，总成本费用估算表和建设投资借款还本付息估算。其中，总成本费用估算表的附表包括外购原材料费估算表、外购燃料和动力费估算表、固定资产折旧费估算表、无形资产及其他资产摊销估算表和工资及福利费估算表。

9.3.6 建设项目投资估算

投资估算是在对项目的建设规模、技术方案、设备方案、工程方案及项目实施进度等进行研究并基本确定的基础上，依据现有资料和特定方法，估算项目投入的总资金（包括建设投资和流动资金），并估算建设期内分年资金需要量。投资估算是制定融资方案、进行经济评价的依据。

根据国家规定从满足建设项目投资设计和投资规模的角度，建设项目投资的估算包括固定资产投资估算和流动资产投资估算，固定资产投资估算又包括建设投资估算和建设期利息估算。

1. 建设投资估算

在估算出建设投资后需编制建设投资估算表，为后期的融资决策提供依据。

2. 建设期利息估算

建设期利息是指筹措债务资金时在建设期内发生并按规定允许在投产后计入固定资产原值的利息，即资本化利息。在估算建设期利息时需编制建设期利息估算表，见表9-2。

建设期利息估算表 　　　　　　　　　　　　　　　　　　　　　　　表 9-2

序号	项目	合计	建设期(年)				
			1	2	3	……	n
1	借款						
1.1	建设期利息						
1.1.1	期初借款余额						
1.1.2	当期借款						
1.1.3	当期应计利息						
1.1.4	期末借款余额						
1.2	其他融资费用						
1.3	小计(1.1+1.2)						
2	债券						
2.1	建设期利息						
2.1.1	期初借款余额						
2.1.2	当期借款						
2.1.3	当期应计利息						
2.1.4	期末借款余额						
2.2	其他融资费用						
2.3	小计(2.1+2.2)						
3	合计(1.3+2.3)						
3.1	建设期利息(1.1+2.1)						
3.2	其他融资费用合计(1.2+2.2)						

计算建设期利息时，为了简化计算，通常假定借款均在每年的年中支用，借款当年按半年计息，其余各年份按全年计息，计算公式为：

$$各年应计利息＝（年初借款本息累计＋本年借款/2）×有效年利率 \qquad (9\text{-}15)$$

建设期利息包括银行借款和其他债务资金的利息，以及其他融资费用。

3. 流动资金的估算

流动资金的估算方法有两种：

（1）扩大指标估算法，是按照流动资金占某种费用基数的比率来估算流动资金。一般常用的费用基数有销售收入、经营成本、总成本费用和固定资产投资等。所采用的基数一般根据经验或依行业或部门给定的参考值确定，也有按单位产量占用流动资金额估算流动资金。扩大指标估算法简便易行，适用于项目初选阶段。

（2）分项详细估算法，这是通常采用的流动资金估算方法。根据流动资金各项估算的结果，编制流动估算表，见表 9-3。

流动估算表 表 9-3

序号	项目	最低周转天数	周转天数	计算期(年)				
				1	2	3	……	n
1	流动资金							
1.1	应收账款							
1.2	存货							
1.2.1	原材料							
1.2.2	……							
1.2.3	燃料							
1.2.4	在产品							
1.2.5	成品							
1.3	现金							
1.4	预付账款							
2	流动负债							
2.1	应付账款							
2.2	预付账款							
3	流动资金(1-2)							
4	流动资金当期增加额							

9.3.7 总成本费用的估算

1. 总成本费用的含义及分类

总成本费用是指项目在运营期内为生产产品或提供服务所发生的全部费用，等于经营成本与折旧费、摊销费和财务费用之和。

2. 总成本费用的构成与估算

总成本费用的估算通常采用以下两种方法：

（1）生产成本法

生产成本法是指在核算产品成本时只分配与生产经营最直接和关系密切的费用，而将与生产经营没有直接关系和关系不密切的费用计入当期损益，即将人工费、材料费、机械费、其他直接费用计入产品生产成本，管理费用、财务费用和营业费用直接计入当期损益。其计算公式为：

$$总成本费用＝生产成本＋期间费用 \tag{9-16}$$

式中，生产成本＝人工费＋材料费＋机械费＋其他直接费用；期间费用＝管理费用＋财务费用＋营业费用。

按照生产成本法估算的总成本费用估算表，见表 9-4。

总成本费用估算表　　　　　　　　　　　表 9-4

序号	项目	合计	计算期(年)							
			1	2	3	4	5	6	······	n
1	生产成本									
1.1	人工费									
1.2	材料费									
1.3	机械费									
1.4	其他制造费									
2	管理费用									
2.1	无形资产摊销									
2.2	其他资产摊销									
2.3	其他管理费用									
3	财务费用									
3.1	利息支出									
3.1.1	长期借款利息									
3.1.2	流动资金借款利息									
3.1.3	短期借款利息									
4	营业费用									
5	总成本费用合计(1+2+3)									
5.1	其中:可变成本									
5.2	固定成本									
6	经营成本 (5-1.4-2.1-2.2-3.1)									

（2）生产要素估算法

按照生产要素法估算的总成本费用的估算表，见表 9-5。

总成本费用估算表　　　　　　　　　　　表 9-5

序号	项目	合计	计算期(年)				
			1	2	3	······	n
1	外购原材料费						
2	外购燃料及动力费						
3	工资及福利费						
4	修理费						
5	其他费用						
6	经营成本(1+2+3+4+5)						
7	折旧费						
8	摊销费						
9	利息支出						
10	总成本费用合计(6+7+8+9)						

序号	项目	合计	计算期(年)				
			1	2	3	……	n
10.1	其中:固定成本						
10.2	可变成本						

1）表9-5的"其他费用"包括其他制造费用、其他管理费用和其他营业费用。

2）经营成本估算。经营成本是工程经济学中特有的概念，作为项目运营期的主要现金流出，即：

经营成本＝外购原材料、燃料及动力费＋工资及福利费＋修理费＋其他费用 (9-17)

3）折旧费的估算。根据折旧费计算的结果编制固定资产折旧费估算表，见表9-6。

固定资产折旧费估算表　　　　　　　　表9-6

序号	项目	合计	计算期(年)				
			1	2	3	……	n
1	房屋、建筑物						
1.1	原值						
1.2	当期折旧费						
1.3	净值						
2	机械设备						
2.1	原值						
2.2	当期折旧费						
2.3	净值						
3	合计						
3.1	原值						
3.2	当期折旧费						
3.3	净值						

4）摊销费的估算。无形资产与其他资产的摊销是指将这些资产在使用中损耗的价值转入到成本费用中去。一般不考虑残值，从受益之日起，在一定期间分期平均摊销。根据摊销费计算结果编制的无形资产和其他资产摊销费估算表，见表9-7。

无形资产和其他资产摊销费估算表　　　　　　　　表9-7

序号	项目	合计	计算期(年)				
			1	2	3	……	n
1	无形资产						
1.1	原值						
1.2	当期摊销费						
1.3	净值						
2	其他资产						

序号	项目	合计	计算期(年)				
			1	2	3	……	n
2.1	原值						
2.2	当期摊销费						
2.3	净值						
3	合计						
3.1	原值						
3.2	当期摊销费						
3.3	净值						

【例 9-1】在项目筹建期间发生注册登记费 3000 元，培训费 4000 元，文件费 2000 元，验资费 5000 元，报销费 5800 元，人员雇佣费 15000 元，长期借款利息 10000 元，规定在项目运营当月起 10 年摊销开办费用，试计算运营开始后 10 年内每月应摊销入管理费用的开办费数额。

【解】：开办费总额＝3000＋4000＋2000＋5000＋5800＋15000＋10000＝44800（元）

每月返销额＝44800÷10÷12＝373.33（元）

5）利息的估算。分别估算长期借款利息和流动资金借款的利息进行合计。

6）固定成本与可变成本估算。固定成本是指成本总额不随产品产量及销售量的增减发生变化的各项成本费用，一般包括折旧费、摊销费、维理费、工资及福利费和其他费用等，通常把运营期发生的全部利息也作为固定成本；可变成本是指成本总额随产品产量和销售量增减而成正比例变化的各项费用，主要包括外购原材料、燃料及动力费和计件工资等。有些成本费用属于半固定可变成本，必要时可进一步分解为固定成本和可变成本。

9.3.8　营业收入、增值税、增值税附加的估算

1. 营业收入的估算

营业收入是指销售产品或者提供服务所获得的收入，是现金流量表中现金流入的主体，也是利润表的主要项目。营业收入是财务分析的重要数据，其估算的准确性极大地影响着项目财务效益的估计。营业收入估算的基础数据包括产品或服务的数量和价格，其计算公式为：

$$营业收入＝产品或服务数量×单位价格 \tag{9-18}$$

2. 增值税的估算

在经济评价项目中应遵循价外税的计税原则，对营业收入和增值税的估算结果，见表 9-8。

营业收入和增值税估算表　　　　　表 9-8

序号	项目	合计	计算期(年)				
			1	2	3	……	n
1	营业收入						
1.1	产品 A 营业收入						
1.1.1	单价						
1.1.2	数量						
1.1.3	销项税额						
1.2	产品 B 营业收入						
1.2.1	单价						
1.2.2	数量						
1.2.3	销项税额						
1.3	销项税合计						
2	进项税						
2.1	产品 A 成本中可抵扣的进项税						
2.2	产品 B 成本中可抵扣的进项税						
3	增值税						

3. 增值税附加的计算

以增值税为基本计算增值税附加的费用。

9.3.9　投资借款还本付息估算

企业为筹集所需资金而发生的费用称为借款费用，又称财务费用，包括利息支出、免额以及相关的手续费等，利息支出的估算包括长期借款利息、流动资金借款利息和短期借款利息。

1. 建设投资借款还本付息估算

建设投资借款还本付息估算主要是测算还款期的利息和偿还贷款的时间，从而观察项目的偿还能力和收益，为财务效益评价和项目决策提供依据。根据建设投资借款还本付息的计算结果，见表 9-9。

借款还本付息计划表　　　　　表 9-9

序号	项目	合计	计算期(年)				
			1	2	3	……	n
1	借款 1						
1.1	期初借款余额						
1.2	当期还本付息						
1.2.1	其中:还本						

续表

序号	项目	合计	计算期(年)				
			1	2	3	......	n
1.2.2	付息						
1.3	期末借款余额						
2	借款 2						
2.1	期初借款余额						
2.2	当期还本付息						
2.2.1	其中:还本						
2.2.2	付息						
2.3	期末借款余额						
3	债券						
3.1	期初债务余额						
3.2	当期还本付息						
3.2.1	其中:还本						
3.2.2	付息						
3.3	期末债务余额						
4	借款和债权合计						
4.1	期初余额						
4.2	当期还本付息						
4.2.1	其中:还本						
4.2.2	付息						
4.3	期末余额						
计算指标	利息备付率						
	偿债备付率						

2. 流动资金借款还本付息估算

流动资金借款在生产经营期内只计算每年所支付的利息，单利计息，在项目寿命期最后一年一次性支付本金，其利息计算公式为：

$$年流动资金借款利息＝流动资金借款额×流动资金借款年利率 \qquad (9\text{-}19)$$

3. 短期借款还本付息估算

项目财务评价中的短期借款是指运营期间由于资金的临时需要而发生的短期借款，短期借款的数额应在财务计划现金流量表中得到反映，其利息应计入总成本费用表的利息支出中。短期借款利息的计算与流动资金借款利息的计算相同，短期借款本金的偿还按照"随借随还"的原则处理。

任务 9.4　财务分析的基本报表

知识目标	能够运用财务分析的基本报表
能力目标	能够编制财务分析基本报表
素养目标	培养学生认真严谨的工作态度
重点难点	重点:财务分析基本报表数据的填写 难点:财务分析的基本报表编制

9.4.1　财务现金流量表

财务现金流量表是反映项目在计算期内各年的现金流入、现金流出和净现金流量的计算表格。根据投资计算基础不同，分为项目投资现金流量表和项目资本金现金流量表。编制现金流量表的主要作用是计算财务内部收益率、财务净现值和投资回收期等分析指标。

9.4.2　项目投资现金流量表

项目投资现金流量表根据项目全部投资的情况，不分资金来源，在假定全部投资为自有资金的条件下，以项目所需的全部资金为计算基础，不考虑资金本息偿还的前提下，反映项目各年现金流量状况，见表 9-10。

项目投资财务现金流量表　　　　　　　　　　　　　　　　　表 9-10

序号	项目	合计	计算期(年)					
			1	2	3	4	……	n
1	现金流入							
1.1	营业收入(不含税)							
1.2	销项税额							
1.3	补贴收入							
1.4	回收固定资产							
1.5	回收流动资金							
2	现金流出							

续表

序号	项目	合计	计算期(年)					
			1	2	3	4	……	n
2.1	建设投资							
2.2	流动资金							
2.3	经营成本							
2.4	进项税额							
2.5	应纳增值税							
2.6	增值税附加							
2.7	维持运营投资							
3	所得税前净现金流量(1—2)							
4	累计所得税前净现金流量							
5	调整所得税							
6	所得税后净现金流量(3—5)							
7	累计所得税后净现金流量							

9.4.3   项目资本金现金流量表

项目资本金现金流量表是根据项目投资主体情况考察项目的现金流入流出情况。从项目投资主体的方面来看，一方面，建设项目投资借款是现金流入，但又同时将借款用于项目投资，则构成同一时点、相同数额的现金流出，二者相抵；另一方面，现金流入又是由项目全部投资获得，故应将借款本金的偿还及利息支付计入现金流出。以此表中的数据可以计算出自有资金的财务内部收益率、财务净现值等财务分析指标。项目资本金现金流量表主要考察自有资金盈利能力和向外部借款对项目是否有利。见表 9-11。

项目资本金现金流量表   表 9-11

序号	项目	合计	计算期(年)					
			1	2	3	4	……	n
1	现金流入							
1.1	营业收入(不含税)							
1.2	销项税额							
1.3	补贴收入							
1.4	回收固定资产余值							
1.5	回收流动资金							
2	现金流出							
2.1	项目资本金							
2.2	借款本金偿还							
2.3	借款利息支付							

序号	项目	合计	计算期(年)					
			1	2	3	4	⋯⋯	n
2.4	经营成本							
2.5	进项税额							
2.6	应纳增值税							
2.7	增值税金附加							
2.8	所得税							
2.9	维持运营投资							
3	净现金流量(1—2)							

9.4.4 损益表

损益表反映项目计算期内各年的利润总额、所得税及税后利润的分配情况，用以计算投资利润率、投资利税率和资本金利润率等指标。

表 9-12 的编制需依据总成本费用估算表、营业收入和销售税金及附加估算表及表中各项目之间的关系来进行，表中各项目之间的关系为：

$$利润总额＝营业收入－总成本费用－销售税金及附加 \tag{9-20}$$

$$税后净利润＝利润总额－所得税 \tag{9-21}$$

可供分配的利润＝当年实现的净利润＋期初未分配利润（或减年初未弥补亏损）＋其他转入

$$\tag{9-22}$$

利润与利润分配表 　　　　　　　　　　　　　　　　　　　表 9-12

序号	项目	合计	计算期(年)					
			1	2	3	4	⋯⋯	n
1	营业收入							
2	增值税附加							
3	总成本费用							
4	补贴收入							
5	利润总额(1－2－3＋4)							
6	弥补以前年度亏损							
7	应纳税所得额(5－6)							
8	所得税							
9	净利润							
10	期初未分配利润							
11	可供分配利润(9＋10)							
12	提取法定盈余公积金							
13	可供投资者分配的利润(11－12)							

续表

序号	项目	合计	计算期(年)					
			1	2	3	4	……	n
14	应付有限股股利							
15	提取任意盈余公积金							
16	应付普通股股利(13—14—15)							
17	各投资方利润分配 其中:××方 ××方							
18	未分配利润(13—14—15—17)							
19	息税前利润(利润总额+利息支出)							
20	息税折旧摊销前利润 (息税前利润+折旧+摊销)							

9.4.5　资金来源与资金运用表

资金来源与资金运用表（表 9-13）用于反映项目计算期内各年的资金盈余或短缺情况、选择资金筹措方案、制定适宜的借款及偿还计划，并为编制资产负债表提供依据。

资金来源与资金运用表　　　　　　　　表 9-13

序号	项目	合计	计算期(年)					
			1	2	3	4	……	n
1	资金来源							
1.1	利润总额							
1.2	折旧费							
1.3	摊销费							
1.4	长期借款							
1.5	流动资金借款							
1.6	其他短期借款							
1.7	自有资金							
1.8	其他							
1.9	回收固定资产余值							
1.10	回收流动资金							
2	资金运用							
2.1	固定资产投资							
2.2	建设期贷款利息							
2.3	流动资金							
2.4	所得税							

序号	项目	合计	计算期(年)					
			1	2	3	4	······	n
2.5	应付利润							
2.6	长期借款本基金偿还							
2.7	流动资金借款本金偿还							
2.8	其他短期借款本金偿还							
3	盈余资金(1—2)							
4	累计盈余资金							

9.4.6 资产负债表的编制

资产负债表（表 9-14）综合反映项目计算期内各年末资产、负债和所有者权益的增减变动及对应关系。用以考察项目资产、负债、所有者权益三者的结构是否合理，计算资产负债率、流动比率及速动比率，进行清偿能力分析。

（1）资产负债表是依据流动资金估算表、固定资产投资估算表、投资计划与资金筹措表、资金来源与运用表、损益表等财务报表的有关数据编制。表中有资产、负债与所有者权益三个项目。

（2）资产负债表是根据"资产＝负债＋所有者权益"的会计平衡原理编制，它为企业经营者、投资者和债权人等不同的报表使用者提供了各自需要的资料。分析中应注意根据资本保全原则，投资者投入的资本金在生产经营期内，除依法转让外，不得以任何方式抽回，计提固定资产折旧不能冲减资本金。

资产负债表 表 9-14

序号	项目	合计	计算期(年)				
			1	2	3	······	n
1	资产						
1.1	流动资产总额						
1.1.1	货币资金						
1.1.2	应收账款						
1.1.3	预付账款						
1.1.4	存货						
1.1.5	其他						
1.2	在建工程						
1.3	固定资产净值						
1.4	无形资产和其他资产净值						
2	负债及所有者权益(2.4+2.5)						

续表

序号	项目	合计	计算期(年)				
			1	2	3	......	n
2.1	流动负债总额						
2.1.1	短期借款						
2.1.2	应付账款						
2.1.3	其他						
2.1.4	建设投资借款						
2.2	流动资金借款						
2.3	负债小计(2.1+2.2+2.3)						
2.4	所有者权益						
2.5	资本金						
2.5.1	资本公积金						
2.5.2	累计盈余公积金						
2.5.3	累计未分配						
2.5.4	累计未分配利润						

计算指标:资产负债率(%)

9.4.7　借款还本付息表

借款还本付息计划表（表9-9）反映计算期内年借款本金偿还和利息支付情况，用于计算偿债备付率和利息备付率指标。

9.4.8　财务计划现金流量表

财务计划现金流量表（表9-15）反映项目计算期投资、融资及经营活动的现金流入和流出，用于计算累计盈余资金，分析项目的财务生存能力。

财务计划现金流量表　　　　　　　　表 9-15

序号	项目	合计	计算期(年)				
			1	2	3	......	n
1	经营活动净现金流量(1.1-1.2)						
1.1	现金流入						
1.1.1	营业流入						
1.1.2	增值税销项税额						
1.1.3	补贴收入						

序号	项目	合计	计算期(年)				
			1	2	3	……	n
1.1.4	其他流入						
1.2	现金流出						
1.2.1	经营成本						
1.2.2	增值税进项税额						
1.2.3	增值税						
1.2.4	增值税附加						
1.2.5	所得税						
1.2.6	其他流出						
2	投资活动净现金流量(2.1−2.2)						
2.1	现金流入						
2.2	现金流出						
2.2.1	建设投资						
2.2.2	维持运营投资						
2.2.3	流动资金						
2.2.4	其他流出						
3	筹资活动净现金流量(3.1−3.2)						
3.1	现金流入						
3.1.1	项目资本金流入						
3.1.2	建设投资借款						
3.1.3	流动资金借款						
3.1.4	债券						
3.1.5	短期借款						
3.1.6	其他流入						
3.2	现金流出						
3.2.1	各种利息支出						
3.2.2	偿还债务本金						
3.2.3	应付利润						
3.2.4	其他流出						
4	净现金流量(1+2+3)						
5	累计盈余资金						

任务 9.5　国民经济评价

知识目标	能说出国民经济评价的基本内容
能力目标	能够评价国民经济评价中的"有"或"无"
素养目标	培养学生的先进性意识
重点难点	重点:国民经济效益与费用的识别 难点:国民经济效益评价的指标

9.5.1　国民经济评价定义、作用和原理

1. 国民经济评价的定义

国民经济评价是将建设工程项目放到整个国民经济体系中来分析,从国民经济的角度来考虑和比较国民经济为项目所要付出的全部成本和可能获得的全部效益,并据此分析项目的经济合理性,从而选择对国民经济最有利的方案。国民经济评价的主要目的是实现国家资源的优化配置和有效利用,以保证国民经济能够可持续地稳定发展。

2. 国民经济评价的作用

建设项目国民经济评价的作用主要体现在以下几个方面:

(1) 可以优化配置国家的有限资源。

(2) 可以真实反映建设项目对国民经济的净贡献。

(3) 可以对项目进行优化并作出科学的决策。

3. 国民经济评价的基本原理

建设项目的国民经济评价使用基本的经济评价理论,采用费用效益分析方法,即费用与效益比较的理论方法,寻求以最小的投入(费用)获取最大的产出(效益)。国民经济评价采取"有无对比"方法识别项目的费用和效益,采取影子价格理论方法估算各项费用和效益,采用现金流量分析方法使用报表分析,采用经济内部收益率、经济净现值等经济盈利性指标进行定量的经济效益分析。

9.5.2　国民经济费用和效益

进行国民经济评价，首先要对项目的费用和效益进行分析和划分，分析和评价的项目在划分费用与效益的基本原则是：凡是建设项目使国民经济发生的实际资源消耗，或者国民经济为建设项目付出的代价，即为费用；凡是建设项目对国民经济发生的实际资源产出与节约，或者对国民经济作出的贡献，即为效益。

1. 直接效益与直接费用

（1）直接效益

项目的直接效益是指项目本身直接增加销售量和劳动量所获得的收益，或为社会节约开支、减少的损失和节省的资源。它是由项目本身产生，由其产出物提供，并用影子价格计算产出物的经济价值。

（2）直接费用

项目的直接费用是指由项目消耗社会资源所产生，并在项目范围内计算的经济费用。当项目所需投入物需要依靠国内供应总量的增加，才能满足项目需求的，其成本就是增加国内生产所消耗的资源的价值。当国内供应总量不变：1）第一种情形当项目投入物主要依靠从国外进口来满足需求时，其经济的成本就是进口所花费的外汇；2）第二种情形当项目的投入物为满足项目需求，本可以出口兑换外汇，此时减少了该项投入物的出口量，其经济成本就是因减少出口而减少的外汇收入；3）第三种情形当项目使用的社会的资源用于其他项目和企业时，由于其他拟建项目需要使用该项投入物而导致减少对其他项目或企业的供应，其经济成本就为其他项目或企业因减少该投入物的用量而减少的效益。

2. 间接效益与间接费用

间接效益与间接费用是指项目对国民经济作出的贡献与国民经济为项目付出的代价中，在直接效益与直接费用中未得到反映的那部分效益与费用。

通常把与项目相关的间接效益（外部效益）和间接费用（外部费用）统称为外部效果。它必须同时满足下列两个条件：1）生产消费经济活动将影响与本项目无直接关系的其他生产者和消费者的生产水平和效用水平；2）不计价或不需补偿。

项目的间接效益是项目对社会作出了贡献，它由项目引起而项目本身并未得益的那部分效益。项目的外部效益通常主要表现为以下几种情况：1）项目建设中修建了一些公共服务系统，它除了为项目本身服务外，还使当地工农业生产和人民生活得到效益；2）项目生产出一种新产品，它在使用中可使用户得到节料、节能和降低运行费用的好处，如果这部分节料、节能的效益未反映在项目新产品的财务价格中，那么它就成为项目的外部效益；3）项目中引进先进技术得到推广、扩散，提高了社会的科学技术水平，而使得社会生产力得到提高和发展的效益。

（1）项目的间接费用

项目的间接费用是国民经济为项目付出的费用，由项目引起但是项目本身并不实际支付的费用。比如，工业项目生产中产生的"三废"所引起的空气环境污染和对自然生态平衡的破坏，项目除投资内支付的措施费用外，一般不支付任何费用，而国民经济却为治理它付出了更多的费用。

（2）间接费用与间接效益计量方法

间接费用与间接效益不仅难以鉴别，而且难以计量。为了减少计量上的困难，可采取外部效果内部化的方法：①把相互关联的项目组合成为一个"联合体"对其进行评价，使外部成本和外部效益转为直接成本和直接效益；②一般是运用机会成本和消费者支付意愿等原则，在确定项目投入物和产出物的影子价格、影子工资、影子外汇汇率时，用影子价格等参数计算成本和效益，在很大程度上使外部效果在项目内部得到了体现。

3. 转移支付

在项目的评价中，有一些财务费用和效益并不能真正反映国民经济整体的所用资源的投入和产出变化。这些不反映国民收入的变化，只是表现为资源的使用权力从一个实体转移到另一个实体手中，仅仅是货币在社会实体之间的一种转移方式而已。这种并不伴随资源增减的纯粹货币性质的转移，称为转移支付。

总之，在项目的国民经济评价中，对转移支付的识别和处理是将财务现金流调整为经济现金流的关键内容之一。它不仅反映了评价中系统边界的扩展，而且也反映了国民经济评价中始终追踪实际资源流动，而不是货币流动的本质特征。

9.5.3 国民经济效益分析评价

国民经济效益分析评价包括国民经济盈利能力分析和外汇效果分析。国民经济评价的基本报表一般包括全部投资国民经济效益费用流量表和国内投资国民经济效益费用流量表。全部投资国民经济效益费用流量表以全部投资作为计算基础，用来计算全部投资的经济内部收益率、经济净现值等评价指标；国内投资国民经济效益费用流量表以国内投资作为计算基础，将国外借款利息和本金的偿还作为费用流出，用以计算国内投资的经济内部收益率、经济净现值等指标，作为利用外资项目经济评价和方案比较取舍的依据。对于涉及产品出口创汇或替代进口节汇的项目，还需编制经济外汇流量表，以计算经济外汇净现值、经济换汇成本和经济节汇成本等指标，进行外汇效果分析。

1. 国民经济费用效益评价报表的编制

编制国民经济评价报表是进行国民经济评价的基础工作之一。项目经济费用效益流量表的编制可以在项目投资现金流量表的基础上，按照经济费用效益识别和计算的原则和方法直接进行，同时在财务分析的基础上将财务现金流量转化为反映真正资源变动状况的经济费用效益流量。

对项目进行国民经济评价，来判断项目的经济合理性。可以按以下步骤直接编制国民经济费用效益流量表：

（1）确定国民经济效益、费用的计算范围，包括直接效益、直接费用以及间接效益、间接费用。

（2）测算各种主要投入物的影子价格和产出物的影子价格。

（3）编制国民经济效益费用流量表。

与此同时我们需要在财务分析的基础上编制国民经济效益费用流量表，因为国民经济评价时取用的成本、效益范围、外汇汇率以及主要投入产出物的价格都与财务评价不同，所以需要对财务效益评价所用的成本效益数据进行必要的调整。包括：

建筑工程经济（第二版）

（1）摘除在财务评价中计算为效益或费用的转移支付，增加财务评价中未反映的间接效益和间接费用；

（2）用影子价格、影子工资、影子汇率和土地影子费用等代替财务价格及费用，对销售收入（或收益）、固定资产投资、流动资金、经营成本等进行调整；

（3）编制国民经济评价基本报表，并据此计算国民经济评价的有关评价指标。

2. 建设项目国民经济费用效益分析的指标

在国民经济评价中，反映项目投资的经济效益指标主要有经济内部收益率、经济净现值和经济效益费用比。这些指标可根据国民经济效益费用流量表（表9-16）来进行计算。

效益费用流量表   表 9-16

序号	项目	合计	计算期(年)					
			1	2	3	4	……	n
1	效益流量							
1.1	项目直接效益							
1.2	资产余额回收							
1.3	项目间接效益							
2	费用流量							
2.1	建设投资							
2.2	维持运营投资							
2.3	流动资金							
2.4	经营费用							
2.5	项目间接费用							
3	净效益流量(1-2)							

（1）经济净现值（$ENPV$）

经济净现值是反映项目对国民经济净贡献的绝对指标，是用社会折现率，将建设项目计算期各年的净效益流量折算到建设期初的现值之和，是经济费用效益分析的主要评价指标。其计算公式为：

$$ENPV = \sum_{t=1}^{n}(B-C)_t \times (1+i_s)^{-t}$$ （9-23）

式中 B——国民经济效益流量；

C——国民经济费用流量；

$(B-C)_t$——第 t 年的国民经济净效益流量；

n——建设项目计算期；

i_s——社会折现率。

经济净现值可行性判别标准：当 $ENPV>0$ 时，表明项目收益超过了社会折现率的水平。即国家为拟建项目付出代价后，项目的盈利性（净贡献）除了满足的社会盈余外，还

184

得到以现值计算的超额社会盈余。当 $ENPV=0$ 时，表明项目收益刚好达到了 i_s 的水平，因此，项目是可行的。反之，当 $ENPV<0$ 时，则表明项目不可行。

（2）经济内部收益率（$EIRR$）

经济内部收益率是反映建设项目对国民经济净贡献的相对指标，它表示项目占用资金所获得的动态收益率，也是项目在计算期内各年经济净效益流量的累计现值等于零时的折现率，是经济费用效益分析的辅助评价指标。其计算公式为：

$$\sum_{t=1}^{n}(B-C)_t(1+EIRR)^{-t}=0 \tag{9-24}$$

经济内部收益率可根据定义式用数值法求解，或根据国民经济效益费用流量表利用试算法求解，或使用软件程序求解。

经济内部收益率可行性判别标准：当 $EIRR>i_s$ 时，表明建设项目投资对国民经济的净贡献能力达到或者超过了预定要求的水平，项目可以接受；否则，项目不可以接受。以上经济净现值和经济内部收益率按分析效益费用的口径不同，可分为全部投资（包括国内投资和国外投资）的经济内部收益率和经济净现值，以及国内投资经济内部收益率和经济净现值。如果项目没有国外投资和国外借款，全部投资指标与国内投资指标相同；如果项目有国外资金流入与流出，应以国内投资的经济内部收益率和经济净现值作为项目国民经济评价的评价指标。

（3）经济效益费用比（R_{BC}）

经济效益费用比是项目在计算期内效益流量的现值与费用流量的现值的比率，是经济费用效益分析的辅助评价指标。其计算公式为：

$$R_{BC}=\frac{\sum_{t=1}^{n}B_t(1+i_s)^{-t}}{\sum_{t=1}^{n}C_t(1+i_s)^{-t}} \tag{9-25}$$

式中　B_t——经济效益流量；

　　　C_t——经济费用流量。

经济效益费用比可行性判别标准：当 $R_{BC}>1$ 时，表明项目资源配置的经济效益达到了可以接受的水平。反之，不可行。

做一做

用表格说明国民经济评价与财务评价的关系。

国民经济评价与财务评价比较

共同点	

续表

对比		国民经济评价	财务评价
不同点	评价的角度		
	评价的对象		
	费用和效益的范围		
	使用的价格		
	采用的主要参数		
	评价的组成内容		

项目 **10**

Chapter 10

价值工程

 课前导学

1. 知识目标

能够列举提高价值的途径；

能够说出价值工程的特点及工作程序；

能够应用功能评价的实施步骤进行评价。

2. 能力目标

能够针对实际项目进行价值工程分析对象的选择；

能够运用价值工程原理进行方案评价。

3. 素养目标

培养学生对工程方案优选决策能力。

4. 重点难点

重点：能够对实际项目进行功能评价。

难点：运用价值工程方法进行工程方案的优选。

思维导图

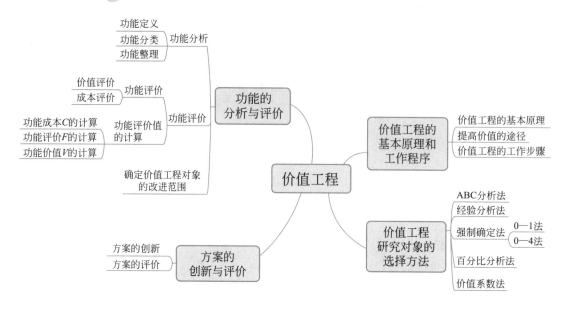

任务 10.1 价值工程的基本原理和工作程序

课前导学

知识目标	能够说出价值工程的含义 能够描述价值工程的工作程序
能力目标	能够列举提高价值的途径
素养目标	培养学生对工程方案优选决策能力
重点难点	重点：提高价值的途径 难点：价值工程的目标

10.1.1 基本原理

10.1.1
价值工程的
基本原理

1. 价值工程及其特点

价值工程（Value Engineering，VE）是以提高研究对象价值为目的，通过有组织的创造性工作，寻求用最低的寿命周期成本，可靠地实现使用者所

需功能的一种管理技术。价值工程中所说的"价值"有其特定的含义，与哲学、政治经济学、经济学等学科关于价值的概念有所不同。价值工程中的"价值"就是一种评价事物有益程度的尺度。价值高，说明该事物的有益程度高、效益大、好处多；价值低，则说明有益程度低、效益差、好处少。例如，人们在购买商品时，总是希望"物美而价廉"，即花费最少的代价换取最多、最好的商品。价值工程中所述的"价值"也是一个相对概念，是指作为某种产品（或作业）所具有的功能与获得该功能的全部费用的比值，它不是对象的使用价值，也不是对象的交换价值，而是对象的比较价值，是作为评价事物有效程度的一种尺度，这种尺度可以表示为一个数学公式。即：

$$V = F/C \qquad\qquad (10-1)$$

式中　V——研究对象的价值（Value）；

　　　F——研究对象的功能（Function）；

　　　C——研究对象的成本（Life Cycle Cost）。

由此可见，价值工程涉及价值、功能和成本三个基本要素。价值工程具有以下特点：

（1）价值工程的目标是以最低的寿命周期成本，使研究对象具备其所必须具备的功能。简而言之，就是以提高对象的价值为目标。研究对象的寿命周期成本由生产成本和使用及维护成本组成。研究对象生产成本 C_1 是指用户购买研究对象的费用，包括研究对象的科研、实验、设计、试制、生产、销售等费用及税收和利润等；而研究对象使用及维护成本 C_2 是指用户在使用过程中支付的各种费用的总和，包括使用过程中的能耗费用、维修费用、人工费用、管理费用等，有时还包括报废拆除所需费用（扣除残值）。

在一定范围内，研究对象的生产成本和使用成本存在此消彼长的关系。随着功能水平提高，生产成本 C_1 增加，使用及维护成本 C_2 降低；反之，功能水平降低，其生产成本 C_1 降低，但使用及维护成本 C_2 会增加。因此，当功能水平逐步提高时，寿命周期成本 $C = C_1 + C_2$，呈马鞍形变化，如图 10-1 所示。寿命周期成本为最小值 C_{min} 时，所对应的功能水平是从成本考虑的最适宜的功能水平。对于建设项目而言，全寿命周期涵盖了从项目前期可行性研究投资决策开始，经过工程设计施工安装、施工投产，直至项目生产期末的全过程。因此，对建设项目的评价，应充分考虑该项目在整个寿命周期内的成本费用。

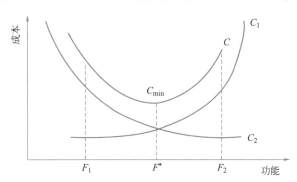

图 10-1　研究对象的功能与成本关系图

（2）价值工程的核心，是对研究对象进行功能分析。价值工程中的"功能"是指对象能够满足某种要求的一种属性，即功能就是效用。如，住宅的功能是提供居住空间、建筑物基础的功能是承受荷载等。企业生产的目的，也是通过生产获得用户所期望的功能，而结构、材质等是实现这些功能的手段。如，用户向生产企业购买研究对象，是要求生产企业提供这种研究对象的功能，而不是研究对象的具体结构（或零部件）。因此，价值工程的分析对象，首先不是分析其结构，而是分析其功能，在分析功能的基础之上，再去研究结构、材质等问题。

（3）价值工程将研究对象的价值、功能和成本作为一个整体同时来考虑，而不是片面和孤立的，在确保研究对象功能的基础上综合考虑生产成本和使用成本，兼顾生产者和用户的利益，从而实现研究对象的总价值最高。

（4）价值工程强调不断改革和创新，开拓新构思和新途径，获得新方案，创造新功能载体，从而简化研究对象结构、节约材料、节约能源、绿色环保，提高研究对象的技术经济效益。

（5）价值工程要求将功能定量化，即将功能转化为能够与成本直接相比的量化值。

（6）价值工程是以集体的智慧，开展有计划、有组织的管理活动。开展价值工程，要组织科研、设计、制造、管理、采购、供销、财务等各方面有经验的人员参加，组成一个智力结构合理的集体。发挥各方面、各环节人员的知识、经验和积极性，博采众长地进行方案设计，以达到提高研究对象价值的目的。

2. 提高价值的途径

由于价值工程以提高研究对象价值为目的，这既是用户的需要（侧重于功能），又是生产经营者追求的目标（侧重于成本），两者的根本利益是一致的，因此，企业应当研究对象功能与成本的最佳匹配。价值工程的基本原理是 $V=F/C$，不仅深刻地反映出研究对象价值与研究对象功能和实现此功能所耗成本之间的关系，而且也为如何提高价值提供了有效途径。提高研究对象价值的途径有以下 5 种：

（1）在提高研究对象功能的同时，又降低研究对象成本，这是提高价值最为理想的途径。但对生产者要求较高，往往要借助科学技术的突破才能实现。

（2）在研究对象成本不变的条件下，通过提高研究对象的功能，提高利用资源的效果或效用达到提高研究对象价值的目的。

（3）在保持研究对象功能不变的前提下，通过降低研究对象的寿命周期成本，达到提高研究对象价值的目的。

（4）研究对象功能有较大幅度提高，研究对象成本有较少提高。

（5）在产品功能略有下降、产品成本大幅度降低的情况下，也可以达到提高产品价值的目的。在某些情况下，为了满足购买力较低的用户需求，减少生产一些注重价格竞争而不需要的高档产品，适当生产廉价的低档品，也能取得较好的经济效益。

价值工程的主要应用可以概括为两大方面：

（1）应用于方案评价，既可在多方案中选择价值较高的方案，也可选择价值较低的对象作为改进对象；

（2）要求提高对产品或对象价值的途径。

总之，在产品形成的各个阶段，都可应用价值工程提高产品或对象的价值。但应注意，在不同阶段进行价值工程活动，其经济效果的提高幅度却大不相同。对于大型复杂的产品，应用价值工程的重点是在产品的研究、设计阶段，产品的设计图纸一旦完成并投入生产后，产品的价值就已基本确定，这时再进行价值工程分析就变得更加复杂。不仅原来的许多工作成果要付诸东流，而且改变生产工艺、设备工具等可能会造成很大浪费，使价值工程活动的技术经济效果大大下降。因此，价值工程活动更侧重在产品的研究、设计阶段，寻求技术突破，取得最佳的综合效果。在建筑项目中价值工程也主要应用在规划和设计阶段，因为这两个阶段是提高建设项目经济效果的关键环节。

10.1.2　工作步骤

从本质上讲，价值工程活动实质上就是提出问题和解决问题的过程。针对价值工程的研究对象，逐步深入提出一系列问题，通过回答问题、寻找答案，使问题得到解决。在一般的价值工程活动中，工作步骤见表 10-1。

10.1.2
价值工程
工作步骤

价值工程的工作步骤

表 10-1

价值工程工作阶段	设计程序	工作步骤		价值工程对应问题
		基本步骤	详细步骤	
准备阶段	制定工作计划	确定目标	1. 对象选择	1. 这是什么？
			2. 信息搜集	
分析阶段	规定评价（功能要求事项实现程度的）标准	功能分析	3. 功能定义	2. 这是干什么用的？
			4. 功能整理	
		功能评价	5. 功能成本分析	3. 它的成本是多少？
			6. 功能评价	4. 它的价值是多少？
			7. 确定改进范围	
创新阶段	初步设计（提出各种设计方案）	制定改进方案	8. 方案创造	5. 有其他方法实现这一功能吗？
	评价各设计方案，对方案进行改进、选优		9. 概略评价	6. 新方案的成本是多少？
			10. 调整完善	
			11. 详细评价	
	方案书面化		12. 提出提案	7. 新方案能满足功能要求吗？
实施阶段	检查实施情况并评价活动成果	实施评价成果	13. 审批	8. 偏离目标了吗？
			14. 实施与检查	
			15. 成果鉴定	

做一做

请填写提高价值工程的途径：

成本	功能	价值

任务 10.2　价值工程研究对象的选择方法

价值工程对象的选择过程就是收缩研究范围，明确分析研究的目标，确定主攻方向的过程。不可能把构成产品或服务的所有零部件和环节都作为价值工程的改善对象，为了节约资金、提高效率，只能精选其中一部分来实施价值工程。

10.2.1　对象选择的一般原则

在实际工作中，一般可根据企业的具体情况，有侧重地从设计、施工、成本等因素中，初步选择价值工程活动的对象。

10.2.1
对象选择的
一般原则

1. 设计方面。选择工程结构复杂、性能和技术指标差距大、工程量大的部位进行价值工程活动，可使工程结构、性能、技术水平得到优化，通过提高功能水平提升其价值。

2. 施工方面。选择量多面广的关键部位，工艺复杂、原材料和能源消耗高、废品率高的部件，特别是以量多、成本比重大的部件的成本作为研究对象，通过降低其成本，提高经济效果。

3. 成本方面。选择成本高于同类产品或成本比重大的项目，如材料费、管理费、人工费等。

10.2.2　对象选择的方法

10.2.2-1
ABC分析法

1. ABC 分析法

ABC 分析法，又称帕累托分析法或成本比重分析法，是意大利经济学家维尔弗雷多·帕累托首创的，也是一种寻找主要因素的方法。应用数理统计分析的方法来选择对象，按局部成本在总成本中所占比重的大小来选择价值工程研究对象。这种方法的基本思路是：先把产品的各种部件按成本的大小由高到低排列起来，再绘成费用累积分配图。由于它把被分析的对象分成 A、B、C 三类，所以又称为 ABC 分析法。一般经验法则是：A 类对象占部件总数的 $5\%\sim10\%$，占总成本的 $70\%\sim75\%$；B 类对象占部件总数的 20% 左右，占总成本的 20% 左右；C 类对象占部件总数的 $70\%\sim75\%$，占总成本的 $5\%\sim10\%$，如图 10-2 所示。通常，将 A 类对象视为研究对象。

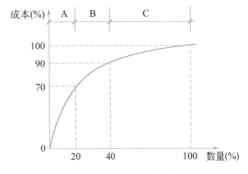

图 10-2　ABC 分析法

ABC 分析法的优点是能抓住重点，把数量少而成本高的对象确定为价值工程的对象，有利于集中精力、突出重点；缺点是实际工作中，由于成本分配不合理，常会出现有的零部件功能次要但成本较高，或者功能重要但成本却低的现象。运用这种方法选择对象时，应结合其他方法综合分析，避免"应选未选，误选错选"。

【例 10-1】某八层住宅工程，结构为钢筋混凝土框架，材料费、机械费、人工费总计为 216357.83 元，建筑面积为 1691.73m²。各分部所占费用见表 10-2。

各分部所占费用　　　　　　　　　　　　　　　　　　表 10-2

分部名称	代号	费用(元)	占比(%)
基础	A	29113.01	13.46
墙体	B	41909.53	19.37
框架	C	75149.86	34.73
楼地面	D	10446.04	4.83
装饰	E	20571.49	9.51
门窗	F	33777.31	15.61
其他	G	5390.59	2.49
总计		216357.83	100

【解】：按费用（百分比）大小排序见表 10-3。

费用（百分比）大小排序表　　　　　　　　　　　　表 10-3

分部名称	代号	费用(元)	占比(%)	累计百分比(%)	分类
框架	C	75149.86	34.73	34.73	A 类
墙体	B	41909.503	19.37	54.1	
门窗	F	33777.31	15.61	69.71	
基础	A	29113.01	13.46	83.17	B 类
装饰	E	20571.49	9.51	92.68	
楼地面	D	10446.04	4.83	97.51	C 类
其他	G	5390.59	2.49	100	
总计		216357.83	100		

故，由表 10-3 可知：应选框架、墙体、门窗作为研究对象。

2. 经验分析法（因素分析法）

经验分析法是一种对象选择的定性分析方法，是目前企业较为普遍使用的、简单易行的价值工程对象选择方法。它是利用一些有丰富实践经验的专业人员和管理人员对企业存在问题的直接感受，经过主观判断确定价值工程对象的一种方法。运用该方法进行对象选择，要对各种影响因素进行综合分析，区分主次轻重，以保证对象选择的合理性。

3. 功能重要性系数计算法

（1）第一步：根据一定的评分规则评定评价对象的功能系数，包括"0—1"评分法和"0—4"评分法两种方法。

1）"0—1"评分法由 5~10 个专家，首先按功能的重要程度两两比较，重要者得 1 分，不重要者得 0 分；然后，为防止功能系数中出现零的情况，用各加 1 分的方法进行修正；最后用修正得分除以总得分即为功能系数 F_{ij}。

【例 10-2】某个产品有 5 个零部件，相互间进行功能重要性对比。以某一评价人员为例见表 10-4。

0—1 评分法计算功能系数　　　　　　表 10-4

零件功能	一对一比较结果					得分	功能系数
	A	B	C	D	E		
A	×	1	0	1	1	3	0.3
B	0	×	0	1	1	2	0.2
C	1	1	×	1	1	4	0.4
D	0	0	0	×	0	0	0
E	0	0	0	1	×	1	0.1
合计			—			10	1.0

2）"0—4"评分法由 5~15 个专家，按功能的重要程度分别对产品各零部件进行重要性对比，并按下列标准评分：非常重要的功能得 4 分，很不重要的功能得 0 分，比较重要的功能得 3 分，不太重要的功能得 1 分，两个功能重要程度相同时各得 2 分，自身对比不得分，然后可利用式（10-2）计算功能系数 F_{ij}。

$$F_{ij} = \frac{f_{ij}}{\sum_{j=1}^{n} f_{ij}} \tag{10-2}$$

【例 10-3】某个产品各零部件功能 $F_1 \sim F_5$ 之间的功能的重要性关系为：F_3 相对于 F_4 很重要；F_3 相对于 F_1 比较重要；F_2 和 F_5 同样重要；F_4 和 F_5 同样重要。用 0—4 评分法计算各功能的系数。见表 10-5。

0—4 评分法计算功能系数　　　　　　表 10-5

功能	F_1	F_2	F_3	F_4	F_5	得分	功能系数
F_1	×	3	1	3	3	10	0.25
F_2	1	×	0	2	2	5	0.125

续表

功能	F_1	F_2	F_3	F_4	F_5	得分	功能系数
F_3	3	4	×	4	4	15	0.375
F_4	1	1	0	×	2	5	0.125
F_5	1	1	0	2	×	5	0.125
Σ			—			40	100

（2）第二步：计算成本评价系数 C_j。

$$C_j = \frac{C_j}{\sum\limits_{j=1}^{n} C_j} \tag{10-3}$$

（3）第三步：计算价值系数 V_{ij}。

$$V_{ij} = \frac{F_{ij}}{C_j} \tag{10-4}$$

（4）最后，按以下原则进行选择：

$V<1$，成本偏高，应作为分析对象；

$V>1$，较理想，但若 V 很大可能存在质量隐患，则要考虑；

$V=1$，重要性与成本相符，是合理的，不必分析。

4. 百分比分析法

通过分析某种费用或资源对企业的某个技术经济指标的影响程度大小（百分比）来选择价值工程对象。

10.2.2-4
百分比
分析法

5. 价值系数法

通过比较各个对象（或零部件）之间的功能水平位次和成本位次，寻找价值较低对象（零部件），并将其作为价值工程研究对象。

10.2.2-5
价值系数法

 做一做

对象的选择的方法

对象选择的方法	原理

任务 10.3　功能的分析与评价

知识目标	能够理解功能定义、功能分析、功能整理的含义 能够解释功能评价的过程
能力目标	能够运用功能评价方法进行成本改进分析
素养目标	加强学生运用价值工程方法进行功能分析和评价的能力
重点难点	重点：运用价值工程方法进行成本改进分析 难点：功能评价的过程

10.3
情报收集

功能分析与功能评价是价值工程的核心。功能分析是从研究对象的功能出发，通过对价值工程对象——产品或作业的深入分析，掌握产品提供的功能和用户对功能的需要，即回答"它是干什么的？"这个问题。

10.3.1　功能分析

1. 功能定义

功能定义是透过产品实物形象，运用简明扼要的语言将隐藏在产品结构背后的本质——"功能"揭示出来，从定性的角度解决"对象是干什么的"。

10.3.1-1
功能定义

功能定义是功能整理的先导性工作，也是进行功能评价的基本条件，因此在进行功能定义时，应该把握住既简明准确、便于测定，又要系统全面、一一对应，只有这样才能满足后续工作的需要。

进行功能定义要按照以下要求：

（1）要做简洁准确的表达；

（2）功能定义的名词部分尽可能定量化；

（3）动词部分的表达要适当抽象。

一般采用"两词法"，即用两个词组成的词组来定义功能。常采用动词加名词的方法，动词是功能承担体发生的动作，而动作的作用对象就是作为宾语的名词。例如，下述功能——基础"承受荷载"、圈梁"加固墙体"、间壁墙"分隔空间"、上水管"输送自来水"等。

2. 功能分类

（1）按功能的重要程度，分为基本功能与辅助功能

10.3.1-2
功能分类

基本功能：指为达到其（使用）目的所不可缺少的重要功能，是用户要求的必需的，是产品及其各组件赖以存在的基础，也是进行设计的基础；辅助功能：指除了基本功能以外的其他辅助或支持基本功能实现的功能。辅助功能是在选择了设计构思后，为了更好地实现基本功能而由设计者附加到产品或零部件上去的功能。如，台灯的基本功能是照明，辅助功能是装饰美观。

（2）按功能的性质，分为使用功能与外观功能

使用功能：指价值工程研究对象满足用户的实际物质需求的那部分功能，可以给用户带来效用；外观功能：指产品能够满足人们审美需求方面的功能。

（3）按功能的有用性，分为必要功能和不必要功能

必要功能：指使用功能、外观功能、基本功能、辅助功能等；不必要功能：指多余功能、过剩功能等。

（4）按功能的结构位置，分为上位功能和下位功能

上位功能是目的性功能；下位功能是实现上位功能的手段性功能。

3. 功能整理

（1）功能整理：就是要明确功能的关系，确定必要功能，剔除剩余功能。功能整理主要可利用功能分析法。

10.3.1-3
功能管理

（2）功能分析法基本步骤：

1）在功能定义的基础上，编制功能卡片；

2）区分基本功能与辅助功能；

3）排列主要功能系列；

4）排列辅助功能系列；

5）添加辅助功能系列；

6）建立功能系统图，如图10-3所示。

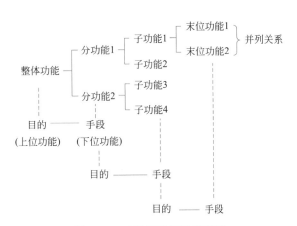

图 10-3　功能系统图及其说明

例，按功能整理的步骤，将平屋顶的功能系统图整理如图10-4所示。

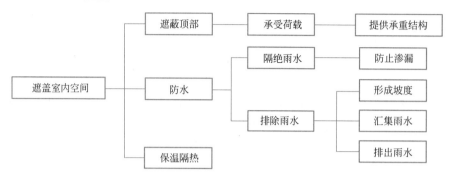

图 10-4　平屋顶的功能系统图

10.3.2　功能评价

1. 功能评价

功能评价是指找出实现功能的最低费用作为功能的目标成本（又称功能评价值），以功能目标成本为基准，通过与功能现实成本的比较，求出两者的比值（功能价值）和两者的差异值（改善期望值），然后选择功能价值低、改善期望值大的功能作为价值工程活动的重点对象。

功能评价工作可以更准确地选择价值工程研究对象，包括相互关联的价值评价和成本评价。同时，制定目标成本，有利于提高价值工程的工作效率。

（1）价值评价

价值评价是通过计算和分析对象的价值，分析成本功能的合理匹配程度。利用公式 $V=F/C$ 进行价值评价。

（2）成本评价

成本评价是通过核算和确定对象的实际成本和功能评价值，分析、测算成本降低期望值，从而排列出改进对象的优先次序。成本评价的计算公式为：

$$\Delta C = C - F \tag{10-5}$$

功能评价值一般又称为目标成本。据此，公式又可以写成：

$$\Delta C = C - C_{目标} \tag{10-6}$$

2. 功能评价的步骤

（1）确定对象的功能评价值 F；

（2）确定对象功能的目前成本 C；

（3）计算和分析对象的功能价值 V；

（4）计算成本改进期望值 ΔC；

（5）根据对象值的高低及成本降低期望值的大小，确定改进的重点对象及优先次序。功能评价程序如图 10-5 所示。

3. 功能评价值的计算

对象的功能评价值 F（目标成本），是指可靠地实现用户要求功能的最低成本，可以理解为企业有把握或者应实现用户要求功能的最低成本。从企业目标的角度来看，功能评

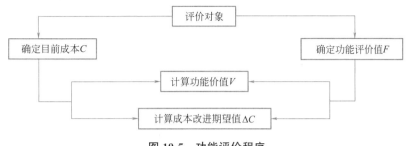

图 10-5　功能评价程序

价值可以看成是企业预期的、理想的成本目标值。功能评价值一般以货币价值形式表达。

功能的现实成本较易确定，而功能评价值较难确定。确定功能评价值的方法较多，这里仅介绍功能重要性系数评价法。

功能重要性系数评价法是一种根据功能重要性系数确定功能评价值的方法。这种方法是将功能先划分为几个功能区（即子系统），并根据各功能区的重要程度和复杂程度，确定各个功能区在总功能中所占的比重，即功能重要性系数；再将产品的目标成本按功能重要性系数分配给各功能区作为该功能区的目标成本，即功能评价值。

（1）功能现实成本 C 的计算

1）功能现实成本的计算。在计算功能现实成本时，需要根据传统的成本核算资料，将产品或零部件的现实成本换算成功能的现实成本，即当一个零部件只具有一个功能时，该零部件的成本就是其本身的功能成本，当一项功能要由多个零部件共同实现时，该功能的成本就等于这些零部件的功能成本之和。当一个零部件具有多项功能或与多项功能有关时，就需要将零部件成本根据具体情况分摊给各项有关功能。表 10-6 即为一项功能由若干零部件组成或一个零部件具有几个功能的情形，其中 $F_1 \sim F_6$ 为各零部件的功能区或功能领域，$C_1 \sim C_5$ 为所有零部件在各功能区分配的功能成本之和。

功能现实成本计算表　　　　　　　　　　　　　　　　　　表 10-6

零部件		功能区或功能领域					
名称	成本（元）	F_1	F_2	F_3	F_4	F_5	F_6
甲	300	100		100			100
乙	500		50	150	200		100
丙	60				40		20
丁	140	50	40			50	
C	C_1	C_2	C_3	C_4	C_5	C_6
1000	150	90	250	240	50	220

2）成本系数的计算。成本系数是指评价对象的现实成本在全部成本中所占的比率。其计算公式为：

$$第 i 个评价对象的成本系数 C_i = \frac{第 i 个评价对象的成本系数 C_i}{全部成本} \tag{10-7}$$

（2）功能评价值 F 的计算

1）确定功能重要性系数。功能重要性系数又称功能系数，是指将功能划分为几个功能区（即子系统），并根据各功能区的重要程度和复杂程度，确定各个功能区在总功能中所占的比重，即功能重要性系数。确定功能重要性系数的关键是对功能进行打分，常用的打分方法有强制确定法（0-1评分法或0-4评分法）、多比例评分法、逻辑评分法、环比评分法等。

2）确定功能评价值 F。功能评价值 F（目标成本）是指可靠地实现用户要求功能的最低成本，可以看成理想的目标成本值。在确定功能重要性系数后，将研究对象的目标成本按功能重要性系数分配给各功能区作为该功能区的目标成本，即功能评价值。

（3）功能价值 V 的计算与分析

1）功能成本法中功能价值的分析

在功能成本法中，功能的价值用价值系数 V 来衡量。其计算公式为：

$$V = \frac{第 i 个研究对象的功能评价值 F}{第 i 个研究对象的现实成本 C}$$ （10-8）

一般可用表10-7进行定量分析。

功能评价值与价值系数计算表 表10-7

项目序号	子项目	项目重要性系数①	功能评价值②=目标成本×①	现实成本③	价值系数④=②/③	改善幅度⑤=③-②
1	A					
2	B					
3	C					
...						
合计						

根据计算公式，功能的价值系数有三种结果：

① $V=1$。即功能现实成本等于功能评价值。表明评价对象的功能现实成本与实现功能所必需的最低成本大致相当。此时，说明评价对象的价值为最佳，一般无须改进。

② $V<1$。即功能现实成本大于功能评价值。表明评价对象的现实成本偏高，而功能要求不高。这时，一种可能是由于存在着过剩的功能，另一种可能是功能虽无过剩，但实现功能的条件或方法不佳，以致使实现功能的成本大于功能的现实需要。这两种情况都应列入功能改进的范围，并且以剔除过剩功能及降低现实成本为改进方向，使成本与功能比例趋于合理。

③ $V>1$。即功能现实成本小于功能评价值。表明该部件功能比较重要，但分配的成本较少。此时，应进行具体分析，功能与成本的分配问题可能已较理想，或者有不必要的功能，或者应提高成本。

2）功能系数法中功能价值的分析

功能系数法又称相对值法。在功能系数法中，功能的价值用价值系数 V_i 来表示，它是通过评定各对象功能的重要程度，用功能系数来表示其功能程度的大小，然后将评价对象的功能系数与相对应的成本系数进行比较，得出该评价对象的价值系数，从而确定改进对象，并求出该对象的成本改进期望值。其计算公式为：

$$V_i = \frac{第 i 个评价对象的功能系数 F_i}{第 i 个评价对象的成本系数 C_i}$$ （10-9）

功能系数法的特点是用归一化数值来表达功能程度的大小，使系统内部的功能与成本具有可比性，由于评价对象的功能水平和成本水平都用它们在总体中所占的比率来表示，这样就可以方便地应用式（10-9）定量地表达评价对象价值的大小。因此，在功能系数法中，价值系数是作为评定对象功能价值的指标。

根据功能系数和成本系数计算价值系数，可以通过列表进行，见表 10-8。

价值系数计算表　　　　　　　　　　　　表 10-8

零部件名称	功能指标①	现实成本②	成本系数③	价值系数④＝①/③
A				
B				
C				
...				
	1.00		1.00	

① $V=1$。此时评价对象的功能比重与成本比重大致平衡，可以认为功能的现实成本是比较合理的。

② $V<1$。此时评价对象的成本比重大于其功能比重，表明相对于系统内的其他对象而言，所占的成本偏高，导致该对象的功能过剩。应将评价对象列为改进对象，改善方向主要是降低成本。

③ $V>1$。此时评价对象的成本比重小于其功能比重。出现这种情况的原因可能有三种：第一，由于现实成本偏低，不能满足评价对象应具有的功能，致使功能偏低，这种情况改善方向是增加成本；第二，具有的功能已经超过应该具有的水平，即存在过剩功能，这种情况改善方向是降低功能水平；第三，对象在技术、经济等方面具有某些特征，在客观上存在着功能很重要而消耗的成本却很少的情况，这种情况一般不列为改进对象。

4. 确定价值工程对象的改进范围

对产品部件进行价值分析，就是使每个部件的价值系数（或价值指数）尽可能趋近1，根据此标准，就明确了改进的方向、目标和具体范围。确定对象改进范围的原则如下：

（1）价值系数 V 功能区域。计算出来的 $V<1$ 的功能区域，基本上都应进行改进，特别是 V 值比 1 小得较多的功能区域，应力求使 $V=1$。

（2）成本改进期望值 ΔC 值大的功能区域。通过核算和确定对象的实际成本和功能评价值，分析、测算成本改进的期望值，从而排列出改进对象的重点及优先次序。

当 n 个功能区域的价值系数同样低时，就要优先选择 ΔC 数值大的功能区域作为对象。一般情况下，当 $\Delta C>0$ 时，ΔC 大者为优先改进对象。

（3）功能是通过采用很多零件来实现的复杂的功能区域，通常复杂的功能区域其价值系数 V（或价值指数）也较低。

【例 10-4】 某施工单位制定了严格详细的成本管理制度，建立了规范长效的成本管理流程，并构建了科学实用的成本数据库。该施工单位拟参加某一公开招标项目的投标，根据本单位成本数据库中类似工程项目的成本经营数据，测算出该工程项目不含规费和税金的报价为 8000 万元。

　　造价工程师对拟投标工程项目的具体情况进一步分析后，发现该工程项目的材料费尚有减低成本的可能性，并提出了若干降低成本的措施。该工程项目由 A、B、C、D 四个分部工程组成，经造价工程师定量分析，其功能系数分部为 0.1、0.4、0.3、0.2。假定 A、B、C、D 的成本分别为 864 万元、3048 万元、2512 万元和 1576 万元，目标成本降低总额为 320 万元，试计算各分部工程的目标成本及其可能降低的额度，并确定各分部工程功能的改进顺序。将计算结果填入表 10-9 中，成本系数和价值系数的计算结果保留三位小数。

　　【解】：根据表 10-9 功能评价值与价值系数计算表，完成该题。根据式（10-2）计算功能系数、式（10-7）计算成本系数、式（10-9）计算价值系数，根据成本降低总额 320 万元计算合计目标成本为 8000－320＝7680 万元，按功能评价值分配目标成本，即可算出每项分部工程成本改进值，见表 10-9。

分部工程功能的改进顺序　　　　　　　　　　　　　　　　　　表 10-9

分部工程	功能系数	目前成本（万元）	成本系数	价值系数	目标成本（万元）	成本降低额（万元）
A	0.1	864	0.108	0.926	768	96
B	0.4	3048	0.381	1.050	3072	－24
C	0.3	2512	0.314	0.955	2304	208
D	0.2	1576	0.197	1.015	1536	40
合计	1	8000	1	—	7680	320

任务 10.4　方案的创新与评价

课前导学

知识目标	能够理解方案创新含义 描述价值工程进行方案评价的过程
能力目标	能够运用价值工程方法进行方案的优选
素养目标	培养学生创新能力 培养学生一丝不苟的工匠精神
重点难点	重点：运用价值工程方法进行方案评价 难点：价值工程的应用分析

10.4.1 方案的创新

方案的创新是从提高对象的功能价值出发,在正确的功能分析和评价的基础上,针对应改进体目标,通过创造性的思维活动,提出能够可靠地实现必要功能的新方案。从某种意义上讲,价值工程可以说是创新工程,方案创新是价值工程取得成功的关键一步。

由于选择对象、功能成本分析、功能评价等,都是为了方案创新和制订服务的,这些工作即使做得再好,如果不能创造出高价值的创新方案,也就不会产生好的效果。所以,从价值工程技术实践来看,方案创新是决定价值工程成败的关键阶段。

方案创新的理论依据是功能载体具有替代性,替代的重点应放在以功能新的新产品替代原有产品和以功能创新的结构替代原有结构方案。方案创新的过程是思想高度活跃、进行创造性开发的过程,为了引导和启发创造性的思考,可以采用各种方法,如头脑风暴法、提喻法、德尔菲法等。

10.4.2 方案的评价

1. 方案评价的分类

方案的评价一般分为概略评价和详细评价。(1)概略评价是对创造出的方案从技术、经济和社会三个方面进行初步研究,其目的是从众多的方案中进行粗略的筛选,使精力集中于优秀的方案,为详细评价做准备;(2)详细评价是在掌握大量数据资料的基础上,对概略评价获得少数方案进行详尽的技术评价、经济评价和综合评价,为提案的编写和审批提供依据。详细评价是多目标决策问题,常用的方法有评分法、功能加权法等。

2. 方案评价的内容

方案评价的内容包括技术评价、经济评价和社会评价。(1)技术评价是对方案功能的必要性、必要程度(如性能、质量、寿命等)及实施的可能性进行分析评价;(2)经济评价是对方案实施的经济效果(如成本、利润、节约额等)的大小进行分析评价;(3)社会评价是对方案给国家和社会带来的影响(如环境污染、生态平衡、国民经济效益等)进行分析评价。

一般可先做技术评价,再分别做经济评价和社会评价,最后做综合评价。其过程如图 10-6 所示。

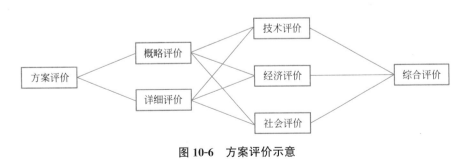

图 10-6 方案评价示意

以加权评分法为例来说明方案评价的过程，加权评分法是一种用权数大小来表示评价指标的主次程度，用满足程度评分来表示方案的某项指标水平的高低，以方案评得的综合总分作为择优的依据。它主要包括四个步骤：确定评价项目及其重要度权数；确定各方案对各评价项目的满足程度评分；计算各方案的评分权数和；计算各方案的价值系数，以较大的为优。

【例 10-5】某房地产公司对某公寓项目的开发征集到若干设计方案，经筛选后对其中较为出色的 4 个设计方案做进一步的技术经济评价。

有关专家决定从五个方面（分别以 $F_1 \sim F_5$ 表示）对不同方案的功能进行评价，并对各功能的重要性达成以下共识：F_2 和 F_3 同样重要，F_4 和 F_5 同样重要，F_1 相对于 F_4 很重要，F_1 相对于 F_2 较重要。此后，各专家对该四个方案的功能满足程度分别打分，其结果见表 10-10。

专家打分表   表 10-10

功能	方案功能得分			
	A	B	C	D
F_1	9	10	9	8
F_2	10	10	8	9
F_3	9	9	10	9
F_4	8	8	8	7
F_5	9	7	9	6

据造价工程师估算，A、B、C、D 四个方案的单方造价分别为 1420 元/m²、1230 元/m²、1150 元/m²、1360 元/m²。

问题：

1. 计算各功能的权重。

2. 用功能系数评价法选择最佳设计方案。

3. 分别计算各方案的功能系数、成本系数、价值系数。

【解】：根据背景资料所给出的条件，各功能权重的计算结果填入表 10-11。

各功能权重的计算表   表 10-11

功能	F_1	F_2	F_3	F_4	F_5	得分	权重
F_1	×	3	3	4	4	14	14/40=0.350
F_2	1	×	2	3	3	9	9/40=0.225
F_3	1	2	×	3	3	9	9/40=0.225
F_4	0	1	1	×	2	4	4/40=0.100
F_5	0	1	1	2	×	4	4/40=0.100
合计						40	1

（1）计算功能系数

各方案的各功能得分分别与该功能的权重相乘，然后汇总即为该方案的功能加权得分，计算如下：

$W_A = 9 \times 0.350 + 10 \times 0.225 + 9 \times 0.225 + 8 \times 0.100 + 9 \times 0.100 = 9.125$

$W_B = 10 \times 0.350 + 10 \times 0.225 + 9 \times 0.225 + 8 \times 0.100 + 7 \times 0.100 = 9.275$

$W_C = 9 \times 0.350 + 8 \times 0.225 + 10 \times 0.225 + 8 \times 0.100 + 9 \times 0.100 = 8.900$

$W_D = 8 \times 0.350 + 9 \times 0.225 + 9 \times 0.225 + 7 \times 0.100 + 6 \times 0.100 = 8.150$

各方案的总加权得分为：

$$W = W_A + W_B + W_C + W_D = 35.45$$

因此，各方案的功能系数为：

$F_A = 9.125 / 35.45 = 0.257$ $\qquad$ $F_B = 9.275 / 35.45 = 0.262$

$F_C = 8.900 / 35.45 = 0.251$ $\qquad$ $F_D = 8.150 / 35.45 = 0.230$

（2）计算各方案的成本系数

$C_A = 1420 / (1420 + 1230 + 1150 + 1360) = 1420 / 5160 = 0.275$

$C_B = 1230 / 5160 = 0.238$ $\qquad$ $C_C = 1150 / 5160 = 0.223$ $\qquad$ $C_D = 1360 / 5160 = 0.264$

（3）计算各方案的价值系数

$V_A = F_A / C_A = 0.257 / 0.275 = 0.935$ $\qquad$ $V_B = F_B / C_B = 0.262 / 0.238 = 1.101$

$V_C = F_C / C_C = 0.251 / 0.223 = 1.126$ $\qquad$ $V_D = F_D / C_D = 0.230 / 0.264 = 0.871$

综上，由于 C 方案的价值系数最大，所以以 C 方案为最佳方案。

做一做

　　某企业拟建一座节能综合办公楼，建筑面积为 25000m²，其工程设计方案部分资料如下：

　　A 方案：采用装配式钢结构框架体系，预制钢筋混凝土叠合板楼板，装饰、保温、防水三合一复合外墙，双玻断桥铝合金外墙窗，叠合板上现浇珍珠岩保温屋面。造价为 2020 元/m²。

　　B 方案：采用装配式钢筋混凝土框架体系，预制钢筋混凝土叠合板楼板，轻质大板外墙体，双玻铝合金外墙窗，现浇钢筋混凝土屋面板上水泥蛭石保温屋面。造价为 1960 元/m²。

　　C 方案：采用现浇钢筋混凝土框架体系，现浇钢筋混凝土楼板，加气混凝土砌块铝板装饰外墙体，外墙窗和屋面做法同 B 方案。造价为 1880 元/m²。

　　各方案功能权重及得分，见表 10-12。

各方案功能权重及得分 表 10-12

功能项目		结构体系	外窗类型	墙体材料	屋面类型
功能权重		0.30	0.25	0.30	0.15
各方案功能得分	A 方案	8	9	9	8
	B 方案	8	7	9	7
	C 方案	9	7	8	7

问题：运用价值工程原理选择最佳设计方案。

1. 计算功能系数（表 10-13）。

2. 计算成本系数（表 10-14）。

3. 计算价值系数（表 10-15）。

4. _____方案的价值系数最大，因此选择_____方案。

各方案功能系数计算表　　　　　　　　　　　　　　　　表 10-13

功能项目	结构体系	外墙类型	墙体材料	屋面类型	得分	功能系数
功能权重						
A 方案						
B 方案						
C 方案						
合计						

各方案成本系数计算表　　　　　　　　　　　　　　　　表 10-14

方案	单方造价	成本系数
A 方案		
B 方案		
C 方案		
合计		

各方案价值系数计算表　　　　　　　　　　　　　　　　表 10-15

方案	功能系数	成本系数	价值系数
A 方案			
B 方案			
C 方案			

附录

复利系数表

复利系数表（$i=1\%$）　　　　　　　　　　附表 1

年限 n(年)	一次支付终值系数 $(F/P,i,n)$	一次支付现值系数 $(P/F,i,n)$	等额系列终值系数 $(F/A,i,n)$	偿债基金系数 $(A/F,i,n)$	资金回收系数 $(A/P,i,n)$	等额系列现值系数 $(P/A,i,n)$
1	1.0100	0.9901	1.0000	1.0000	1.0100	0.9901
2	1.0201	0.9803	2.0100	0.4975	0.5075	1.9704
3	1.0303	0.9706	3.0301	0.3300	0.3400	2.9410
4	1.0406	0.9610	4.0604	0.2463	0.2563	3.9020
5	1.0510	0.9515	5.1010	0.1960	0.2060	4.8534
6	1.0615	0.9420	6.1520	0.1625	0.1725	5.7955
7	1.0712	0.9327	7.2135	0.1386	0.1486	6.7282
8	1.0829	0.9235	8.2857	0.1207	0.1307	7.6517
9	1.0937	0.9143	9.3685	0.1067	0.1167	8.5660
10	1.1046	0.9053	10.4622	0.0956	0.1056	9.4713
11	1.1157	0.8963	11.5668	0.0865	0.0965	10.3676
12	1.1268	0.8874	12.6825	0.0788	0.0888	11.2551
13	1.1381	0.8787	13.8093	0.0724	0.0824	12.1337
14	1.1495	0.8700	14.9474	0.0669	0.0769	13.0037
15	1.1610	0.8613	16.0969	0.0621	0.0721	13.8651
16	1.1726	0.8528	17.2579	0.0579	0.0679	14.7179
17	1.1843	0.8444	18.4304	0.0543	0.0643	15.5623
18	1.1961	0.8360	19.6147	0.0510	0.0610	16.3983
19	1.2081	0.8277	20.8109	0.0481	0.0581	17.2260
20	1.2202	0.8195	22.0190	0.0454	0.0554	18.0456
21	1.2324	0.8114	23.2392	0.0430	0.0530	18.8570
22	1.2447	0.8034	24.4716	0.0409	0.0509	19.6604
23	1.2572	0.7954	25.7163	0.0389	0.0489	20.4558
24	1.2697	0.7876	26.9735	0.0371	0.0471	21.2434
25	1.2824	0.7798	28.2432	0.0354	0.0454	22.0232
26	1.2953	0.7720	29.5256	0.0339	0.0439	22.7952
27	1.3082	0.7644	30.8209	0.0324	0.0424	23.5596
28	1.3213	0.7568	32.1291	0.0311	0.0411	24.3164
29	1.3345	0.7493	33.4504	0.0299	0.0399	25.0658
30	1.3478	0.7419	34.7849	0.0287	0.0387	25.8077

复利系数表 (*i*=2%)

年限 *n*(年)	一次支付 终值系数 (*F/P*,*i*,*n*)	一次支付 现值系数 (*P/F*,*i*,*n*)	等额系列 终值系数 (*F/A*,*i*,*n*)	偿债基金 系 数 (*A/F*,*i*,*n*)	资金回收 系 数 (*A/P*,*i*,*n*)	等额系列 现值系数 (*P/A*,*i*,*n*)
1	1.0200	0.9804	1.0000	1.0000	1.0200	0.9804
2	1.0404	0.9612	2.0200	0.4950	0.5150	1.9416
3	1.0612	0.9423	3.0604	0.3268	0.3468	2.8839
4	1.0824	0.9238	4.1216	0.2426	0.2626	3.8077
5	1.1041	0.9057	5.2040	0.1922	0.2122	4.7135
6	1.1262	0.8880	6.3081	0.1585	0.1785	5.6014
7	1.1487	0.8706	7.4343	0.1345	0.1545	6.4720
8	1.1717	0.8535	8.5830	0.1165	0.1365	7.3255
9	1.1951	0.8368	9.7546	0.1025	0.1225	8.1622
10	1.2190	0.8203	10.9497	0.0913	0.1113	8.9826
11	1.2434	0.8043	12.1687	0.0822	0.1022	9.7868
12	1.2682	0.7885	13.4121	0.0746	0.0946	10.5753
13	1.2936	0.7730	14.6803	0.0681	0.0881	11.3484
14	1.3195	0.7579	15.9739	0.0626	0.0826	12.1062
15	1.3459	0.7430	17.2934	0.0587	0.0778	12.8493
16	1.3728	0.7284	18.6393	0.0537	0.0737	13.5777
17	1.4002	0.7142	20.0121	0.0500	0.0700	14.2919
18	1.4282	0.7002	21.4123	0.0467	0.0667	14.9920
19	1.4568	0.6864	22.8406	0.0438	0.0638	15.6785
20	1.4859	0.6730	24.2974	0.0412	0.0612	16.3514
21	1.5157	0.6598	25.7833	0.0388	0.0588	17.0112
22	1.5460	0.6468	27.2990	0.0366	0.0566	17.6580
23	1.5769	0.6342	28.8450	0.0347	0.0547	18.2922
24	1.6084	0.6217	30.4219	0.0329	0.0529	18.9139
25	1.6406	0.6095	32.0303	0.0312	0.0512	19.5235
26	1.6734	0.5976	33.6709	0.0297	0.0497	20.1210
27	1.7069	0.5859	35.3443	0.0283	0.0483	20.7069
28	1.7410	0.5744	37.0512	0.0270	0.0470	21.2813
29	1.7758	0.5631	38.7922	0.0258	0.0458	21.8444
30	1.8114	0.5521	40.5681	0.0246	0.0446	22.3965

复利系数表（$i=3\%$）　　　　　　　　　附表3

年限 n（年）	一次支付终值系数 $(F/P,i,n)$	一次支付现值系数 $(P/F,i,n)$	等额系列终值系数 $(F/A,i,n)$	偿债基金系数 $(A/F,i,n)$	资金回收系数 $(A/P,i,n)$	等额系列现值系数 $(P/A,i,n)$
1	1.0300	0.9709	1.0000	1.0000	1.0300	0.9709
2	1.0609	0.9426	2.0300	0.4926	0.5226	1.9135
3	1.0927	0.9151	3.0909	0.3235	0.3535	2.8286
4	1.1255	0.8885	4.1836	0.2390	0.2690	3.7171
5	1.1593	0.8626	5.3091	0.1884	0.2184	4.5797
6	1.1941	0.8375	6.4684	0.1546	0.1846	5.4172
7	1.2299	0.8131	7.6625	0.1305	0.1605	6.2303
8	1.2668	0.7894	8.8923	0.1125	0.1425	7.0197
9	1.3048	0.7664	10.1591	0.0984	0.1284	7.7861
10	1.3439	0.7441	11.4639	0.0872	0.1172	8.5302
11	1.3842	0.7224	12.8078	0.0781	0.1081	9.2526
12	1.4258	0.7014	14.1920	0.0705	0.1005	9.9540
13	1.4685	0.6810	15.6178	0.0640	0.0940	10.6350
14	1.5126	0.6611	17.0863	0.0585	0.0885	11.2961
15	1.5580	0.6419	18.5989	0.0538	0.0838	11.9379
16	1.6047	0.6232	20.1569	0.0496	0.0796	12.5611
17	1.6528	0.6050	21.7616	0.0460	0.0760	13.1661
18	1.7024	0.5874	23.4144	0.0427	0.0727	13.7535
19	1.7535	0.5703	25.1169	0.0398	0.0698	14.3238
20	1.8061	0.5537	26.8704	0.0372	0.0672	14.8775
21	1.8603	0.5375	28.6765	0.0349	0.0649	15.4150
22	1.9161	0.5219	30.5368	0.0327	0.0627	15.9369
23	1.9736	0.5067	32.4529	0.0308	0.0608	16.4436
24	2.0328	0.4919	34.4265	0.0290	0.0590	16.9355
25	2.0938	0.4776	36.4593	0.0274	0.0574	17.4131
26	2.1566	0.4637	38.5530	0.0259	0.0559	17.8768
27	2.2213	0.4502	40.7096	0.0246	0.0546	18.3270
28	2.2879	0.4371	42.9309	0.0233	0.0533	18.7641
29	2.3566	0.4243	45.2189	0.0221	0.0521	19.1885
30	2.4273	0.4120	47.5754	0.0210	0.0510	19.6004

复利系数表（$i=4\%$）

年限 n（年）	一次支付 终值系数 （$F/P,i,n$）	一次支付 现值系数 （$P/F,i,n$）	等额系列 终值系数 （$F/A,i,n$）	偿债基金 系 数 （$A/F,i,n$）	资金回收 系 数 （$A/P,i,n$）	等额系列 现值系数 （$P/A,i,n$）
1	1.0400	0.9615	1.0000	1.0000	1.0400	0.9615
2	1.0816	0.9246	2.0400	0.4902	0.5302	1.8861
3	1.1249	0.8890	3.1216	0.3203	0.3603	2.7751
4	1.1699	0.8548	4.2465	0.2355	0.2755	3.6299
5	1.2167	0.8219	5.4163	0.1846	0.2246	4.4518
6	1.2653	0.7903	6.6330	0.1508	0.1908	5.2421
7	1.3159	0.7599	7.8983	0.1266	0.1666	6.0021
8	1.3686	0.7307	9.2142	0.1085	0.1485	6.7327
9	1.4233	0.7026	10.5828	0.0945	0.1345	7.4353
10	1.4802	0.6756	12.0061	0.0833	0.1233	8.1109
11	1.5395	0.6496	13.4864	0.0741	0.1141	8.7605
12	1.6010	0.6246	15.0258	0.0666	0.1066	9.3851
13	1.6651	0.6006	16.6268	0.0601	0.1001	9.9856
14	1.7317	0.5775	18.2919	0.0547	0.0947	10.5631
15	1.8009	0.5553	20.0236	0.0499	0.0899	11.1184
16	1.8730	0.5339	21.8245	0.0458	0.0858	11.6523
17	1.9479	0.5134	23.6975	0.0422	0.0822	12.1657
18	2.0258	0.4936	25.6454	0.0390	0.0790	12.6593
19	2.1068	0.4746	27.6712	0.0361	0.0761	13.1339
20	2.1911	0.4564	29.7781	0.0336	0.0736	13.5903
21	2.2788	0.4388	31.9692	0.0313	0.0713	14.0292
22	2.3699	0.4220	34.2480	0.0292	0.0692	14.4511
23	2.4647	0.4057	36.6179	0.0273	0.0673	14.8568
24	2.5633	0.3901	39.0826	0.0256	0.0656	15.2470
25	2.6658	0.3751	41.6459	0.0240	0.0640	15.6221
26	2.7725	0.3607	44.3117	0.0226	0.0626	15.9828
27	2.8834	0.3468	47.0842	0.0212	0.0612	16.3296
28	2.9987	0.3335	49.9676	0.0200	0.0600	16.6631
29	3.1187	0.3207	52.9663	0.0189	0.0589	16.9837
30	3.2434	0.3083	56.0849	0.0178	0.0578	17.2920

复利系数表（$i=5\%$）　　　　　　　　　　　　　　　附表 5

年限 n（年）	一次支付终值系数 $(F/P,i,n)$	一次支付现值系数 $(P/F,i,n)$	等额系列终值系数 $(F/A,i,n)$	偿债基金系数 $(A/F,i,n)$	资金回收系数 $(A/P,i,n)$	等额系列现值系数 $(P/A,i,n)$
1	1.0500	0.9524	1.0000	1.0000	1.0500	0.9524
2	1.1025	0.9070	2.0500	0.4878	0.5378	1.8594
3	1.1576	0.8638	3.1525	0.3172	0.3672	2.7232
4	1.2155	0.8227	4.3101	0.2320	0.2820	3.5460
5	1.2763	0.7835	5.5256	0.1810	0.2310	4.3295
6	1.3401	0.7462	6.8019	0.1470	0.1970	5.0757
7	1.4071	0.7107	8.1420	0.1228	0.1728	5.7864
8	1.4775	0.6768	9.5491	0.1047	0.1547	6.4632
9	1.5513	0.6446	11.0266	0.0907	0.1407	7.1078
10	1.6289	0.6139	12.5779	0.0795	0.1295	7.7217
11	1.7103	0.5847	14.2068	0.0704	0.1204	8.3064
12	1.7959	0.5568	15.9171	0.0628	0.1128	8.8633
13	1.8856	0.5303	17.7130	0.0565	0.1065	9.3936
14	1.9799	0.5051	19.5986	0.0510	0.1010	9.8986
15	2.0789	0.4810	21.5786	0.0463	0.0963	10.3797
16	2.1829	0.4581	23.6575	0.0423	0.0923	10.8378
17	2.2920	0.4363	25.8404	0.0387	0.0887	11.2741
18	2.4066	0.4155	28.1324	0.0355	0.0855	11.6896
19	2.5270	0.3957	30.5390	0.0327	0.0827	12.0853
20	2.6533	0.3769	33.0660	0.0302	0.0802	12.4622
21	2.7860	0.3589	35.7193	0.0280	0.0780	12.8212
22	2.9253	0.3418	38.5052	0.0260	0.0760	13.1630
23	3.0715	0.3256	41.4305	0.0241	0.0741	13.4886
24	3.2251	0.3101	44.5020	0.0225	0.0725	13.7986
25	3.3864	0.2953	47.7271	0.0210	0.0710	14.0939
26	3.5557	0.2812	51.1135	0.0196	0.0696	14.3752
27	3.7335	0.2678	54.6691	0.0183	0.0683	14.6430
28	3.9201	0.2551	58.4026	0.0171	0.0671	14.8981
29	4.1161	0.2429	62.3227	0.0160	0.0660	15.1411
30	4.3219	0.2314	66.4388	0.0151	0.0651	15.3725

复利系数表 （$i=6\%$）

年限 n（年）	一次支付终值系数 $(F/P,i,n)$	一次支付现值系数 $(P/F,i,n)$	等额系列终值系数 $(F/A,i,n)$	偿债基金系数 $(A/F,i,n)$	资金回收系数 $(A/P,i,n)$	等额系列现值系数 $(P/A,i,n)$
1	1.0600	0.9434	1.0000	1.0000	1.0600	0.9434
2	1.1236	0.8900	2.0600	0.4854	0.5454	1.8334
3	1.1910	0.8396	3.1836	0.3141	0.3741	2.6730
4	1.2625	0.7921	4.3746	0.2286	0.2886	3.4651
5	1.3382	0.7473	5.6371	0.1774	0.2374	4.2124
6	1.4185	0.7050	6.9753	0.1434	0.2034	4.9173
7	1.5036	0.6651	8.3938	0.1191	0.1791	5.5824
8	1.5938	0.6274	9.8975	0.1010	0.1610	6.2098
9	1.6895	0.5919	11.4913	0.0870	0.1470	6.8017
10	1.7908	0.5584	13.1808	0.0759	0.1359	7.3601
11	1.8983	0.5268	14.9716	0.0668	0.1268	7.8869
12	2.0122	0.4970	16.8699	0.0593	0.1193	8.3838
13	2.1329	0.4688	18.8821	0.0530	0.1130	8.8527
14	2.2609	0.4423	21.0151	0.0476	0.1076	9.2950
15	2.3966	0.4173	23.2760	0.0430	0.1030	9.7122
16	2.5404	0.3936	25.6725	0.0390	0.0990	10.1059
17	2.6928	0.3714	28.2129	0.0354	0.0954	10.4773
18	2.8543	0.3503	30.9057	0.0324	0.0924	10.8276
19	3.0256	0.3305	33.7600	0.0296	0.0896	11.1581
20	3.2071	0.3118	36.7856	0.0272	0.0872	11.4699
21	3.3996	0.2942	39.9927	0.0250	0.0850	11.7641
22	3.6035	0.2775	43.3923	0.0230	0.0830	12.0416
23	3.8197	0.2618	46.9958	0.0213	0.0813	12.3034
24	4.0489	0.2470	50.8156	0.0197	0.0797	12.5504
25	4.2919	0.2330	54.8645	0.0182	0.0782	12.7834
26	4.5494	0.2198	59.1564	0.0169	0.0769	13.0032
27	4.8223	0.2074	63.7058	0.0157	0.0757	13.2105
28	5.1117	0.1956	68.5281	0.0146	0.0746	13.4062
29	5.4184	0.1846	73.6398	0.0136	0.0736	13.5907
30	5.7435	0.1741	79.0582	0.0126	0.0726	13.7648

复利系数表（$i=7\%$）　　　　　　　　　　　　　　附表 7

年限 n（年）	一次支付 终值系数 （$F/P,i,n$）	一次支付 现值系数 （$P/F,i,n$）	等额系列 终值系数 （$F/A,i,n$）	偿债基金 系　数 （$A/F,i,n$）	资金回收 系　数 （$A/P,i,n$）	等额系列 现值系数 （$P/A,i,n$）
1	1.0700	0.9346	1.0000	1.0000	1.0700	0.9346
2	1.1449	0.8734	2.0700	0.4831	0.5531	1.8080
3	1.2250	0.8163	3.2149	0.3111	0.3811	2.6243
4	1.3108	0.7629	4.4399	0.2252	0.2952	3.3872
5	1.4026	0.7130	5.7507	0.1739	0.2439	4.1002
6	1.5007	0.6663	7.1533	0.1398	0.2098	4.7665
7	1.6058	0.6227	8.6540	0.1156	0.1856	5.3893
8	1.7182	0.5820	10.2598	0.0975	0.1675	5.9713
9	1.8385	0.5439	11.9780	0.0835	0.1535	6.5152
10	1.9672	0.5083	13.8164	0.0724	0.1424	7.0236
11	2.1049	0.4751	15.7836	0.0634	0.1334	7.4987
12	2.2522	0.4440	17.8885	0.0559	0.1259	7.9427
13	2.4098	0.4150	20.1406	0.0497	0.1197	8.3577
14	2.5785	0.3878	22.5505	0.0443	0.1143	8.7455
15	2.7590	0.3624	25.1290	0.0398	0.1098	9.1079
16	2.9522	0.3387	27.8881	0.0359	0.1059	9.4466
17	3.1588	0.3166	30.8402	0.0324	0.1024	9.7632
18	3.3799	0.2959	33.9990	0.0294	0.0994	10.0591
19	3.6165	0.2765	37.3790	0.0268	0.0968	10.3356
20	3.8697	0.2584	40.9955	0.0244	0.0944	10.5940
21	4.1406	0.2415	44.8652	0.0223	0.0923	10.8355
22	4.4304	0.2257	49.0057	0.0204	0.0904	11.0612
23	4.7405	0.2109	53.4361	0.0187	0.0887	11.2722
24	5.0724	0.1971	58.1767	0.0172	0.0872	11.4693
25	5.4274	0.1842	63.2490	0.0158	0.0858	11.6536
26	5.8074	0.1722	68.6765	0.0146	0.0846	11.8258
27	6.2139	0.1609	74.4838	0.0134	0.0834	11.9867
28	6.6488	0.1504	80.6977	0.0124	0.0824	12.1371
29	7.1143	0.1406	87.3465	0.0114	0.0814	12.2777
30	7.6123	0.1314	94.4608	0.0106	0.0806	12.4090

复利系数表 （$i=8\%$）　　　　　　　　　　　　　　

年限 n(年)	一次支付终值系数 $(F/P,i,n)$	一次支付现值系数 $(P/F,i,n)$	等额系列终值系数 $(F/A,i,n)$	偿债基金系　数 $(A/F,i,n)$	资金回收系　数 $(A/P,i,n)$	等额系列现值系数 $(P/A,i,n)$
1	1.0800	0.9259	1.0000	1.0000	1.0800	0.9259
2	1.1664	0.8573	2.0800	0.4808	0.5608	1.7833
3	1.2597	0.7938	3.2464	0.3080	0.3880	2.5771
4	1.3605	0.7350	4.5061	0.2219	0.3019	3.3121
5	1.4693	0.6806	5.8666	0.1705	0.2505	3.9927
6	1.5869	0.6302	7.3359	0.1363	0.2163	4.6229
7	1.7138	0.5835	8.9228	0.1121	0.1921	5.2064
8	1.8509	0.5403	10.6366	0.0940	0.1740	5.7466
9	1.9990	0.5002	12.4876	0.0801	0.1601	6.2469
10	2.1589	0.4632	14.4866	0.0690	0.1490	6.7101
11	2.3316	0.4289	16.6455	0.0601	0.1401	7.1390
12	2.5182	0.3971	18.9771	0.0527	0.1327	7.5361
13	2.7196	0.3677	21.4953	0.0465	0.1265	7.9038
14	2.9372	0.3405	24.2149	0.0413	0.1213	8.2442
15	3.1722	0.3152	27.1521	0.0368	0.1168	8.5595
16	3.4259	0.2919	30.3243	0.0330	0.1130	8.8514
17	3.7000	0.2703	33.7502	0.0296	0.1096	9.1216
18	3.9960	0.2502	37.4502	0.0267	0.1067	9.3719
19	4.3157	0.2317	41.4463	0.0241	0.1041	9.6036
20	4.6610	0.2145	45.7620	0.0219	0.1019	9.8181
21	5.0338	0.1987	50.4229	0.0198	0.0998	10.0168
22	5.4365	0.1839	55.4568	0.0180	0.0980	10.2007
23	5.8715	0.1703	60.8933	0.0164	0.0964	10.3711
24	6.3412	0.1577	66.7648	0.0150	0.0950	10.5288
25	6.8485	0.1460	73.1059	0.0137	0.0937	10.6748
26	7.3964	0.1352	79.9544	0.0125	0.0925	10.8100
27	7.9881	0.1252	87.3508	0.0114	0.0914	10.9352
28	8.6271	0.1159	95.3388	0.0105	0.0905	11.0511
29	9.3173	0.1073	103.9659	0.0096	0.0896	11.1584
30	10.0627	0.0994	113.2832	0.0088	0.0888	11.2578

复利系数表 （$i=9\%$）

年限 n（年）	一次支付终值系数 $(F/P,i,n)$	一次支付现值系数 $(P/F,i,n)$	等额系列终值系数 $(F/A,i,n)$	偿债基金系数 $(A/F,i,n)$	资金回收系数 $(A/P,i,n)$	等额系列现值系数 $(P/A,i,n)$
1	1.0900	0.9174	1.0000	1.0000	1.0900	0.9174
2	1.1881	0.8417	2.0900	0.4785	0.5685	1.7591
3	1.2950	0.7722	3.2781	0.3051	0.3951	2.5313
4	1.4116	0.7084	4.5731	0.2187	0.3087	3.2397
5	1.5386	0.6499	5.9847	0.1671	0.2571	3.8897
6	1.6771	0.5963	7.5233	0.1329	0.2229	4.4859
7	1.8280	0.5470	9.2004	0.1087	0.1987	5.0330
8	1.9926	0.5019	11.0285	0.0907	0.1807	5.5348
9	2.1719	0.4604	13.0210	0.0768	0.1668	5.9952
10	2.3674	0.4224	15.1929	0.0658	0.1558	6.4177
11	2.5804	0.3875	17.5603	0.0569	0.1469	6.8052
12	2.8127	0.3555	20.1407	0.0497	0.1397	7.1607
13	3.0658	0.3262	22.9534	0.0436	0.1336	7.4869
14	3.3417	0.2992	26.0192	0.0384	0.1284	7.7862
15	3.6425	0.2745	29.3609	0.0341	0.1241	8.0607
16	3.9703	0.2519	33.0034	0.0303	0.1203	8.3126
17	4.3276	0.2311	36.9737	0.0270	0.1170	8.5436
18	4.7171	0.2120	41.3013	0.0242	0.1142	8.7556
19	5.1417	0.1945	46.0185	0.0217	0.1117	8.9501
20	5.6044	0.1784	51.1610	0.0195	0.1095	9.1285
21	6.1088	0.1637	56.7645	0.0176	0.1076	9.2922
22	6.6586	0.1502	62.8733	0.0159	0.1059	9.4424
23	7.2579	0.1378	69.5319	0.0144	0.1044	9.5802
24	7.9111	0.1264	76.7898	0.0130	0.1030	9.7066
25	8.6231	0.1160	84.7009	0.0118	0.1018	9.8226
26	9.3992	0.1064	93.3240	0.0107	0.1007	9.9290
27	10.2451	0.0976	102.7231	0.0097	0.0997	10.0266
28	11.1671	0.0895	112.9682	0.0089	0.0989	10.1161
29	12.1722	0.0822	124.1354	0.0081	0.0981	10.1983
30	13.2677	0.0754	136.3075	0.0073	0.0973	10.2737

复利系数表 （$i=10\%$）　　　　　　　　　　　　　

年限 n（年）	一次支付 终值系数 $(F/P,i,n)$	一次支付 现值系数 $(P/F,i,n)$	等额系列 终值系数 $(F/A,i,n)$	偿债基金 系　数 $(A/F,i,n)$	资金回收 系　数 $(A/P,i,n)$	等额系列 现值系数 $(P/A,i,n)$
1	1.1000	0.9091	1.0000	1.0000	1.1000	0.9091
2	1.2100	0.8264	2.1000	0.4762	0.5762	1.7355
3	1.3310	0.7513	3.3100	0.3021	0.4021	2.4869
4	1.4641	0.6830	4.6410	0.2155	0.3155	3.1699
5	1.6105	0.6209	6.1051	0.1638	0.2638	3.7908
6	1.7716	0.5645	7.7156	0.1296	0.2296	4.3553
7	1.9487	0.5132	9.4872	0.1054	0.2054	4.8684
8	2.1436	0.4665	11.4359	0.0874	0.1874	5.3349
9	2.3579	0.4241	13.5795	0.0736	0.1736	5.7590
10	2.5937	0.3855	15.9374	0.0627	0.1627	6.1446
11	2.8531	0.3505	18.5312	0.0540	0.1540	6.4951
12	3.1384	0.3186	21.3843	0.0468	0.1468	6.8137
13	3.4523	0.2897	24.5227	0.0408	0.1408	7.1034
14	3.7975	0.2633	27.9750	0.0357	0.1357	7.3667
15	4.1772	0.2394	31.7725	0.0315	0.1315	7.6061
16	4.5950	0.2176	35.9497	0.0278	0.1278	7.8237
17	5.0545	0.1978	40.5447	0.0247	0.1247	8.0216
18	5.5599	0.1799	45.5992	0.0219	0.1219	8.2014
19	6.1159	0.1635	51.1591	0.0195	0.1195	8.3649
20	6.7275	0.1486	57.2750	0.0175	0.1175	8.5136
21	7.4002	0.1351	64.0025	0.0156	0.1156	8.6487
22	8.1403	0.1228	71.4027	0.0140	0.1140	8.7715
23	8.9543	0.1117	79.5430	0.0126	0.1126	8.8832
24	9.8497	0.1015	88.4973	0.0113	0.1113	8.9847
25	10.8347	0.0923	98.3471	0.0102	0.1102	9.0770
26	11.9182	0.0839	109.1818	0.0092	0.1092	9.1609
27	13.1100	0.0763	121.0999	0.0083	0.1083	9.2372
28	14.4210	0.0693	134.2099	0.0075	0.1075	9.3066
29	15.8631	0.0630	148.6309	0.0067	0.1067	9.3696
30	17.4494	0.0573	164.4940	0.0061	0.1061	9.4269

复利系数表（$i=12\%$）   附表 11

年限 n(年)	一次支付终值系数 $(F/P,i,n)$	一次支付现值系数 $(P/F,i,n)$	等额系列终值系数 $(F/A,i,n)$	偿债基金系数 $(A/F,i,n)$	资金回收系数 $(A/P,i,n)$	等额系列现值系数 $(P/A,i,n)$
1	1.1200	0.8929	1.0000	1.0000	1.1200	0.8929
2	1.2544	0.7972	2.1200	0.4717	0.5917	1.6901
3	1.4049	0.7118	3.3744	0.2963	0.4163	2.4018
4	1.5735	0.6355	4.7793	0.2092	0.3292	3.0373
5	1.7623	0.5674	6.3528	0.1574	0.2774	3.6048
6	1.9738	0.5066	8.1152	0.1232	0.2432	4.1114
7	2.2107	0.4523	10.0890	0.0991	0.2191	4.5638
8	2.4760	0.4039	12.2997	0.0813	0.2013	4.9676
9	2.7731	0.3606	14.7757	0.0677	0.1877	5.3282
10	3.1058	0.3220	17.5487	0.0570	0.1770	5.6502
11	3.4785	0.2875	20.6546	0.0484	0.1684	5.9377
12	3.8960	0.2567	24.1331	0.0414	0.1614	6.1944
13	4.3635	0.2292	28.0291	0.0357	0.1557	6.4235
14	4.8871	0.2046	32.3926	0.0309	0.1509	6.6282
15	5.4736	0.1827	37.2797	0.0268	0.1468	6.8109
16	6.1304	0.1631	42.7533	0.0234	0.1434	6.9740
17	6.8660	0.1456	48.8837	0.0205	0.1405	7.1196
18	7.6900	0.1300	55.7497	0.0179	0.1379	7.2497
19	8.6128	0.1161	63.4397	0.0158	0.1358	7.3658
20	9.6463	0.1037	72.0524	0.0139	0.1339	7.4694
21	10.8038	0.0926	81.6987	0.0122	0.1322	7.5620
22	12.1003	0.0826	92.5026	0.0108	0.1308	7.6446
23	13.5523	0.0738	104.6029	0.0096	0.1296	7.7184
24	15.1786	0.0659	118.1552	0.0085	0.1285	7.7843
25	17.0001	0.0588	133.3339	0.0075	0.1275	7.8431
26	19.0401	0.0525	150.3339	0.0067	0.1267	7.8957
27	21.3249	0.0469	169.3740	0.0059	0.1259	7.9426
28	23.8839	0.0419	190.6989	0.0052	0.1252	7.9844
29	26.7499	0.0374	214.5828	0.0047	0.1247	8.0218
30	29.9599	0.0334	241.3327	0.0041	0.1241	8.0552

复利系数表 （$i=15\%$）

年限 n(年)	一次支付 终值系数 （$F/P,i,n$）	一次支付 现值系数 （$P/F,i,n$）	等额系列 终值系数 （$F/A,i,n$）	偿债基金 系　数 （$A/F,i,n$）	资金回收 系　数 （$A/P,i,n$）	等额系列 现值系数 （$P/A,i,n$）
1	1.1500	0.8696	1.0000	1.0000	1.1500	0.8696
2	1.3225	0.7561	2.1500	0.4651	0.6151	1.6257
3	1.5209	0.6575	3.4725	0.2880	0.4380	2.2832
4	1.7490	0.5718	4.9934	0.2003	0.3503	2.8550
5	2.0114	0.4972	6.7424	0.1483	0.2983	3.3522
6	2.3131	0.4323	8.7537	0.1142	0.2642	3.7845
7	2.6600	0.3759	11.0668	0.0904	0.2404	4.1604
8	3.0590	0.3269	13.7268	0.0729	0.2229	4.4873
9	3.5179	0.2843	16.7858	0.0596	0.2096	4.7716
10	4.0456	0.2472	20.3037	0.0493	0.1993	5.0188
11	4.6524	0.2149	24.3493	0.0411	0.1911	5.2337
12	5.3503	0.1869	29.0017	0.0345	0.1845	5.4206
13	6.1528	0.1625	34.3519	0.0291	0.1791	5.5831
14	7.0757	0.1413	40.5047	0.0247	0.1747	5.7245
15	8.1371	0.1229	47.5804	0.0210	0.1710	5.8474
16	9.3576	0.1069	55.7175	0.0179	0.1679	5.9542
17	10.7613	0.0929	65.0751	0.0154	0.1654	6.0472
18	12.3755	0.0808	75.8364	0.0132	0.1632	6.1280
19	14.2318	0.0703	88.2118	0.0113	0.1613	6.1982
20	16.3665	0.0611	102.4436	0.0098	0.1598	6.2593
21	18.8215	0.0531	118.8101	0.0084	0.1584	6.3125
22	21.6447	0.0462	137.6316	0.0073	0.1573	6.3587
23	24.8915	0.0402	159.2764	0.0063	0.1563	6.3988
24	28.6252	0.0349	184.1678	0.0054	0.1554	6.4338
25	32.9190	0.0304	212.7930	0.0047	0.1547	6.4641
26	37.8568	0.0264	245.7120	0.0041	0.1541	6.4906
27	43.5353	0.0230	283.5688	35.0000	0.1535	6.5135
28	50.0656	0.0200	327.1041	0.0031	0.1531	6.5335
29	57.5755	0.0174	377.1697	0.0027	0.1527	6.5509
30	66.2118	0.0151	434.7451	0.0023	0.1523	6.5660

复利系数表 $(i=18\%)$ 附表 13

年限 n(年)	一次支付 终值系数 $(F/P,i,n)$	一次支付 现值系数 $(P/F,i,n)$	等额系列 终值系数 $(F/A,i,n)$	偿债基金 系　数 $(A/F,i,n)$	资金回收 系　数 $(A/P,i,n)$	等额系列 现值系数 $(P/A,i,n)$
1	1.1800	0.8475	1.0000	1.0000	1.1800	0.8475
2	1.3924	0.7182	2.1800	0.4587	0.6387	1.5656
3	1.6430	0.6086	3.5724	0.2799	0.4599	2.1743
4	1.9388	0.5158	5.2154	0.1917	0.3717	2.6901
5	2.2878	0.4371	7.1542	0.1398	0.3198	3.1272
6	2.6996	0.3704	9.4420	0.1059	0.2859	3.4976
7	3.1855	0.3139	12.1415	0.0824	0.2624	3.8115
8	3.7589	0.2660	15.3270	0.0652	0.2452	4.0776
9	4.4355	0.2255	19.0859	0.0524	0.2324	4.3030
10	5.2338	0.1911	23.5213	0.0425	0.2225	4.4941
11	6.1759	0.1619	28.7551	0.0348	0.2148	4.6560
12	7.2876	0.1372	34.9311	0.0286	0.2086	4.7932
13	8.5994	0.1163	42.2187	0.0237	0.2037	4.9095
14	10.1472	0.0985	50.8180	0.0197	0.1997	5.0081
15	11.9737	0.0835	60.9653	0.0164	0.1964	5.0916
16	14.1290	0.0708	72.9390	0.0137	0.1937	5.1624
17	16.6722	0.0600	87.0680	0.0115	0.1915	5.2223
18	19.6733	0.0508	103.7403	0.0096	0.1896	5.2732
19	23.2144	0.0431	123.4135	0.0081	0.1881	5.3162
20	27.3930	0.0365	146.6280	0.0068	0.1868	5.3527
21	32.3238	0.0309	174.0210	0.0057	0.1857	5.3837
22	38.1421	0.0262	206.3448	0.0048	0.1848	5.4099
23	45.0076	0.0222	244.4868	0.0041	0.1841	5.4321
24	53.1090	0.0188	289.4945	0.0035	0.1835	5.4509
25	62.6686	0.0160	342.6035	0.0029	0.1829	5.4669
26	73.9490	0.0135	405.2721	0.0025	0.1825	5.4804
27	87.2598	0.0115	479.2211	0.0021	0.1821	5.4919
28	102.9666	0.0097	566.4809	0.0018	0.1818	5.5016
29	121.5005	0.0082	669.4475	0.0015	0.1815	5.5098
30	143.3706	0.0070	790.9480	0.0013	0.1813	5.5168

复利系数表（$i=20\%$）

年限 n(年)	一次支付 终值系数 ($F/P,i,n$)	一次支付 现值系数 ($P/F,i,n$)	等额系列 终值系数 ($F/A,i,n$)	偿债基金 系　数 ($A/F,i,n$)	资金回收 系　数 ($A/P,i,n$)	等额系列 现值系数 ($P/A,i,n$)
1	1.2000	0.8333	1.0000	1.0000	1.2000	0.8333
2	1.4400	0.6944	2.2000	0.4545	0.6545	1.5278
3	1.7280	0.5787	3.6400	0.2747	0.4747	2.1065
4	2.0736	0.4823	5.3680	0.1863	0.3863	2.5887
5	2.4883	0.4019	7.4416	0.1344	0.3344	2.9906
6	2.9860	0.3349	9.9299	0.1007	0.3007	3.3255
7	3.5832	0.2791	12.9159	0.0774	0.2774	3.6046
8	4.2998	0.2326	16.4991	0.0606	0.2606	3.8372
9	5.1598	0.1938	20.7989	0.0481	0.2481	4.0310
10	6.1917	0.1615	25.9587	0.0385	0.2385	4.1925
11	7.4301	0.1346	32.1504	0.0311	0.2311	4.3271
12	8.9161	0.1122	39.5805	0.0253	0.2253	4.4392
13	10.6993	0.0935	48.4966	0.0206	0.2206	4.5327
14	12.8392	0.0779	59.1959	0.0169	0.2169	4.6106
15	15.4070	0.0649	72.0351	0.0139	0.2139	4.6755
16	18.4884	0.0541	87.4421	0.0114	0.2114	4.7296
17	22.1861	0.0451	105.9306	0.0094	0.2094	4.7746
18	26.6233	0.0376	128.1167	0.0078	0.2078	4.8122
19	31.9480	0.0313	154.7400	0.0065	0.2065	4.8435
20	38.3376	0.0261	186.6880	0.0054	0.2054	4.8696
21	46.0051	0.0217	225.0256	0.0044	0.2044	4.8913
22	55.2061	0.0181	271.0307	0.0037	0.2037	4.9094
23	66.2474	0.0151	326.2369	0.0031	0.2031	4.9245
24	79.4968	0.0126	392.4842	0.0025	0.2025	4.9371
25	95.3962	0.0105	471.9811	0.0021	0.2021	4.9476
26	114.4755	0.0087	567.3773	0.0018	0.2018	4.9563
27	137.3706	0.0073	681.8528	0.0015	0.2015	4.9636
28	164.8447	0.0061	819.2233	0.0012	0.2012	4.9697
29	197.8136	0.0051	984.0680	0.0010	0.2010	4.9747
30	237.3763	0.0042	1181.8816	0.0008	0.2008	4.9789

复利系数表（$i=25\%$）　　　　　附表 15

年限 n（年）	一次支付 终值系数 $(F/P,i,n)$	一次支付 现值系数 $(P/F,i,n)$	等额系列 终值系数 $(F/A,i,n)$	偿债基金 系　数 $(A/F,i,n)$	资金回收 系　数 $(A/P,i,n)$	等额系列 现值系数 $(P/A,i,n)$
1	1.2500	0.8000	1.0000	1.0000	1.2500	0.8000
2	1.5625	0.6400	2.2500	0.4444	0.6944	1.4400
3	1.9531	0.5120	3.8125	0.2623	0.5123	1.9520
4	2.4414	0.4096	5.7656	0.1734	0.4234	2.3616
5	3.0518	0.3277	8.2070	0.1218	0.3718	2.6893
6	3.8147	0.2621	11.2588	0.0888	0.3388	2.9514
7	4.7684	0.2097	15.0735	0.0663	0.3163	3.1611
8	5.9605	0.1678	19.8419	0.0504	0.3004	3.3289
9	7.4506	0.1342	25.8023	0.0388	0.2888	3.4631
10	9.3132	0.1074	33.2529	0.0301	0.2801	3.5705
11	11.6415	0.0859	42.5661	0.0235	0.2735	3.6564
12	14.5519	0.0687	54.2077	0.0184	0.2684	3.7251
13	18.1899	0.0550	68.7596	0.0145	0.2645	3.7801
14	22.7374	0.0440	86.9495	0.0115	0.2615	3.8241
15	28.4217	0.0352	109.6868	0.0091	0.2591	3.8593
16	35.5271	0.0281	138.1085	0.0072	0.2572	3.8874
17	44.4089	0.0225	173.6357	0.0058	0.2558	3.9099
18	55.5112	0.0180	218.0446	0.0046	0.2546	3.9279
19	69.3889	0.0144	273.5558	0.0037	0.2537	3.9424
20	86.7362	0.0115	342.9447	0.0029	0.2529	3.9539
21	108.4202	0.0092	429.6809	0.0023	0.2523	3.9631
22	135.5253	0.0074	538.1011	0.0019	0.2519	3.9705
23	169.4066	0.0059	673.6264	0.0015	0.2515	3.9764
24	211.7582	0.0047	843.0329	0.0012	0.2512	3.9811
25	264.6978	0.0038	1054.7912	0.0009	0.2509	3.9849
26	330.8722	0.0030	1319.4890	0.0008	0.2508	3.9879
27	413.5903	0.0024	1650.3612	0.0006	0.2506	3.9903
28	516.9879	0.0019	2063.9515	0.0005	0.2505	3.9923
29	646.2349	0.0015	2580.9394	0.0004	0.2504	3.9938
30	807.7936	0.0012	3227.1743	0.0003	0.2503	3.9950

复利系数表（$i=30\%$）　　　　　　　　　　　　　附表 16

年限 n(年)	一次支付 终值系数 $(F/P,i,n)$	一次支付 现值系数 $(P/F,i,n)$	等额系列 终值系数 $(F/A,i,n)$	偿债基金 系　数 $(A/F,i,n)$	资金回收 系　数 $(A/P,i,n)$	等额系列 现值系数 $(P/A,i,n)$
1	1.3000	0.7692	1.0000	1.0000	1.3000	0.7692
2	1.6900	0.5918	2.3000	0.4348	0.7348	1.3609
3	2.1970	0.4552	3.9900	0.2506	0.5506	1.8161
4	2.8561	0.3501	6.1870	0.1616	0.4616	2.1662
5	3.7129	0.2693	9.0431	0.1106	0.4106	2.4356
6	4.8268	0.2072	12.7560	0.0784	0.3784	2.6427
7	6.2749	0.1594	17.5828	0.0569	0.3569	2.8021
8	8.1573	0.1226	23.8577	0.0419	0.3419	2.9247
9	10.6045	0.0943	32.0150	0.0312	0.3312	3.0190
10	13.7858	0.0725	42.6195	0.0235	0.3235	3.0915
11	17.9216	0.0558	56.4053	0.0177	0.3177	3.1473
12	23.2981	0.0429	74.3270	0.0135	0.3135	3.1903
13	30.2875	0.0330	97.6250	0.0102	0.3102	3.2233
14	39.3738	0.0254	127.9125	0.0078	0.3078	3.2487
15	51.1859	0.0195	167.2863	0.0060	0.3060	3.2682
16	66.5417	0.0150	218.4722	0.0046	0.3046	3.2832
17	86.5042	0.0116	285.0139	0.0035	0.3035	3.2948
18	112.4554	0.0089	371.5180	0.0027	0.3027	3.3037
19	146.1920	0.0068	483.9734	0.0021	0.3021	3.3105
20	190.0496	0.0053	630.1655	0.0016	0.3016	3.3158
21	247.0645	0.0040	820.2151	0.0012	0.3012	3.3198
22	321.1839	0.0031	1067.2796	0.0009	0.3009	3.3230
23	417.5391	0.0024	1388.4635	0.0007	0.3007	3.3254
24	542.8008	0.0018	1806.0026	0.0006	0.3006	3.3272
25	705.6410	0.0014	2348.8033	0.0004	0.3004	3.3286
26	917.3333	0.0011	3054.4443	0.0003	0.3003	3.3297
27	1192.5333	0.0008	3971.7776	0.0003	0.3003	3.3305
28	1550.2933	0.0006	5164.3109	0.0002	0.3002	3.3312
29	2015.3813	0.0005	6714.6042	0.0001	0.3001	3.3317
30	2619.9956	0.0004	8729.9855	0.0001	0.3001	3.3321

复利系数表（$i=40\%$） 附表 17

年限 n(年)	一次支付 终值系数 $(F/P,i,n)$	一次支付 现值系数 $(P/F,i,n)$	等额系列 终值系数 $(F/A,i,n)$	偿债基金 系　数 $(A/F,i,n)$	资金回收 系　数 $(A/P,i,n)$	等额系列 现值系数 $(P/A,i,n)$
1	1.4000	0.7143	1.0000	1.0000	1.4000	0.7143
2	1.9600	0.5102	2.4000	0.4167	0.8167	1.2245
3	2.7440	0.3644	4.3600	0.2294	0.6294	1.5889
4	3.8416	0.2603	7.1040	0.1408	0.5408	1.8492
5	5.3782	0.1859	10.9456	0.0914	0.4914	2.0352
6	7.5295	0.1328	16.3238	0.0613	0.4613	2.1680
7	10.5414	0.0949	23.8534	0.0419	0.4419	2.2628
8	14.7579	0.0678	34.3947	0.0291	0.4291	2.3306
9	20.6610	0.0484	49.1526	0.0203	0.4203	2.3790
10	28.9255	0.0346	69.8137	0.0143	0.4143	2.4136
11	40.4957	0.0247	98.7391	0.0101	0.4101	2.4383
12	56.6939	0.0176	139.2348	0.0072	0.4072	2.4559
13	79.3715	0.0126	195.9287	0.0051	0.4051	2.4685
14	111.1201	0.0090	275.3002	0.0036	0.4036	2.4775
15	155.5681	0.0064	386.4202	0.0026	0.4026	2.4839
16	217.7953	0.0046	541.9883	0.0018	0.4018	2.4885
17	304.9135	0.0033	759.7837	0.0013	0.4013	2.4918
18	426.8789	0.0023	1064.6971	0.0009	0.4009	2.4941
19	597.6304	0.0017	1491.5760	0.0007	0.4007	2.4958
20	836.6826	0.0012	2089.2064	0.0005	0.4005	2.4970
21	1171.3556	0.0009	2925.8889	0.0003	0.4003	2.4979
22	1639.8978	0.0006	4097.2445	0.0002	0.4002	2.4985
23	2295.8569	0.0004	5737.1423	0.0002	0.4002	2.4989
24	3214.1997	0.0003	8032.9993	0.0001	0.4001	2.4992
25	4499.8796	0.0002	11247.1990	0.0001	0.4001	2.4994
26	6299.8314	0.0002	15747.0785	0.0001	0.4001	2.4996
27	8819.7640	0.0001	22046.9099	0.0000	0.4000	2.4997
28	12347.6696	0.0001	30866.6739	0.0000	0.4000	2.4998
29	17286.7374	0.0001	43214.3435	0.0000	0.4000	2.4999
30	24201.4324	0.0000	60501.0809	0.0000	0.4000	2.4999

参 考 文 献

［1］ 韩凌风，陈金洪. 工程经济 ［M］. 北京：中国水利水电出版社，2011.

［2］ 谭大璐. 工程经济学 ［M］. 北京：中国建筑工业出版社，2021.

［3］ 郭献芳，潘智峰，焦俊，等. 工程经济学 ［M］. 3 版. 北京：中国电力出版社，2016.

［4］ 杨易，李珊. 建筑工程项目管理 ［M］. 西安：西安交通大学出版社，2014.

［5］ 余炳文. 项目评估 ［M］. 大连：东北财经大学出版社，2014.

［6］ 王丽娜，袁永博. 基于价值工程的绿色建筑投资决策研究 ［J］. 价值工程，2011（1）：26-27.

［7］ 李南，楚岩枫，周志鹏，等. 工程经济学 ［M］. 6 版. 北京：科学出版社，2024.

［8］ 魏法杰，王玉灵，郑筠. 工程经济学 ［M］. 3 版. 北京：电子工业出版社，2020.

［9］ 杜葵. 工程经济学 ［M］. 4 版. 重庆：重庆大学出版社，2021.

［10］ 陆菊春. 工程经济学 ［M］. 4 版. 武汉：武汉大学出版社，2021.

［11］ 刘玉明. 工程经济学 ［M］. 2 版. 北京：北京交通大学出版社，2014.

［12］ 黄晨，曾学礼，徐媛媛. 建筑工程经济 ［M］. 天津：天津大学出版社，2017.

姓名　　　　　　　　　学号

中国建筑工业出版社

工作页使用手册

完成项目就意味着成功的开端

工作页导学

习近平总书记给中国国际大学生创新大赛参赛学生代表的回信，提到"创新是人类进步的源泉，青年是创新的重要生力军。希望你们弘扬科学精神，积极投身科技创新，为促进中外科技交流、推动科技进步贡献青春力量。全社会都要关心青年的成长和发展，营造良好创新创业氛围，让广大青年在中国式现代化的广阔天地中更好展现才华。"

因此以大学生创新创业、科学创业、理性创业、可行化创业为指导方向，以创业项目的模式来完成本课程，以学生创新创业项目的可行性研究报告为最终项目成果，助力学生创新创业，筑梦未来。

一、工作页结构

本课程把项目2～项目7的教学内容整合为一个由学生自己创作完成的项目可行性研究报告，从项目2开始逐步完成报告的部分内容，到项目7结束形成完整的可行性研究项目。

二、工作页对应任务

1. 项目2学生准备进行创业开公司，通过教材中投资、成本、利润等相关知识点的学习，查找自己准备创业的行业相关资料，自己成立公司。

2. 项目3学生绘制自己公司的现金流量图，根据老师给定的条件，计算名义利率和实际利率。

3. 项目4学生互相交换工作页，由其他组来计算本组的经济评价指标，本组学生重新计算核查。

4. 项目5根据老师给定的条件，进行创业项目的评选。

5. 项目6计算自己项目的不确定性分析和风险分析。

6. 项目7学生按照项目可行性研究的模板，完成自己创业项目的可行性研究报告。

三、工作页案例

本工作页附学生完成的整体项目一份——《古茗奶茶店可行性研究报告》，以该奶茶店开业的可行性分析报告为案例背景，供同学们参考。同学们也可以参考书上数字资源中实际项目的可行性研究报告。

现在，请让我们开始创业之旅吧！

古茗奶茶店可行性研究报告

以"古茗奶茶店"为例——《古茗奶茶店可行性研究报告》案例全文。本案例也可以在PPT课件素材包中下载。

项目 2　工作页任务单

任务背景	在鼓励大学生创新创业的浪潮下，如果给你一个机会，让你实现自己的创业梦想，你想要成立一家什么样的公司呢？ 请你根据项目 2 所学的内容，设置项目的投资、成本、利润等相关数据。	
涉及项目	项目 2	工程经济基本要素
任务思路	1. 介绍基本情况。 2. 项目背景。 3. 项目建设的必要性。 4. 类似项目发展现状。	

一、概述

（一）项目概况

《古茗奶茶投资项目可行性研究报告》是对古茗的茶项目所作的可行性研究报告，该项目是由我们小组设计完成。该可行性研究报告通过项目建设必要性分析、项目市场分析、项目店址选择、投资估算与资金筹措、财务费用效益估算、财务效益分析、不确定性分析和风险分析等，表明了其写作目的和实际应用中的作用是为了考察该项目建设的必要性、技术的可行性和经济的合理性，进而得出该项目是可行的。该项目以赢利为目的，开设在浙江省台州市椒江区景元路521-1 号，采用的是加盟的形式，建设周期为一个月，该项目的项目初始投资为 55.18 万元，投资财务净现值为 43.41 万元，财务内部收益率为 31.43%，投资回收期为 2.3 年。说明该项目有较好的财务收益，不确定性分析表明该项目有较强的抗风险能力。

关键词：古茗奶茶 可行性研究 财务分析

（二）企业概况

我们之所以选择加盟古茗是因为古茗企业一直致力于茶饮行业的发展，自 2010 年 4 月品牌成立以来，已成为茶饮行业的头部品牌之一。企业一直保持市场份额稳倍增长，历经多年稳步发展，致力于成为"每天一杯喝不腻"的日常化国民茶饮，让每一位消费者随时随地都能喝到新鲜、真材实料的茶饮。

在经营范围方面，古茗企业涵盖了技术服务、技术开发、技术咨询、技术交流、技术转让、技术推广等多个领域。此外，还包括机械设备研发、软件开发、食品添加剂销售、电子产品销售、办公用品销售、新鲜水果批发和零售、食用农产品零售、日用品批发销售、企业管理、餐饮管理、服装服饰批发和零售、日用百货销售、家用电器销售、体育用品及器材批发和零售、玩具、动漫及游艺用品销售、箱包销售、塑料制品销售、日用玻璃制品销售、文具用品批发和零售、纸制品销售、针织织品销售及互联网销售等多个方面。

此外，古茗企业还在积极扩展其业务规模。例如，在 2023 年，古茗公布了战略目标，计划新增门店超过 3000 家。总门店数要突破 10000 家，并重点拓展山东、广西、贵州、安徽四个省份。

2022	2022年，古茗小程序会员突破400万，年度出杯量近10亿5亿/杯
2021	解锁超百家商圈，携家店有GOOT77店应拍APP开业，全国门店数超600家
2020	自主开发的"古茗茶饮点单"小程序全上线，小程序会员数增1300万人
2019	年度宣传研究进计刷新，荣获"2019年中国餐饮十大品牌"、"2019年中国出海品牌"等多个奖项
2018	西安首店开，"大茶"官宣超品牌，品牌形象升级「5.0超门店」
2017	力进求整展，开启冷链配送模式
2016	设立门店标准化操作地点H心，成立百万级别「标准团队」，从源头把关食品安全体系
2014	开始建立B端标准化企业团队，VI、SI、品牌形象升级「4.0超门店」
2013	探索自助运模式，低温冷链配送
2012	走出台州椒江全区，品牌形象升级入3.0时代，年度出杯量突破1600杯
2011	第一家台店开业，开创自加盟模式；如雨后春笋升级入2.0时代
2010	第一家古茗店浙江温岭大溪镇开业

图表一　古茗品牌历程

（三）　编制依据

1. 国家支持性规划

国家近年来出台了一系列针对食品及饮料行业的支持性规划，其中奶茶行业作为快速消费品市场的重要组成部分，也受到了政策的积极扶持。例如，国家鼓励食品行业的创新升级，提倡传统茶文化的传承与发展，这为奶茶行业在产品研发、文化传承方面提供了政策指引。此外，国家还通过税收优惠、资金扶持等措

续表

建筑工程经济 学生工作页

案例:《古茗奶茶店》	
其他案例	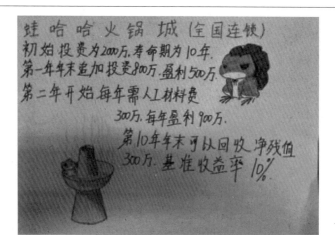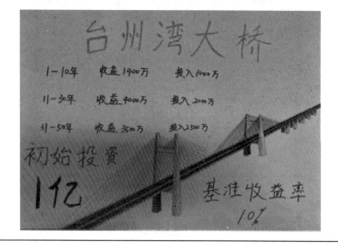

006

案例评析	请你说说看,以上三个案例,分别在描述过程中,有哪些是不妥当的?
案例投资 情况	请简要列举你的项目投资情况,并交予下一组进行点评。

项目 3　工作页任务单

任务背景	你的公司已经成立了,现在请你依据公司资金情况,绘制自己公司的现金流量图和其他小组同学的现金流量图,要求熟练绘制现金流量图。	
涉及项目	项目 3	现金流量与资金时间价值计算
任务思路	1. 绘制自己组的现金流量图。 2. 绘制其他组的现金流量图并互相交换核对。 3. 总结现金流量绘制中存在的问题。	
案例: 《古茗奶 茶店》	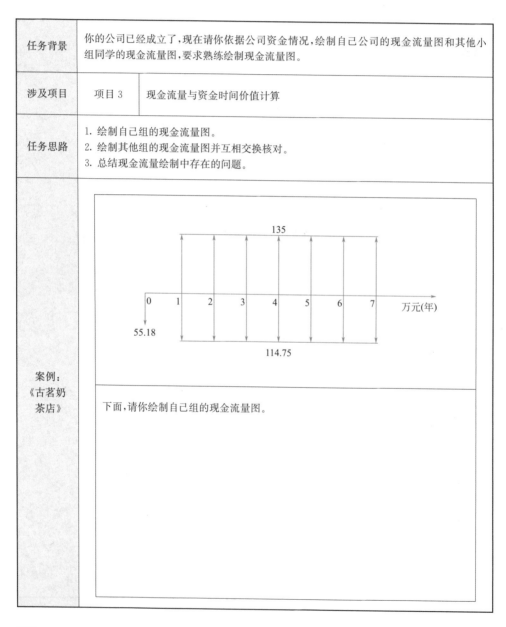 下面,请你绘制自己组的现金流量图。	

其他组的 现金流量图	

项目 4　工作页任务单

任务背景	你们的公司都成立好了吗？现在请你们互相交换工作页，由其他同学来计算你的经济评价指标，看看你的项目究竟是否可行，记得其他同学计算完还你工作页的时候你要重新计算核查，并给其他同学的作业打分。

涉及项目	项目 4	建设项目评价指标与方案比选

任务思路	1. 计算本组指标：NPV、$NPVR$、NAV、NFV、PC、AC、IRR 计算。 2. 计算他组指标：NPV、$NPVR$、NAV、NFV、PC、AC、IRR 计算。 3. 核验计算结果。

案例：《古茗奶茶店》

表 1　现金流量表（静态投资回收期）（单位：万元）

年份现金	0	1	2	3	4	5	6	7
总投资	55.18							
收入		135	135	135	135	135	135	135
支出		114.75	114.75	114.75	114.75	114.75	114.75	114.75
净现金流量	−55.18	20.25	20.25	20.25	20.25	20.25	20.25	20.25
累计净现金流量	−55.18	−24.93	−4.68	15.57	35.82	56.07	76.32	96.57

表 2　现金流量表（动态投资回收期）（单位：万元）

年份现金	0	1	2	3	4	5	6	7
收入		135	135	135	135	135	135	135
支出		−114.75	−114.75	−114.75	−114.75	−114.75	−114.75	−114.75
净现金流量	−35.18	18.19	16.73	15.21	13.83	12.57	11.43	10.39
累计净现金流量	−55.18	−36.99	−20.26	−5.05	8.78	21.35	32.78	43.17

1. 净现值 NPV

$NPV = -55.18 + (135 - 114.75)(P/A, 10\%, 7) = 55.18 + 20.25(P/A, 10\%, 7) = 43.4051(万元)$

2. 净现值率 $NPVR$

$NPVR = 43.4051/55.18 \times 100\% = 78.66\%$

3. 净年值 NAV

$NAV = 43.4051(A/P, 10\%, 7) = 43.4051 \times 0.2054 = 8.92(万元)$

4. 净终值 NFV

$NFV = (135 - 114.75)(F/A, 10\%, 7) - 55.18(F/P, 10\%, 7) = 20.25 \times 9.4875 - 55.18 \times 1.9487 = 84.59(万元)$

5. 费用现值 PC

$PC = 55.18 + 114.75(P/A, 10\%, 7) = 613.83(万元)$

6. 费用年值 AC

$AC = 613.83(A/P, 10\%, 7) - 613.83 \times 0.2054 = 126.08(万元)$

7. 内部收益率 IRR

$IRR = 30\% + 1.5625/(1.5625 + 9.3583) \times 0.1 = 31.43\%$

建筑工程经济
学生工作页

本组的 92 页
指标计算

其他组的 指标计算	

项目 5 工作页任务单

任务背景	现在根据老师给定的条件,我们通过方案比选的方法进行你们所有创业项目的评选,根据不同指标的评选结果,找出为什么会产生不同评价结果的原因。	
涉及项目	项目 5	投资方案的经济效果评价与选择
任务思路	1. 把所有的计算指标列表。 2. 判断不同指标下,你们各组中哪个项目为最佳项目。 3. 分析为什么不同的评价指标得出的结论不一致。	
思考问题	为什么不同指标评价结果不一样? 说明原因。	

项目6 工作页任务单

任务背景	每个项目都存在各方面的风险,下面请你考虑自己项目存在的不确定因素,进行风险分析。	
涉及项目	项目6	风险与不确定性分析
任务思路	1. 描写本项目风险的表现形式及影响。 2. 对本项目进行风险可能性分析。 3. 本项目风险内容及其评价。 4. 项目风险的综合评价。	
案例: 《古茗奶茶店》	(见下方两栏内容)	

八、项目风险管控方案

(一)风险识别与评价

1. 风险识别

经过市场调研,发现古茗目前存在一下风险:

(1)市场激化

古茗正在面临市场挤压。

当下,市场似乎更关注性价比价。红餐大数据显示,以西式快餐为例,2022年,该品类人均消费在40元以下的消费者占比超八成,20元以下的消费者占比为63.5%,比2021年增加0.4个百分点,人均消费在20元-40元区间的消费者占比为28.7%,比2021年增加2.1个百分点。

在此基础上,蜜雪冰城获得最大市场份额,据其招股书,在2023年前九个月期间,该公司饮品出杯量超过规制饮品行业第二至第五名的饮品出杯量之和。在蜜雪冰城现制饮品口径里,包括瑞幸、古茗在内的饮品巨头。

这一趋势下,高端现制茶饮品牌正在向下渗透。

2022年2月,喜茶宣布将所有产品全面下调至30元以下,且未来不再推出30元以上产品,同期,奈雪的茶宣布价格带整体下移:推出9-19元"轻松系列",并首次推出10元以下产品,门店已无30元以上产品,价格调整后,奈雪近六成产品进入14-25元价格带,2023年8月,奈雪宣布启动"周周9.9元,喝奈雪鲜奶茶"活动,主力价格带下沉至9-19元,随后喜茶入场。

窄门餐眼数据显示,截至2024年1月4日,奈雪客单价为20.97元,喜茶为18.33元,如此价格已经切入古茗所攫取的大众现制茶饮市场,且奈雪与喜茶均已拉开加盟。

问题在于,相对奈雪们,古茗有多少优势? "高端品牌在营销上天然更强,向下就是降维打击,古茗的品牌叙述相比向上,在做营销本也越来越难。"有头部餐饮品牌高管对21世纪经济报道记者感慨。

另一头,在低价市场,蜜雪冰城建立了深厚壁垒,甚至在向上反攻。

"蜜雪冰城做到了在低价情况下,其品质并不差,这让我们很意外。"另有头部餐饮品牌创始人向21世纪经济报道记者感慨。

2. 风险评价

(1)盈亏平衡分析

水电	36000
折旧	12000
大修理基金	10000
原材料	600000
工资	240000

表3 盈亏平衡分析表

固定成本=36000+12000+10000=58000

单位产品变动成本=(600000+240000)/60000=14元/杯

$Qbep=Cf/P-Cx-W=58000/(18-14)=14500$

$F=Qbep/Q$ 设 $=14500/60000=24.17\%$

(2)敏感性分析

经营成本变化引起的项目净现值的变化(单位:万元)

年份	投资额	销项收入	经营成本增加10%			经营成本减少10%		
			经营成本	净现金流量	净现值	经营成本	净现金流量	净现值
0	55.18			-55.18	-55.18		-55.18	-55.18
1	114.75	135	126.225	-46.405	-38.349	103.275	-23.455	-21.323
2	114.75	135	126.225	-37.63	-28.271	103.275	8.27	6.834
3	114.75	135	126.225	-28.855	-17.171	103.275	39.995	30.048
4	114.75	135	126.225	-20.08	-13.715	103.275	71.72	48.575
5	114.75	135	126.225	-11.305	-7.019	103.275	103.445	64.235
6	114.75	135	126.225	-2.53	-1.428	103.275	135.17	76.303
7	114.75	135	126.225	6.245	3.205	103.275	166.895	85.65
合计	858.43	945	883.575	-195.74	-158.018	722.925	446.87	234.522

销售收入变化引起的项目净现值的变化(单位:万元)

年份	投资额	销项收入	销售收入增加10%			销售收入减少10%		
			销售收入	净现金流量	净现值	销售收入	净现金流量	净现值
0	55.18			-55.18	-55.18		-55.18	-55.18
1	114.75	135	148.5	-21.43	-17.713	121.5	-48.43	-44.028
2	114.75	135	148.5	12.32	10.181	121.5	-41.68	-34.444

案例：《古茗奶茶店》

3	114.75	135	148.5	46.07	34.612	121.5	-34.93	-26.243
4	114.75	135	148.5	79.83	53.903	121.5	-28.18	-19.347
5	114.75	135	148.5	113.57	7.516	121.5	-21.43	-13.906
6	114.75	135	148.5	147.32	83.162	121.5	-14.68	-8.287
7	114.75	135	148.5	181.07	92.925	121.5	-7.93	-3.792
合计	858.43	945	1039.5	503.50	400.058	850.5	-252.44	-204.527

总投资变化引起的年注净现值的变化（单位：万元）

			投资增加10%			投资减少10%		
年份	投资额	销售收入	投资额	净现金流量	净现值	投资额	净现金流量	净现值
0	55.18		60.698	-60.698	-60.698	49.662	-49.662	-49.662
1	114.75	135		-40.448	-40.16		-29.412	-26.738
2	114.75	135		-20.198	-16.69		-9.362	-7.571
3	114.75	135		0.052	0.699		11.088	8.33
4	114.75	135		28.302	13.866		31.338	21.403
5	114.75	135		48.552	25.17		51.588	32.081
6	114.75	135		60.802	34.323		71.838	40.552
7	114.75	135		81.052	41.586		92.088	47.280
合计	858.43	945	60.698	81.436	-2.555	49.662	169.704	65.645

不确定因素	变动幅度	净现值	敏感度系数
销售收入	10	207.636	57.12
	-10	-204.527	
经营成本	10	-156.018	46.41
	-10	234.522	
总投资	10	-2.555	10.59
	-10	65.645	
基本方案		142.703	

表4 敏感性分析表

注：敏感程度：销售收入>经营成本>总投资

销售收入因素风险最大

（二）风险管控方案

1.以产品为核心，多维度升级品牌力

只有聚焦产品、专注品质，品牌才能长期生存和发展。日产品单一、创新不足很容易被对手模仿和超越。想要进一步良得发展，品牌必须在保证品质的前提下，持续推陈出新。那么，古茗在这方面又有哪些优势呢？

持不同的温度范围的冷库，还直接拥有及营运327辆车辆。古茗专有的物流配送系统运用先进算法，将其可用资源与物流需求智能匹配，优化配送路线，大幅降低配送成本。并对供应链进行端到端的密切监管，追踪车辆温度、速度及位置等，以确保配送到门店原料的新鲜。

信辞一览的上，古茗在冷链供应链的建设中，每个仓库都会配备单独的实验室，以保证原料从田间到仓库的品质。此外，古茗还正在筹建新建的1000平方米的实验室，预计于2024年会控入使用。目前，杭州总部实验室、请管新建实验室以及供应链仓库的实验室，总计面积约有1500平方米，建立超460人团队，在食安管理上持续投入。

古茗主要通过加盟模式运营，一直遵循长期主义理念，与加盟商密切合作，共同为消费者提供优质的产品和服务。根据约识咨询报告，古茗是中国第一家成立加盟商委员会的规制茶饮公司。收集加盟商对潜在重大商业决策的意见，批好的加盟商关系有助于实现高效的门店运营及稳定、优质的产品与服务，进一步提升消费体验。

现除费，古茗已搭到对加盟商的全生命周期进行管理序扶，以协助门店在日常经营、产品和服务水平方面快速达到标准。为了细化对每家门店的管理与帮扶，古茗将督导团队扩大。每个督导覆盖的门店数量由之前的五十多家降到现在的三十多家，并在巡店方面做出更严格的要求。细化之后，团队可以及时督助门店发现、解决问题的根源。据招股书介绍，截至2023年9月30日，古茗拥有100人的质量控制团队和超360人的督导帮扶团队。

（三）风险应急预案

食品安全事故应急处置预案

1.领导小组

成立食品安全事故应急处置领导小组。负责本单位食品安全事故应急处置工作。

组长：（是本单位负责人或法人代表的姓名）

组员：（从业人员的姓名）

2.应急处置程序

请进行你的项目的风险分析

项目 7　工作页任务单

任务背景	请你按照项目可行性研究的模板,结合前面已经完成的项目,简单地完成自己创业项目的初步可行性研究报告(参考目录具体见教材中的范本及网上资源)。		
涉及项目	项目 7	建设项目可行性研究	
任务思路	1. 以《古茗奶茶店》为参考,并在百度搜索类似的项目。 2. 完善你们小组的可行性研究报告。 3. 完成小组互评。		
评分标准	请对其他组的可行性研究报告进行评分。		

项目名称	评分项	分值
项目设计	项目描述清晰	5
	项目净现值必须可行	5
	图形绘制精美	5
项目正确率	净现值、净现值率、内部收益率、净年值、费用现值、费用年值、静态投资回收期、动态投资回收期、净终值计算正确	30
团队协作能力	团队成员通力协作	10
可行性研究报告	调研贴近实际	15
	报告结构完整,内容详实	10
	报告格式正确,条理清晰,整体较好	20
汇总	(小组名称)	

项目 1　课中学练

一、问答题

1. 简述"工程技术""经济""工程经济学"的概念。

2. 简述工程技术与经济的相互关系。

3. 工程经济学研究内容是什么？

4. 工程经济分析的基本原则有哪些？

5. 工程经济分析的程序包含什么？

建筑工程经济 学生工作页

项目 2 课中学练

1. 某工程项目，建设期为 2 年，第 1 年贷款 600 万元，第 2 年贷款 900 万元，贷款均衡发放，年利率 $i=5\%$，建设期贷款利息为（   ）万元。

A. 66.75　　　　B. 69.25　　　　C. 68.25　　　　D. 66.25

2. 管理费、无形资产推销费、（   ）属于固定成本费用。

A. 折旧费　　　　　　　　　　B. 生产人员工资

C. 动力消耗　　　　　　　　　D. 销售费用

3. 某汽车原值 50 万元，折旧年限规定为 10 年，预计月平均使用 100 小时，预计净残值率为 5%。该设备某月实际工作 150 小时，则用工作量法计算的该月折旧额为（   ）元。（保留一位有效数字）

A. 5825.4　　　　　　　　　　B. 5937.5

C. 6214.6　　　　　　　　　　D. 5925.1

4. 在工程经济分析中，下列各项中属于经营成本的有外购原材料、燃料费、工资、福利费以及（   ）。

A. 修理费　　　　　　　　　　B. 折旧费

C. 利息支出　　　　　　　　　D. 利息收入

二、多选题

1. 产品生产中发生的直接材料费、直接燃料和动力费、产品包装费等不属于（   ）。

A. 固定成本　　　　　　　　　B. 可变成本

C. 半可变成本　　　　　　　　D. 半固定成本

E. 沉没成本

2. 现金、各种存款、短期投资、应收及预付款、存货等不属于（   ）。

A. 固定资产　　　　　　　　　B. 流动资产

C. 无形资产　　　　　　　　　D. 递延资产

E. 其他资产

3. 固定资产的折旧方法有（   ）。

A. 加权平均法　　　　　　　　B. 工作量法

C. 双倍余额递减法　　　　　　D. 年数总和法

E. 功能系数法

三、问答题

经营成本的公式是什么？

四、计算题

某建筑企业筹资 1500 万元，其中：债券 1000 万元、优先股 100 万元、普通股 400 万元，其资金成本分别为：债券 6％、优先股 11％、普通股 16％。试计算该企业的综合资金成本。

项目 3　课中学练

一、单选题

1. 在资金等值计算中，下列表述正确的是（　　）。

A. P 一定，i 相同，n 越大，F 越小

B. P 一定，n 相同，i 越高，F 越大

C. F 一定，n 相同，i 越高，P 越大

D. F 一定，i 相同，n 越大，P 越大

2. 某企业年初投资 3000 万元，10 年内等额回收，若基准收益率为 7%，则每年年末应回收的资金是（　　）万元。

    A. 427　　　　　B. 507　　　　　C. 648　　　　　D. 769

3. 某企业向银行借款 2000 元，年利率为 4%，如按季度计息，则第 3 年应偿还本利和累计为（　　）元。

    A. 2254　　　　　B. 1690　　　　　C. 2028　　　　　D. 2366

4. 某企业从银行贷款 48 万元，贷款期限为 6 年，折现率为 12%，若按年金法计算，则该企业每年年末等额支付的还款金为（　　）万元。

    A. 10.42　　　　B. 9.31　　　　C. 11.67　　　　D. 14.10

5. 某施工企业希望从银行借款 500 万元，借款期限 2 年，期满一次还本。经咨询甲、乙、丙、丁四家银行愿意提供贷款，年利率均为 7%。其中，甲要求按季度计算并支付利息，乙要求按月计算并支付利息，丙要求按年计算并支付利息，丁要求按半年计算并支付利息。则对该企业来说，借款实际利率最低的银行为（　　）。

    A. 甲　　　　　　B. 乙　　　　　　C. 丙　　　　　　D. 丁

二、多选题

1. 下列有关现金流量图描述正确的是（　　）。

A. 现金流量图中一般表示流入（箭头向上）为正，流出（箭头向下）为负

B. 现金流量图包括三大要素：大小、方向和作用点

C. 现金流量图是描述现金流量作为时间函数的图形，它能表示资金在不同时间点流入与流出的情况

D. 时间点指现金从流入到流出所发生的时间

E. 运用现金流量图，可全面、形象、直观地表达经济系统的资金运动状态

2. 同一笔资金，在利率、计息周期相同的情况下，用复利计算出的利息额比用单利计算的利息额大。如果（   ），两者差距越大。

A. 本金额越小   B. 本金额越大   C. 利率越低

D. 利率越高   E. 计息次数越少

3. 下列关于时间价值系数的关系式，表达不正确的有（   ）。

A. $(F/A, i, n)=(P/A, i, n)\times(F/P, i, n)$

B. $(P/F, i, n)=(P/F, i, n_1)+(P/F, i, n_2)$，其中 $n_1+n_2=n$

C. $(F/P, i, n)=(F/P, i, n_1)\times(F/P, i, n_2)$，其中 $n_1+n_2=n$

D. $1/(F/A, i, n)=(F/A, i, 1/n)$

E. $(P/A, i, n)=(P/F, i, n)\times(A/F, i, n)$

4. 影响资金时间价值的因素很多，其中主要有（   ）。

A. 资金的使用时间   B. 资金投入和回收的特点

C. 资金的来源方式   D. 资金周转的速度

E. 资金的形态

5. 下列关于名义利率与实际利率的说法，正确的有（   ）。

A. 在通货膨胀的情况下，名义利率是金融机构所公布的不包含通货膨胀的利率

B. 在通货膨胀的情况下，名义利率不变时，通货膨胀率越高，则实际利率越低

C. 在一年多次计息的情况下，实际利率大于名义利率

D. 在一年多次计息的情况下，名义利率不变时，实际利率随着每年复利次数的增加而呈线性递增

E. 在一年多次计息的情况下，实际利率小于名义利率

三、计算题

某人年初存入银行 5 万元，年利率 4%，每年复利一次，5 年后账户余额是多少？

项目 4　课中学练

一、单选题

1. 某方案净现金流量见下表，其静态投资回收期为（　　）年。

项目的净现金流量表（单位：万元）

年份	0	1	2	3	4	5
净现金流量	−100	−80	50	60	70	80

A. 4　　　　　　B. 4.33　　　　　　C. 4.67　　　　　　D. 5

2. 某厂房建设期为一年，建设总投资为 700 万元，投产后第 1 年净现金流量为 200 万元，第 2 年为 242 万元，第 3 年为 280 万元，第 4 年为 300 万元，第 5 年及以后各年均为 340 万元，基准收益率为 10%，则该项目的动态投资回收期为（　　）年。

A. 3　　　　　　B. 3.41　　　　　　C. 4　　　　　　D. 4.84

3. 某建设项目估计总投资 2700 万元，项目建成后各年净收益为 300 万元，利率为 10%，则该项目的静态投资回收期为（　　）年。

A. 11　　　　　　B. 9　　　　　　C. 10　　　　　　D. 8

4. 某技术方案在不同收益率 i 下的净现值为：$i=6\%$ 时，$NPV=1200$ 万元；$i=7\%$ 时，$NPV=800$ 万元；$i=8\%$ 时，$NPV=430$ 万元。则该方案的内部收益率的范围为（　　）。

A. <6%　　　　　　B. >8%　　　　　　C. 6%~7%　　　　　　D. 7%~8%

5. 财务内部收益率计算出来后，需要与（　　）进行比较来判断方案在经济上是否可以接受。

A. 基准收益率　　B. 投资回收期　　C. 借款偿还期　　D. 财务净现值

6. 某单位估计总投资为 2800 万元，建设期 2 年，投产后各年净收益为 400 万元，则该项目静态投资回收期为（　　）年。

A. 8.5　　　　　　B. 7　　　　　　C. 9　　　　　　D. 5

7. 某项目第 1 年投资 1000 万元，第 2 年又投资 1000 万元，从第 3 年进入正常运营期。正常运营期共 18 年，每年净收入为 220 万元，设行业基准收益率为 8%，该项目的财务净现值为（　　）万元。

A. −15.66　　　　B. −73.35　　　　C. −158.32　　　　D. −144.68

8. 某贷款项目，银行贷款年利率为8%时，财务净现值为33.82万元；银行贷款年利率为10%时，财务净现值为－16.64万元，当银行贷款年利率为（　　）时，企业财务净现值恰好为零。

A. 8.06%　　　　B. 8.66%　　　　C. 9.34%　　　　D. 9.49%

9. 某建设项目，当 $i=10\%$ 时其净现值为78.7万元，当 $i=13\%$ 时其净现值为－60.54万元，则该项目的内部收益率是（　　）。

A. 14.35%　　　　B. 11.7%　　　　C. 15.65%　　　　D. 12.42%

10. 某项目的财务净现值前5年为240万元，第6年为30万元，$i_c=10\%$，则前6年的财务净现值为（　　）万元。

A. 257　　　　　B. 267　　　　　C. 274　　　　　D. 271

二、多选题

1. 保证项目可行性的条件不包括（　　）。

A. 净现值≥0　　B. 净现值≤0　　C. 内部收益率≥基准收益率

D. 内部收益率≤基准收益率　　　　E. 投资回收期≤基准投资回收期

2. 关于基准收益率的表述不正确的有（　　）。

A. 基准收益率是投资资金应获得的最低盈利水平

B. 测定基准收益率应考虑资金成本因素

C. 测定基准收益率不考虑通货膨胀因素

D. 对债务资金比例高的项目应降低基准收益率取值

E. 基准收益率体现了对项目风险程度的估计

3. 某投资方案的基准收益率为10%，内部收益率为15%，则该方案（　　）。

A. 净现值大于0　B. 现值小于0　　C. 不可行　　　D. 可行

E. 无法判断是否可行

4. 动态评价指标包括（　　）。

A. 偿债备付率　B. 财务净现值　　C. 借款偿还期

D. 财务净现值率　E. 财务内部收益率

5. 对于常规投资项目来说，若 $NPV>0$，则（　　）。

A. 方案可行　　　B. 方案不可行　　C. $NAV>0$　　　D. $IRR>i_c$

E. $NPVR>0$

三、问答题

1. 什么是动态投资回收期？什么是静态投资回收期？

2. 内部收益率指标的优点与不足是什么？

3. 什么是费用现值？什么是费用年值？

4. 什么是内部收益率？

四、计算题

1. 某企业 5 年内每年初需要投入资金 100 万元用于技术改造，企业准备存入一笔钱以设立一项基金，提供每年技改所需的资金。如果已知年利率为 6%，问企业应该存入基金多少钱？

2. 年利率为 12%，每半年计息一次，从现在起，连续 3 年，每半年作 100 万元的等额支付，问与其等值的现值为多少？

项目 5　课中学练

一、单选题

1. 某企业有四个独立的投资方案 A、B、C、D,可以构成（　　）个互斥方案。

A. 8　　　　　　B. 12　　　　　　C. 16　　　　　D. 32

2. 在对多个寿命期不等的互斥方案进行比选时,（　　）是最为简便的方法。

A. 净现值法　　B. 最小公倍数法　C. 研究期法　　　D. 净年值法

3.（　　）的基本思想是:在资源限制的条件下,列出独立方案的所有可能组合,所有组合方案是互斥的,然后根据互斥方案的比选方法选择最优组合方案。

A. 互斥组合法　　　　　　　B. 内部收益率排序法

C. 研究期法　　　　　　　　D. 净现值率法

4. 当项目的净现值等于零时,则（　　）。

A. 说明项目没有收益,故不可行　　B. 此时的贴现率即为其内部收益率

C. 动态投资还本期等于其寿命期　　D. 增大贴现率即可使净现值为正

5. 某项目有 4 种方案,各方案的现金流量及有关评价指标见下表,若已知基准收益率为 18%,则经过比较后的最优方案为（　　）。

A. 方案 A　　　B. 方案 B　　　C. 方案 C　　　D. 方案 D

4 种方案的相关评价指标方案

方案	投资额(万元)	IRR(%)	ΔIRR(%)
A	250	20	—
B	350	24	ΔIRR(B−A)=20
C	400	18	ΔIRR(C−B)=5.3
D	500	26	ΔIRR(D−B)=31

6. 已知有 A、B、C 三个独立投资方案,寿命期相同,各方案的投资额及评价指标见下表。若资金受到限制,只能筹措到 1100 万元资金,则最佳的组合方案是（　　）。

A. A+B　　　　B. A+C　　　　C. B+C　　　　D. A+B+C

3 个独立投资方案的相关评价指标

项目	投资额(万元)	内部收益率(%)
A	350	13.8
B	400	18
C	500	16

7. 现有 A、B 两个互斥并可行的方案，两个方案寿命期相同，A 方案的投资额小于 B 方案的投资额，则 A 方案优于 B 方案的条件是（   ）。

A. ΔIRR（B－A）$>i$ B. ΔIRR（B－A）$<i$

C. ΔIRR（B－A）>0 D. ΔIRR（B－A）<0

8. 同一净现金流量系列的净现值随折现率 i 的增大而（   ）。

A. 增大   B. 减少

C. 不变   D. 在一定范围内波动

9. 某建设项目的现金流量为常规现金流量，当基准收益率为 8% 时，净现值为 400 万元。若基准收益率变为 10%，该项目的 NPV（   ）。

A. 不确定   B. 等于 400 万元

C. 小于 400 万元   D. 大于 400 万元

10. 某建设项目固定资产投资为 5000 万元，流动资金为 450 万元，项目投产期年利润总额为 900 万元，达到设计生产能力的正常年份的年利润总额为 1200 万元，则该项目正常年份的投资利润率为（   ）。

A. 24%   B. 22%   C. 18%   D. 17%

二、多选题

1. 一般来说，方案之间存在的关系包括（   ）。

A. 互斥关系   B. 独立关系   C. 相关关系

D. 包括关系   E. 总分关系

2. 关于方案间存在的关系，下列描述正确的是（   ）。

A. 互斥关系是指各方案间具有排他性

B. 独立型备选方案的特点是各方案间没有排他性

C. 企业可利用的资金有限制时，独立关系转化为互斥关系

D. 企业可利用的资金足够多时，独立关系转化为一定程度上的互斥关系

E. 在相关关系中，某些方案的接受是以另一些方案的接受作为前提条件

3. 在资金约束条件下，独立方案常用的比选方法有（   ）。

A. 互斥组合法   B. 最小费用法   C. 费用现值法

D. 差额内部收益率法   E. 净现值率排序法

项目 5   课中学练

4. 净现值率排序法的缺点是（　　　）。

A. 计算简便，选择方法简明扼要

B. 经常出现资金没有被充分利用的情况

C. 不一定能保证获得最佳组合方案

D. 一般能得到投资经济效果较大的方案组合

E. 能保证获得最佳组合方案

5. 对寿命期相同的互斥方案，比选方法正确的有（　　　）。

A. 各备选方案的净现值大于或等于零，并且净现值越大，方案越优

B. 各备选方案的内部收益率大于或等于零，并且内部收益率越大，方案越优

C. 各备选方案的内部收益率大于或等于基准收益率，并且内部收益率越大，方案越优

D. 各备选方案产出效果相同或基本相同，可用最小费用法比选，费用越小，方案越优

E. 各备选方案的净年值大于或等于零，并且净年值越大，方案越优

三、计算题

某河不同支流上建 3 座水坝，拟使用寿命 100 年，基准收益率 10%，未建时年度洪水损失 200 万元，其他数据见下表，试选择最佳方案。

某河 3 个方案相关数据比较（单位：万元）

方案	建造投资	年维护费用	建坝后年度洪水损失	建坝后效益
A	100	1.5	130	70
B	120	2	120	80
C	200	2.5	100	100

项目 6　课中学练

单选题

1. 投资项目敏感性分析是通过分析来确定评价指标对主要不确定性因素的敏感程序和（　　）。

A. 项目的盈利能力　　　　　　　　B. 项目对其变化的承受能力

C. 项目风险的概率　　　　　　　　D. 项目的偿债能力

2. 根据对项目不同方案的敏感性分析，投资者应该选择（　　）的方案实施。

A. 项目盈亏平衡点高，抗风险能力适中

B. 项目盈亏平衡点低，承受风险能力弱

C. 项目敏感程度大，抗风险能力强

D. 项目敏感程度小，抗风险能力强

3. 进行建设项目敏感性分析时，如果主要分析方案状态和参数变化对投资回收快慢与对方案超额净收益的影响，应选取的分析指标为（　　）。

A. 财务内部收益率与财务净现值　　B. 投资回收期与财务内部收益率

C. 投资回收期与财务净现值　　　　D. 建设工期与财务净现值

4. 建设项目敏感性分析中，确定敏感因素可以通过计算（　　）来判断。

A. 盈亏平衡点　　　　　　　　　　B. 不确定因素变动率

C. 临界点　　　　　　　　　　　　D. 敏感度系数

5. 单因素敏感分析过程包括：①确定敏感因素；②确定分析指标；③选择需要分析的不确定性因素；④分析每个不确定因素的波动程度及其对分析指标可能带来的增减变化情况。正确的排列顺序是（　　）。

A. ③②④①　　　　　　　　　　　B. ①②③④

C. ②④③①　　　　　　　　　　　D. ②③④①

6. 关于技术方案敏感性分析的说法，正确的是（　　）。

A. 敏感性分析只能分析单一不确定因素变化对技术方案经济效果的影响

B. 敏感性分析的局限性是依靠分析人员主观经验来分析判断，有可能存在片面性

C. 敏感度系数越大，表明评价指标对不确定因素越不敏感

D. 敏感性分析必须考虑所有不确定因素对评价指标的影响

7. 某项目采用净现值作为分析指标进行敏感性分析，有关资料见下表。则各因素的敏感程度由大到小的顺序是（　　　）。

因素	变化幅度		
	−10%	0	10%
建设投资(万元)	623	564	505
营业收入(万元)	393	564	735
经营成本(万元)	612	564	516

A. 建设投资−营业收入−经营成本　B. 营业收入−经营成本−建设投资

C. 经营成本−营业收入−建设投资　D. 营业收入−建设投资−经营成本

8. 为了进行盈亏平衡分析，需要将技术方案的运行成本划分为（　　　）。

A. 历史成本和现实成本　　　　　B. 过去成本和现在成本

C. 预算成本和实际成本　　　　　D. 固定成本和可变成本

9. 关于敏感系数的说法，正确的是（　　　）。

A. 敏感度系数可以用于对敏感因素敏感性程度的排序

B. 敏感度系数大于零，表明评价指标与不确定因素反方向变化

C. 利用敏感度系数判别敏感因素的方法是绝对测定法

D. 敏感度系数的绝对值越大，表明评价指标对于不确定因素越不敏感

10. 对某技术方案的财务净现值（FNPV）进行单因素敏感性分析，投资额、产品价格、经营成本以及汇率四个因素的敏感性分析如下图所示，则对净现值指标来说最敏感的因素是（　　　）。

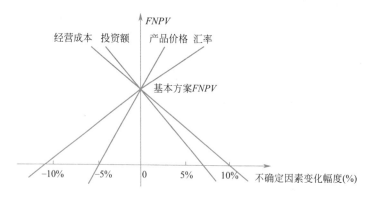

A. 投资额　　　　　　　　　　　B. 产品价格

C. 经营成本　　　　　　　　　　D. 汇率

11. 某技术方案年设计生产能力为 10 万台，单台产品销售价格（含税）为 2000 元，单台产品可变成本（含税）为 1000 元，单台产品税金及附加为 150 元，

若盈亏平衡点年产量为 5 万台，则该方案的年固定成本为（　　）万元。

    A. 5000   B. 4250   C. 5750   D. 9250

12. 某技术方案设计年产量为 12 万吨，已知单位产品的销售价格为 700 元（含税价格）。单位产品税金为 165 元，单位产品可变成本为 250 元，年固定成本为 1500 万元，则以价格（含税价格）表示的盈亏平衡点是（　　）元/吨。

    A. 540   B. 510   C. 375   D. 290

项目 7　课中学练

一、单选题

1. 下列有关可行性研究的表述，正确的是（　　　）。

A. 可行性研究是对一个初步可行性研究提出的几个项目若干种可能的方案分析论证

B. 建设项目的可行性研究工作是由投资者委托工程咨询公司来完成的

C. 可行性研究实质上是一个投资方案的具体确立和构造

D. 可行性研究不能决定一个项目的投资与否，只是项目决策的一个依据

2. 项目可行性研究的核心是（　　　）。

A. 经济评价　　　B. 市场调研　　　C. 设计方案研究　D. 建设条件研究

二、问答题

1. 可行性研究可分为哪几个阶段？

2. 可行性研究的主要内容有哪些？

项目 8   课中学练

一、单选题

1. 设备在使用或闲置过程中会逐渐发生磨损，设备磨损是（   ）的结果。

A. 有形磨损和无形磨损共同作用   B. 有形磨损

C. 无形磨损   D. 与空气氧化

2. （   ）是指设备从投入使用，到因物质磨损严重而不能继续使用、报废为止所经历的全部时间。

A. 自然寿命   B. 技术寿命   C. 折旧寿命   D. 经济寿命

3. 设备的经济寿命是指设备从开始使用到（   ）最小的使用年限。

A. 平均使用成本   B. 年度费用   C. 等值年成本   D. 年度使用费用

4. 设备更新方案的选择，多为（   ）项目的选择。

A. 寿命期相同的独立   B. 寿命期相同的互斥

C. 寿命期不同的独立   D. 寿命期不同的互斥

5. 旧设备的经济寿命为一年，经济寿命失去的年度等值费用为 3250 元/年，第二年使用旧设备的年度等值费用为 4730 元/年，第三年使用旧设备的年度等值费用为 5790 元/年。试根据更新方案比较原则，确定该设备的更新时机为（   ）。

A. 第一年   B. 第三年   C. 第五年   D. 第七年

二、多选题

1. 当企业中有多个设备需要同时更新时，应优先考虑更新的设备是（   ）。

A. 设备损耗严重，大修后性能、精度仍不能满足规定工艺要求的

B. 设备损耗虽在允许范围内，但技术已经非常落后，能耗高，使用操作条件不好，对环境污染严重，技术经济性效果不好的

C. 设备落后但仍可使用，无明显损坏

D. 设备役龄长，大修虽然能恢复精度，但经济效果上不如更新的好

E. 设备役龄长，大修能恢复精度，经济效果比更新的好

2. 风险型决策方法主要用于人们对未来有一定认识，但又不能完全确定的情况。风险型决策具有的条件有（   ）。

A. 一个明确的决策目标（如收益最大，或成本最低等）

B. 两个或两个以上的可行方案

C. 两个或两个以上的自然状态，且各种自然状态发生的概率可知

D. 每一种方案在不同自然状态下的结果可知

E. 单个行动方案在自然状态下的损益值可以计算出

3. 不确定性决策方法主要有（　　）。

A. 乐观法　　　　B. 哥顿法　　　　　C. 线性规划

D. 后悔值法　　　E. 可能性法

4. 设备在使用或闲置过程中会逐渐发生磨损。下列磨损中是有形磨损
（　　）。

A. 设备在使用过程中，承受机械外力（如摩擦、碰撞或交变应力等）作用，实体发生的磨损、形变和疲劳损坏

B. 设备在闲置过程中，受环境自然力（如日照、潮湿和腐蚀性气体等）的作用，实体发生的锈蚀、损伤和老化

C. 由于设备生产工艺改进、劳动生产率提高和材料节省等导致再生产这类设备的社会必要劳动时间减少，其生产成本下降，导致设备的市场价格下降，现有设备价值相对降低

D. 由于技术的更大进步，出现了技术更先进、性能更优越、效率更高的新型替代设备，使现有设备显得陈旧、过时，价值相对降低

E. 设备在运转过程中，因受力的作用，零部件会发生滑动、振动等现象，致使设备的实体产生磨损

5. 进行设备的更新是个复杂决策的问题，决策的方法包括（　　）。

A. 定性决策方法　　　　　　　B. 哥顿法

C. 定量决策方法　　　　　　　D. 后悔值法

E. 单方面给分法

三、问答题

1. 设备更新的意义是什么？

2. 设备更新的原则是什么？

3. 设备磨损有哪几种形式?

4. 针对不同的设备磨损形式有何应对方法?

项目 9　课中学练

一、单选题

1. 当财务评价与国民经济评价的结论不一致时，应以（　　）的结论为决策依据。

A. 国民经济评价　B. 社会评价　　　C. 综合评价　　　D. 财务评价

2. 某技术方案的总投资 1500 万元，其中债务资金 700 万元，技术方案在正常年份年利润总额 400 万元，所得税 100 万元，年折旧费 80 万元，则该方案的资本金净利润率为（　　）。

A. 47.5%　　　　B. 26.7%　　　　C. 37.5%　　　　D. 42.9%

3. 某技术方案的现金流量为常规现金流量，当基准收益率为 8% 时，净现值为 400 万元。若基准收益率变为 10% 时，该技术方案的净现值将（　　）。

A. 小于 500 万元　　　　　　　　B. 大于 500 万元

C. 等于 500 万元　　　　　　　　D. 不确定

4. 下列有关利润表的说法中，正确的是（　　）。

A. 利润表能反映企业在一定期间的收入和费用情况以及获得利润或发生亏损的数额

B. 利润表可以分析判断企业损益发展变化的趋势，不可以预测企业未来的盈利能力

C. 通过利润表可以考核企业的经营成果以及利润计划的执行情况，但是不能分析企业利润增减变化原因

D. 利润表可预测企业未来的发展情况

5. （　　）是针对设定的项目基本方案进行的现金流量分析，原称为"全部投资现金流量分析"。它是在不考虑债务融资条件下进行的融资前分析。

A. 项目资金现金流量表　　　　　B. 项目投资现金流量表

C. 投资各方现金流量表　　　　　D. 财务计划现金流量表

6. 以下财务评价指标中不属于盈利能力分析指标的是（　　）。

A. 利息备付率　　　　　　　　　B. 财务内部收益率

C. 投资回收期　　　　　　　　　D. 财务净现值

二、多选题

1. 计算期不同的互斥方案动态评价方法有（　　）。

A. 研究期法   B. 净现值率法

C. 增量内部收益率法   D. 动态投资回收期法

E. 净年值法

2. 下列投资指标中，考虑资金时间价值的指标是（   ）。

A. 利息备付率   B. 净现值   C. 净年值   D. 内部收益率

E. 资金利润率

3. 国民经济评价与财务评价的区别在于（   ）。

A. 评估的角度不同

B. 效益与费用的构成及范围不同

C. 采用的参数不同

D. 评估方法不同

E. 评价的基础不同

4. 现金流量表的主要作用不包括（   ）。

A. 可以分析判断企业损益发展变化的趋势，预测企业未来的盈利能力

B. 可以考核企业的经营成果以及利润计划的执行情况，分析企业利润增减变化原因

C. 提供企业的现金流量信息，有助于使用者对企业整体财务状况做出客观评价

D. 有助于评价企业的支付能力、偿债能力和周转能力

E. 可以预测企业未来的发展情况

5. 项目的转移支付不包括（   ）。

A. 工资

B. 项目从国内银行获得的存款利息

C. 项目向国外银行支付的贷款利息

D. 政府给予项目的补贴

E. 项目向政府缴纳的税费

6. 影子价格是进行国民经济评价专用的价格，影子价格依据国民经济评价的定价原则确定，反映（   ）。

A. 市场供求关系   B. 资源合理配置要求

C. 资源稀缺程度   D. 投入物和产出物真实经济价值

E. 政府调控意愿

7. 通过项目投资现金流量表，可计算项目的（   ）等评价指标。

A. 投资收益率   B. 财务内部收益率

C. 财务净现值   D. 投资回收期

E. 资本金净利润率

项目 10 课中学练

一、单选题

1. 价值工程的目标是（　　　）。

A. 以最低的生产成本实现最好的经济效益

B. 以最低的生产成本实现使用者所需的功能

C. 以最低的寿命周期成本实现使用者所需的所有功能

D. 以最低的寿命周期成本可靠地实现使用者所需的必要功能

2. 对于一个价值工程来说，它的核心是（　　　）。

A. 产品功能分析　　　　　　　　B. 价值分析

C. 经济效益分析　　　　　　　　D. 寿命周期成本分析

3. 价值工程中总成本是指（　　　）。

A. 生产成本　　　　　　　　　　B. 产品寿命周期成本

C. 累计消耗掉的人工、材料机械费　D. 使用和维修费用成本

4. 在价值工程活动中，通过分析求得某评价对象有价值系数 V 后，对该评价对象可以采取的策略是（　　　）。

A. $V<1$ 时，提高成本或者剔除过剩功能

B. $V=1$ 时，提高成本或者提高功能水平

C. $V>1$ 时，降低成本或者提高功能水平

D. $V>1$ 时，降低成本或者剔除不必要的功能

5. 功能成本法求出评价对象的价值系数 $V_i=1$，表明评价对象的功能现实成本与实现功能所必需的最低成本（　　　）。

A. 大致相当　　　B. 成倍　　　C. 相等　　　　D. 成反比

二、多选题

1. 在价值工程中，提高产品价值的途径有（　　　）。

A. 产品成本不变，提高功能水平　B. 产品功能不变，降低成本

C. 降低产品成本，提高功能水平　D. 产品功能小提高，成本大提高

E. 功能小提高，成本大提高

2. 计算功能价值，对成本功能的合理匹配程度进行分析，若零部件的价值系数小于1，表明该零部件有可能（　　　）。

A. 成本支出偏高　　　　　　　　B. 成本支出偏低

C. 功能过剩   D. 存在无用功

E. 成本支出与功能相当

3. 在价值工程活动中，可用来确定功能重要性系数的强制评分法包括（   ）。

A. 因素分析法   B. 0—1 评分法   C. 0—4 评分法

D. 逻辑评分法   E. 多比例评分法

4. 在利用价值工程的功能成本法进行方案的功能评价时，下列有关价值系数的表述正确的有（   ）。

A. $V_i=1$，表示功能评价值等于功能现实成本

B. $V_i>1$，说明该部件功能比较重要，但分配的成本较少，功能现实成本低于功能评价值

C. $V_i=0$，根据功能评价值 F 的定义，由于现实成本为无穷大

D. $V_i=0.85$，说明该部件功能比较重要，但分配的成本较少，功能现实成本低于功能评价值

E. $V_i<1$，功能现实成本大于功能评价值

5. 利用功能系数法进行价值分析时，如果 $V>1$ 出现这种情况的原因可能是（   ）。

A. 目前成本偏低，不能满足评价对象应具有的功能要求

B. 功能过剩，已经超过了其应具有的功能水平

C. 功能成本比较好，正是价值分析所追求的目标

D. 功能很重要但成本较低，不必列为改进对象

E. 实现功能的条件和方法不佳，致使成本过高

三、问答题

简单描述提高价值的途径。